Geometrie
Abbildungen, Konstruktionen, Berechnungen

von

Hellmuth Albrecht

Kunibert Kern

Dr. Ernst Uhe

mit ca. 1400 Aufgaben
und mehr als 500, z. T. zweifarbigen Abbildungen

HANDWERK UND TECHNIK

HT 1373

Vorwort

Bei der Konzeption des vorliegenden Geometriebuches ist der Gedanke des Kursunterrichtes berücksichtigt worden. Es lassen sich vier verschiedene, z. T. unabhängige Kurse innerhalb der Geometrie/Trigonometrie durchführen.

Kurs A gibt einen Einblick in Grundbegriffe und wesentliche Eigenschaften geometrischer Gebilde. Dabei wird die Anschaulichkeit mehr herangezogen als etwa mathematische Strenge in der Beweisführung. Durch straffe, auf die notwendigsten Lerninhalte beschränkte Stoffauswahl dürfte es möglich sein, den Kurs A in relativ kurzer Zeit zu behandeln.
Der Übersichtlichkeit halber ist dieser Basiskurs mit den zugehörigen Übungsaufgaben durch rote Seitenlinien neben dem Text durchgängig gekennzeichnet.

Kurs B beinhaltet die Behandlung trigonometrischer Grundbegriffe auf dem Vektorbegriff aufbauend. Dazu erscheint es zweckmäßig, zunächst Kurs A bis Kap. 3.1 und dann Kapitel 3.2 sowie 9.1 bis 9.11 zu bearbeiten.

Kurs C ist eine Darstellung von mathematisch-geometrischen Gesetzen, wobei der Abbildungs- und Strukturbegriff im Mittelpunkt steht. Kennzeichnend sind dabei die Kapitel 2 und 4.

Kurs D behandelt die Vektorrechnung bis zum Vektorprodukt und wird vor allem durch Kapitel 12 repräsentiert. Er setzt die Beherrschung der Lerninhalte von A und B voraus.

Das Werk bietet außerhalb der Kurse A, B, C und D weitere Möglichkeiten der Behandlung von Schwerpunktlagen, z. B. Kap. 3 oder Kap. 5 oder Kap. 10 und 11.
Die Autoren hoffen, den sehr unterschiedlichen Ansprüchen, Möglichkeiten und Schwerpunkten des Geometrieunterrichtes der verschiedenen Schulformen Rechnung zu tragen.

ISBN 3.582.**01373**.1

Inhaltsverzeichnis

Die rote Markierung an den Seitenrändern des Textes kennzeichnet den im Vorwort näher beschriebenen Kurs A.

1. GEOMETRISCHE GRUNDBEGRIFFE

1.1 Begriff der Ebene als Punktmenge

Die meisten Dinge, die uns umgeben, z. B. Häuser, Autos, Tische, Stühle sind räumlich. Sie haben Vorderansicht, Seitenansicht und Draufsicht. Wenn wir uns aber ein **Bild** von diesen Dingen machen wollen, tun wir dies gewöhnlich auf einer **ebenen Fläche.**

So zeichnen wir z. B. auf ein Blatt Papier, wir sehen das Filmbild auf einer ebenen Filmleinwand, wir sehen die Tagesschau auf dem Bildschirm des Fernsehgerätes. Sogar die gekrümmte Oberfläche der Erdkugel wird meist auf einer ebenen Landkarte veranschaulicht.

Wir benutzen die ebene Fläche, weil die Darstellung von Dingen in der Ebene besonders leicht möglich ist.

Für die Mathematik ist aus diesem Grunde die Untersuchung der Ebene und der Elemente (d. h. der Gebilde), die sich in ihr zeichnen lassen, von großer Bedeutung.

Bevor man dies tut, ist es wichtig, festzulegen, was man in der Mathematik unter „Ebene" versteht.

Vor allem müßte man die Größe einer mathematischen Ebene angeben. Hat sie die Größe eines Blattes Papier, einer Filmleinwand, etwa eines großen Autoparkplatzes oder gar einer großen Landschaft (z. B. der Norddeutschen Tiefebene)?

Offensichtlich kennt man in der Umwelt Ebenen recht unterschiedlicher Größe. In der Mathematik löst man die Schwierigkeiten der Ausdehnung einer Ebene dadurch, daß man sie prinzipiell als eine **unbegrenzte Fläche ohne Krümmung** erklärt.

❶ **D** Eine mathematische Ebene ist eine nicht gekrümmte Fläche mit unbegrenzter Ausdehnung nach allen Seiten.

Beispiele:

1. Denkt man sich ein waagerecht liegendes Blatt Papier nach allen Seiten unbegrenzt vergrößert, dann bildet es eine waagerechte Ebene.
2. Denkt man sich eine Wandtafelfläche nach oben, unten, rechts und links beliebig weit ausgedehnt, dann ist sie eine vertikale, durch den Erdmittelpunkt gehende Ebene.

Stellt man die Frage nach dem einfachsten in der Ebene liegenden Element, dann ist dies wohl ein **Punkt.** Wie groß soll man sich nun einen Punkt vorstellen? So klein wie einen i-Punkt, so klein, daß man ihn gerade sehen kann, so winzig, daß er gerade mit dem Mikroskop sichtbar ist?

Die Mathematik löst diese Frage dadurch, daß festgelegt wird, ein Punkt soll eine gedachte Stelle sein, also **keine Ausdehnung** haben.

❷ **D** Ein Punkt ist das einfachste Element in der Ebene. Er hat keine Ausdehnung.

Man kann sich die Ebene als unendliche Punktmenge vorstellen. Keine Stelle der Ebene ist bevorzugt gegenüber anderen, und die Ebene hat keine freien Stellen.

❸ **D** Die Ebene ist eine in sich vollständig dichte Punktmenge. Diese Punktmenge bezeichnet man mit $\mathbb{E}$. *

Die Sätze 1 und 3 definieren den Begriff „Ebene".
Aus der Punktmenge $\mathbb{E}$ kann man Teilmengen betrachten.

Beispiele:

1. $\mathbb{T}_1 = \{A, B, C, D\}$ = Menge der Eckpunkte des Vierecks

2. $\mathbb{T}_2$ = Menge der Punkte von B bis C (einschließlich)

3. $\mathbb{T}_3$ = Menge der Punkte von B bis A (einschließlich)

4. $\mathbb{T}_4 = \{B\} = \mathbb{T}_2 \cap \mathbb{T}_3$

5. $\mathbb{T}_5$ = Fläche des Vierecks (rot schraffierte Punktmenge)

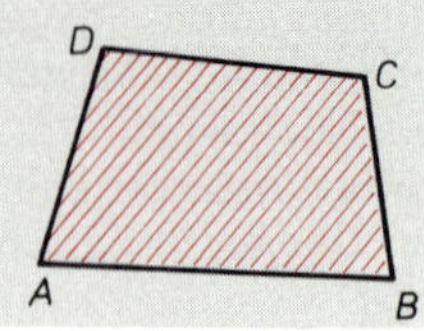

Übungen zu 1.1

1. Was ist richtig, was ist falsch?
- **a)** Die Oberfläche einer Halbkugel ist eine Ebene.
- **b)** Eine mathematische Ebene ist nach rechts begrenzt und nach links unbegrenzt.
- **c)** Ein Blatt Papier kann Teilmenge einer Ebene sein.
- **d)** Die Oberfläche eines Kegels ist Teilmenge einer Ebene.
- **e)** Eine Tischplatte bildet eine Teilmenge einer Ebene.
- **f)** Die Menge der Buchstaben des Satzes ❶ aus Kapitel 1.1 liegt in einer Ebene.
- **g)** Die Menge **aller** Buchstaben dieses Buches liegt in einer Ebene.
- **h)** Die Orte auf einer Landkarte liegen auf einer Ebene (siehe Bild S. 5).
- **i)** Eine mathematische Ebene hat nur eine geringe Krümmung.

2. Gib an, welche der folgenden Mengen Teilmengen einer Ebene sind.
- **a)** Menge der Eckpunkte eines Dreiecks.
- **b)** Menge der Eckpunkte eines Würfels.
- **c)** Menge der Umfangspunkte eines Kreises.
- **d)** Menge der Fenster eines Hauses.
- **e)** Menge der Spielfelder, die sich in einem Schachspiel befinden.
- **f)** Menge der unteren Enden der Tischbeine eines Tisches mit drei Beinen.
- **g)** Menge der unteren Enden der Tischbeine eines Tisches mit vier Beinen.

3. Gegeben ist die grau schraffierte Teilmenge $\mathbb{T}$ einer waagerecht liegenden Ebene $\mathbb{E}$.
- **a)** Gib an, welche der rot schraffierten Flächen echte Teilmengen von $\mathbb{T}$ sind.
- **b)** Welche geometrische Figur entsteht durch $\mathbb{K} \cap \mathbb{F}$; $\mathbb{R} \cap \mathbb{Q}$; $\mathbb{K} \cup \mathbb{F}$; $\mathbb{R} \cup \mathbb{Q}$? Zeichne die Flächen der Durchschnitts- und Vereinigungsmengen und beschreibe sie mit Worten.

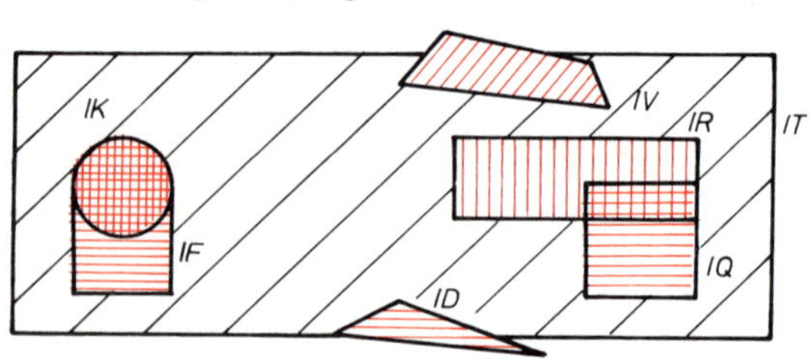

* Zu den Begriffen Menge, Teilmenge, Mengenverknüpfung etc. vgl. Albrecht/Halter: Von der Menge zur Exponentialgleichung, Seite 5ff.

4. Überlege, welche der folgenden Aussagen über den Würfel wahr und welche falsch sind.

a) Durch **einen** gegebenen Eckpunkt (z. B. A) lassen sich drei verschiedene Ebenen legen.

b) Durch **zwei** gegebene Eckpunkte (z. B. A und B) läßt sich eine Ebene legen.

c) Durch **drei** gegebene Eckpunkte läßt sich **genau** eine Ebene legen.

d) Durch **vier** gegebene Eckpunkte läßt sich **immer** eine Ebene legen.

e) Durch **vier** gegebene Eckpunkte lassen sich **zwanzig verschiedene** Ebenen legen.

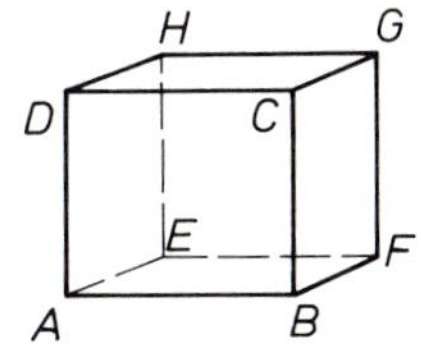

1.2 Grundlegende Bezeichnungsweisen

Von den beliebig vielen Teilmengen der Ebene sind manche für die Mathematik von besonderer Bedeutung. Um diese einfach bezeichnen zu können, sollen folgende Bezeichnungsweisen festgelegt werden:

❶ **D** Eine Punkt**menge** wird allgemein durch **Großbuchstaben** gekennzeichnet, wobei der erste Strich **doppelt** gezogen wird.

$\mathbb{A}$, $\mathbb{B}$, $\mathbb{C}$ (lies: Menge A, ...)

❷ **D** Punkte werden als **Elemente** von Punktmengen durch Großbuchstaben **ohne** Doppelstrich gekennzeichnet.

A, B, C (lies: Punkt A, ...)

❸ **D** Punktmengen, die Linien (gerade oder gekrümmte Linien) angeben, werden mit **Kleinbuchstaben** bezeichnet, wobei der erste Strich **doppelt** gezogen wird.

$\mathbb{a}$, $\mathbb{b}$, $\mathbb{c}$ (lies: Menge a, ...)

❹ **D** Der Betrag (die Länge) einer Linie wird durch einen **Kleinbuchstaben ohne** Doppelstrich gekennzeichnet.

a, b, c (lies: a oder exakter: „Betrag von a" ...)

Manchmal werden die Maßeinheiten für die Länge (mm, cm, dm, ...) weggelassen.*

Beispiele zu ❶❷❸❹:

Die Punktmenge der Kreisfläche heißt $\mathbb{A}$.
Der Mittelpunkt heißt M.
Der gezeichnete Durchmesser mit den Endpunkten A und B heißt $\mathbb{d}$.
Der Kreisumfang heißt $\mathbb{k}$.
Der Betrag des Durchmessers ist $d = 2$ [cm].

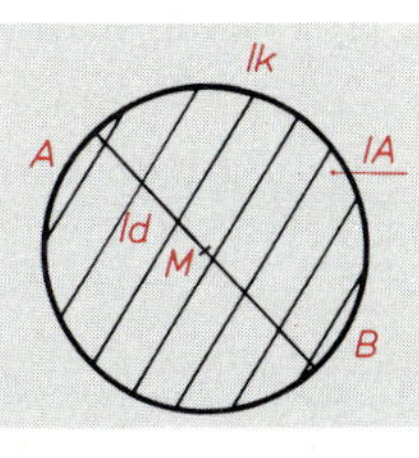

* Die Maßeinheiten treten in der Mathematik in der Bedeutung zurück, da die Zeichnung nicht das „Mathematische Ding" als solches ist, sondern nur ein Bild von diesem geben soll. In den Naturwissenschaften (z. B. Physik, Chemie) und in der Technik muß dagegen die Maßeinheit geschrieben werden, da die wirkliche Länge aus Maßzahl und Maßeinheit besteht und unter Umständen auf das verwendete Meßgerät (z. B. Schieblehre, Zentimetermaß) hinweist.

Übungen zu 1.2

1. Was ist richtig, was ist falsch bezeichnet?

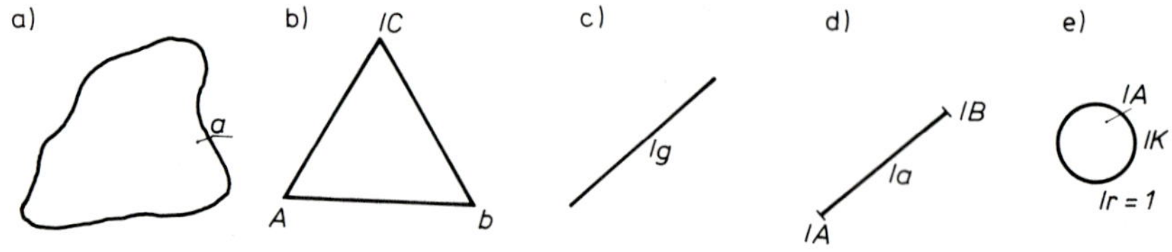

2. Bezeichne die dargestellten Punktmengen mit den nachfolgenden Symbolen:
/A, *A*, *B*, ıa, *a*, *b*, lb, lk

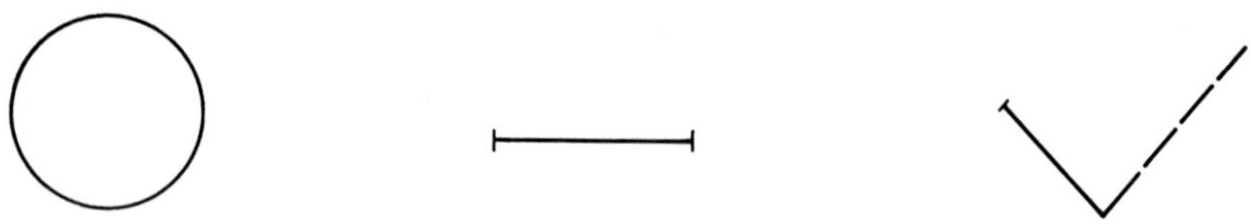

Betrag (Länge) ist 3 **Betrag ist 2**

3. Bezeichne alle Punktmengen, Punkte sowie Beträge mit beliebig gewählten Bezeichnungen. Miß dazu die Beträge in cm (außer bei *d*).

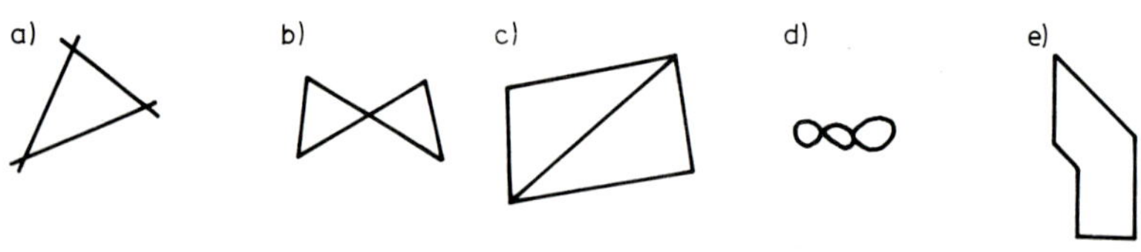

4. Zeichne Rechtecke mit den vorgegebenen Beträgen der Seiten und bezeichne alle Punktmengen, Punkte und Beträge. (Die Punktmenge zwischen *A* und *B* heißt Seite ıa, zwischen *B* und *C* heißt Seite lb usw.)

a) $a=c=5$; $b=d=2$ **b)** $c=4$; $d=3$ **c)** $a=b=c=d=3{,}8$

5. Bezeichne die Eckpunkte und Seiten der vorgegebenen Figuren und miß die Seitenlängen.

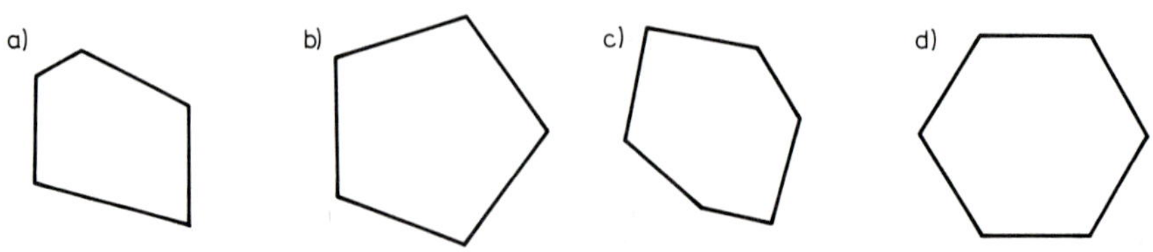

6. Zeichne das Quadrat mit $a=b=c=d=3$.
Gibt es einen Kreis, dessen Kreislinie $\mathbb{k}$ durch die vier Eckpunkte geht, d.h. $A, B, C, D \in \mathbb{k}$? Konstruiere den Kreismittelpunkt M. Ist die entsprechende Aussage auch für Rechtecke und für allgemeine Vierecke zutreffend? Suche Beispiele!

7. Zeichne einen Kreis mit dem Radius $r_1=4$ und zeichne einen zweiten Kreis mit $r_2=4$, der den ersten Kreis in **einem** Punkt berührt, d.h. $\mathbb{k}_1 \cap \mathbb{k}_2 = \{P\}$.
Gilt $\mathbb{k}_1 \cap \mathbb{k}_2 = \{P\}$ auch dann, wenn M_1, M_2 und P nicht gradlinig miteinander verbunden werden können?

8. Zeichne zwei Kreise (Radien $r_1=3$, $r_2=4$, deren Kreislinien $\mathbb{k}_1$ und $\mathbb{k}_2$ zwei Punkte P und Q gemeinsam haben, d.h. $\mathbb{k}_1 \cap \mathbb{k}_2 = \{P, Q\}$. Kann der Durchschnitt der Flächen $\mathbb{A}_1 \cap \mathbb{A}_2 = \{\ \}$ werden?

9. Zeichne zwei Kreise (Radien $r_1=2$, $r_2=3{,}5$ für deren Flächen $\mathbb{A}_1$ und $\mathbb{A}_2$ gilt:
a) $\mathbb{A}_1 \cap \mathbb{A}_2 = \{\ \}$ **b)** $\mathbb{A}_1 \cap \mathbb{A}_2 = \mathbb{A}_1$ **c)** $\mathbb{A}_1 \cup \mathbb{A}_2 = \mathbb{A}_2$
d) $\mathbb{A}_1 \cap \mathbb{A}_2 = \mathbb{A}_3$, wobei die Kreisfläche $\mathbb{A}_3 \subset \mathbb{A}_2$ **e)** $\mathbb{A}_1 \setminus \mathbb{A}_2 = \{\ \}$

1.3 Spezielle Punktmengen der Ebene

Bezeichnet man zwei verschiedene Punkte A und B der Ebene und bewegt sich von A ausgehend zum Punkt B, dann gibt es unendlich viele verschiedene Wege. Der kürzeste Weg wird jedoch der geradlinige Weg sein, d.h. der Weg, der weder gekrümmt noch geknickt in direkter Richtung auf B zuführt. Auf dem Weg nach B durchläuft man unendlich viele Zwischenpunkte, von denen einige, P_1, P_2, P_3, gewählt seien. Für alle Punkte kann man nun folgende Anordnung feststellen: A liegt vor P_1, P_1 liegt vor P_2, usw.

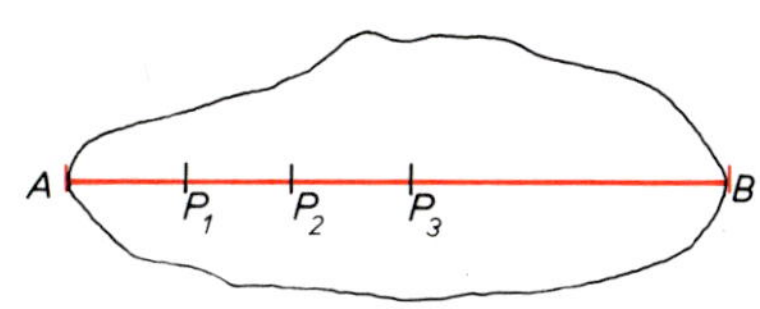

❶ S Auf einer geradlinigen Verbindung zweier Punkte gibt es beliebig viele Zwischenpunkte (Grundsatz).
Benutzt man für die Worte: „liegt vor" das Zeichen $\prec$, dann gibt es zu irgend zwei Punkten P und Q, mit $P \prec Q$, Punkte S für die gilt: $P \prec S$ und $S \prec Q$, d.h. S liegt **zwischen** P und Q.
Für den Anfangspunkt A und den Endpunkt B und einen beliebigen Punkt P **zwischen** A und B gilt: $P \not\prec A$ und $B \not\prec P$ (lies: liegt nicht vor). Das Zeichen $\prec$ wird hier nur für Punkte verwendet, die auf einer geraden Linie liegen.

Beispiel:

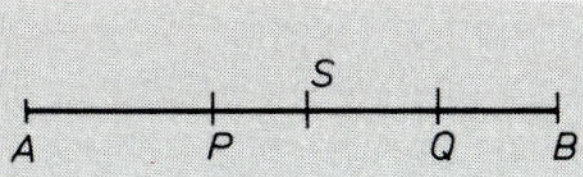

Die geradlinige Verbindung zweier Punkte der Ebene ist so wichtig, daß man dafür einen Namen festgelegt hat:

❷ **D** Die in sich vollständig dichte Menge der Punkte **zwischen** zwei (verschiedenen) Punkten A und B einschließlich dieser Punkte, nennt man **Strecke** A. Jede Strecke ist eine **gerade** Linie,

kurz: $\mathbb{l}a = \{P \mid (A \prec P \;\wedge\; P \prec B) \;\vee\; P = A \;\vee\; P = B\}$

(Strecke von A nach B durchlaufen).

Beispiel:

Strecke zwischen A und B.

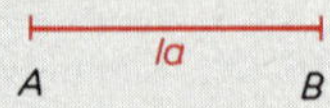

❸**a) D** Die Strecke von A nach B kann man durch Angabe der Endpunkte mit oberem Querstrich bezeichnen: $\overline{AB}$ (lies: Strecke AB).

b) S Jeder Strecke läßt sich eine Längenmaßzahl, auch Betrag der Strecke genannt, zuordnen (Grundsatz).

c) D Der Betrag kann durch die Angabe der Endpunkte **ohne** Querstrich **AB** erfolgen (lies: Betrag der Strecke AB).

Beispiele:

a) $\overline{AB} = \mathbb{l}a$ **b)** $AB = a = 4$

Verlängert man eine Strecke über einen Endpunkt unbegrenzt, dann entsteht ein **Strahl.**

❹ **D** Die Menge der Punkte, die von einem Punkt A (einschließlich) in einer Richtung in sich vollständig dicht liegen, nennt man **Strahl,**

kurz: $\mathbb{S}_t = \{P \mid A \prec P \;\vee\; P = A\}$

Beispiel:

Strahl

Verlängert man eine Strecke über beide Endpunkte hinaus nach beiden Seiten unbegrenzt, dann entsteht eine **Gerade,**

❺ **D** Die Menge der Punkte, die in einer Richtung und der Gegenrichtung in sich vollständig dicht liegen, nennt man **Gerade,**

kurz: $\mathbb{l}g = \{P \mid P \prec Q \;\vee\; Q \prec P \;\vee\; P = Q\}$,

wobei Q ein beliebiges Element von $\mathbb{l}g$ ist.

Beispiel:

Gerade

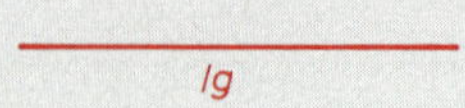

Zeichnet man eine gekrümmte Linie oder mehrere Geraden so aneinander, daß sie ein Gebiet umschließen, dann nennt man die Punktmenge dieses Gebietes **Fläche.**

❻ **D** Die Menge der Punkte eines von Linien umschlossenen Gebietes **ohne die** Randlinien nennt man ebene Fläche.

Beispiele:

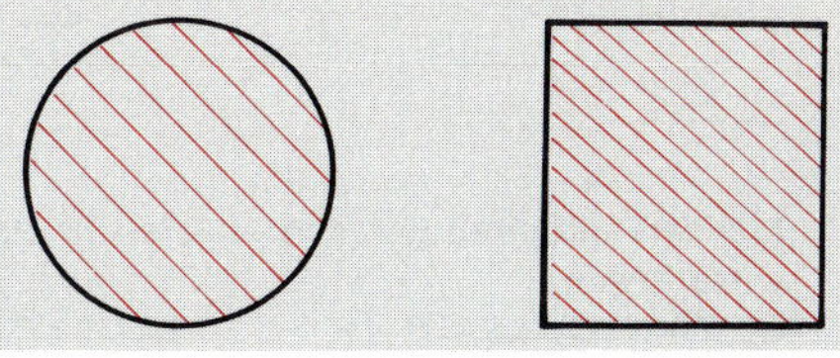

Zur exakten Festlegung von Punktmengen in der Ebene kann man das sogenannte **Gitternetz** benutzen.
Man legt dazu eine Horizontalachse (h) und eine Vertikalachse (v) fest. Den Schnittpunkt der Achsen bezeichnet man mit 0. Die Achsen werden in gleichmäßigen Abständen unterteilt und die Teilpunkte mit 1, 2, 3, ... bezeichnet. Hierdurch wird ein Gitternetz festgelegt. Die Gitterkreuzungspunkte werden durch sogenannte Netzzahlen z. B. (1|1), (1|2), (1|3), ... (2|1), (2|2), (2|3), (2|4), ... (3|1) gekennzeichnet. Die erste Zahl entspricht dem Teilpunkt auf der Horizontalachse, die zweite Zahl dem Teilpunkt auf der Vertikalachse

$P(h|v)$ (lies: Punkt $h\,v$)

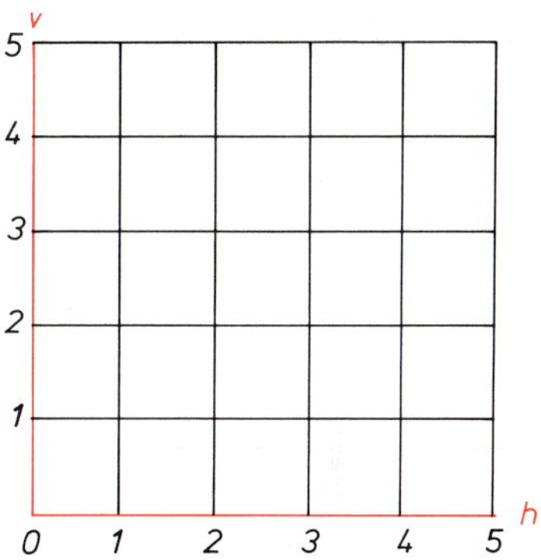

Beispiele:

$P_1(1|5)$ (lies: Punkt P_1: 1 5)
$P_2(2|4)$
$P_3(4|4)$
$P_4(2|1)$
$P_5(5|2)$

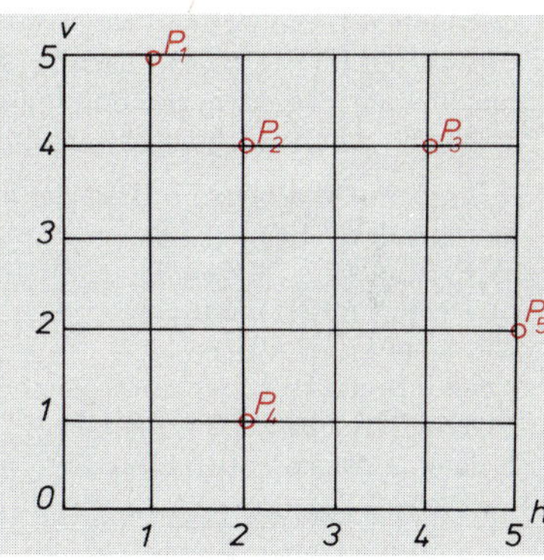

Übungen zu 1.3

1. Was ist richtig, was ist falsch bezeichnet?

a)

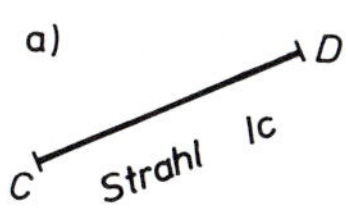

b)

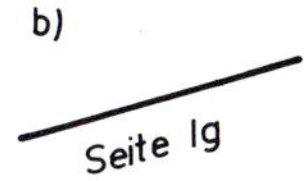

c)

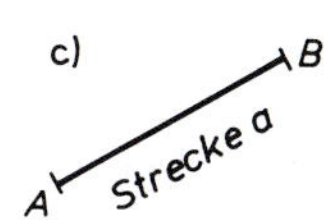

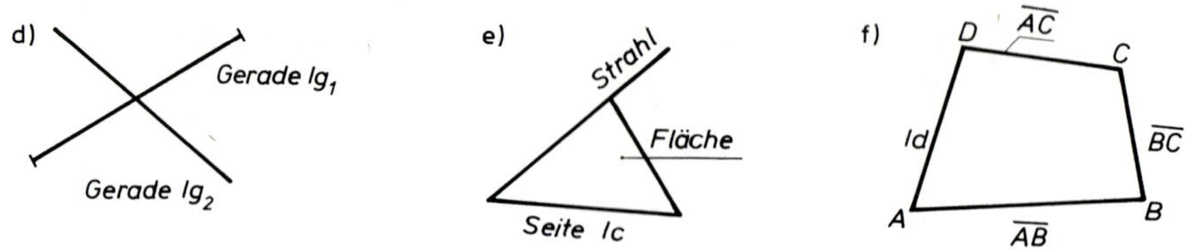

2. Markiere auf einer geraden Linie sechs Punkte $P_1, P_2, P_3, \ldots$, so, daß sie folgenden Anordnungen entsprechen:
a) $P_1 \prec P_2 \prec P_4 \prec P_6 \prec P_5 \prec P_3$ **b)** $P_2 \prec P_1 \prec P_6 \prec P_5 \prec P_4 \prec P_3$ **c)** $P_6 \prec P_5 \prec P_4 \prec P_3 \prec P_2 \prec P_1$

3. Bei welcher der folgenden Linien kann das Zeichen „$\prec$" zwischen zwei Punkte gesetzt werden?

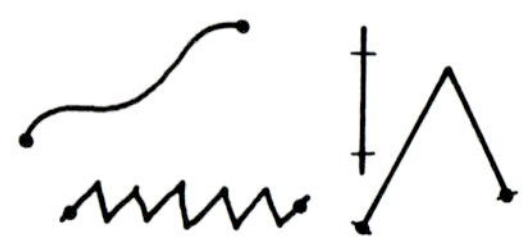

4. Trage die fehlenden Bezeichnungen ein:

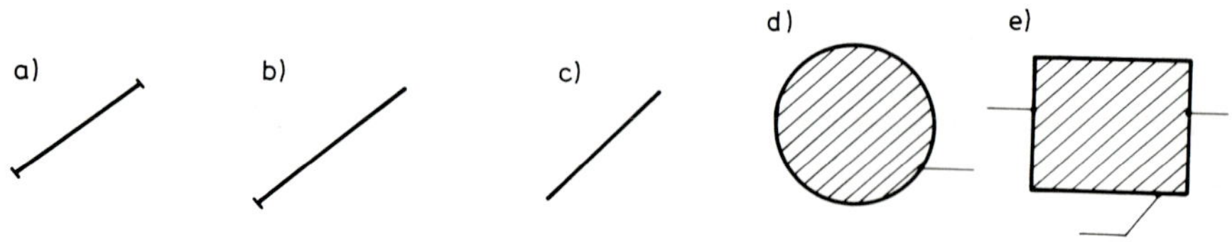

5. Zeichne ein Gitternetz und trage die folgenden Punkte ein:
$P_1(5|4)$; $P_2(3|1)$; $P_3(0|4)$; $P_4(0|0)$; $P_5(1|0)$; $P_6(4|0)$; $P_7(3|3)$; $P_8(1|1)$.
Zeichne acht Geraden, die durch zwei Punkte gehen. Welche gehen durch drei (vier) Punkte?
Bestimme durch Nachmessen die Beträge von $\overline{P_1P_2}$, $\overline{P_4P_7}$, $\overline{P_3P_2}$, $\overline{P_2P_3}$.

6. Zeichne im Gitternetz die Dreiecke mit den Eckpunkten:
a) $P_1(0|0)$, $P_2(2|8)$, $P_3(7|8)$
b) $P_1(2|3)$, $P_2(7|3)$, $P_3(4|7)$
c) $P_1(2|5)$, $P_2(2|1)$, $P_3(5|1)$
d) $P_1(7|4)$, $P_2(7|7)$, $P_3(1|5)$
e) $P_1(3|3)$, $P_2(6|3)$, $P_3(6|6)$
Miß Seiten und Winkel.
Welche Dreiecke haben zwei gleich lange Seiten (gleichschenklig)?
Welche Dreiecke haben drei gleich lange Seiten (gleichseitig)?
Welche Dreiecke haben einen 90°-Winkel (rechtwinklig)?

7. Zeichne im Gitternetz die Vierecke mit den Eckpunkten:
a) $P_1(6|2)$, $P_2(8|5)$, $P_3(3|5)$, $P_4(1|2)$
b) $P_1(4|8)$, $P_2(2|5)$, $P_3(4|2)$, $P_4(6|5)$
c) $P_1(6|5)$, $P_2(7|6)$, $P_3(6|7)$, $P_4(5|6)$
d) $P_1(3|0)$, $P_2(0|0)$, $P_4(7|0)$, $P_4(7|3)$
Gib Seitenlängen und Winkelmaße an.
Welche Vierecke haben vier rechte Winkel (sind Rechtecke)?
Welche Vierecke haben vier gleich lange Seiten (sind Rhomben)?
Welche Vierecke haben gleich lange gegenüberliegende Seiten (sind Parallelogramme)?
Durch welche Eigenschaften ist ein Quadrat gekennzeichnet?

8. Zeichne im Gitternetz die beiden Kreise mit den Mittelpunkten $M_1(4|4)$ und $M_2(7|7)$ und den Radien $r_1 = 2$ und $r_2 = 3$. Schreibe die Menge $\mathbb{A}$ der Gitterpunkte auf, durch die die Kreislinie $\mathbb{k}_1$ geht und die Menge $\mathbb{B}$ der entsprechenden Gitterpunkte von $\mathbb{k}_2$. Was gilt für $\mathbb{A} \cap \mathbb{B}$? Was für $\mathbb{A} \cup \mathbb{B}$?

1.4 Lage zweier Geraden zueinander

Es soll untersucht werden, wie zwei Geraden in der Ebene zueinander liegen können.

a) Die Geraden verlaufen in gleicher Richtung.

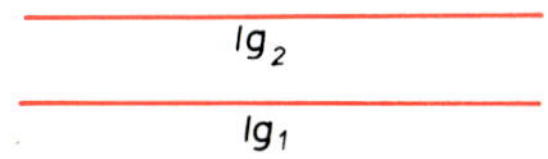

Diese Geraden haben keinen Punkt gemeinsam. Also ist

$\mathrm{l}g_1 \cap \mathrm{l}g = \{\ \}$

❶ **D** Zwei Geraden in einer Ebene, die keinen Punkt gemeinsam haben, d. h. deren Durchschnitt eine leere Menge ist, nennt man **parallele** Geraden.
Man kennzeichnet die Parallelität durch das Symbol ∥ (lies: parallel)

Beispiel:

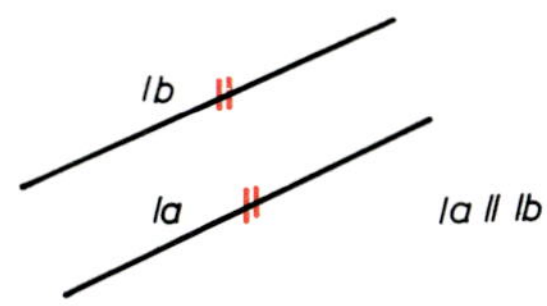

Verschiebt man eine Gerade so, daß sie auf die andere fällt, dann gilt:

b) Die Geraden decken sich.

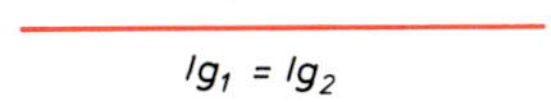

❷ **D** Zwei Geraden, die alle Punkte gemeinsam haben, d. h. deren Durchschnitt $\mathrm{l}g_1 = \mathrm{l}g_2$ ist, nennt man identische Geraden.

Dreht man bei zwei deckungsgleichen Geraden die eine um einen beliebigen Punkt, dann **schneiden** sich die Geraden.
Der Durchschnitt der Geraden ist $\{S\}$, der Schnittpunkt.

❸a) **D** Zwei Geraden, die genau **einen** Punkt gemeinsam haben, d. h. deren Durchschnitt ein Element enthält, nennt man **sich schneidende Geraden.**

b) **S** Zwei Geraden haben höchstens einen Schnittpunkt (sofern sie nicht deckungsgleich sind) (Grundsatz).

Beispiel:

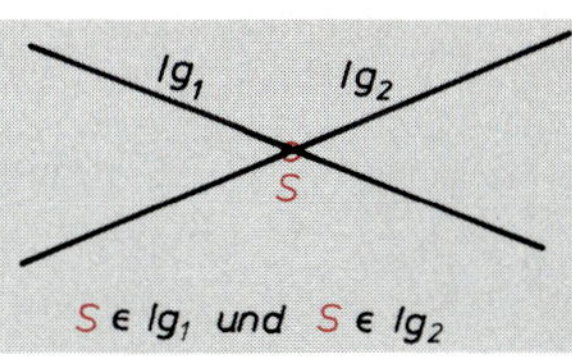

Man kann die Geraden mehr oder weniger gegeneinander verdrehen. Die Größe der Drehung kennzeichnet man durch ein Winkelmaß.

❹ **D** Das Winkelmaß gibt eine Drehung an.
Eine Vierteldrehung ist eine 90°-Drehung.
Eine Halbdrehung ist eine 180°-Drehung.
Eine Volldrehung ist eine 360°-Drehung.

Beispiele:

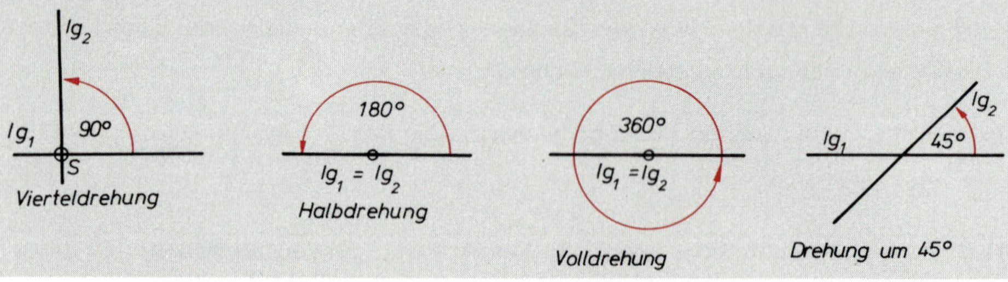

❺ **D** Geraden, die um 90° gegeneinander gedreht sind, nennt man auch **senkrecht aufeinander stehend.**
Entsprechend bezeichnet man auch Winkel von 90° als **Rechte Winkel.**
Bezeichnungsweise: ⊾

Beispiel:

lb steht senkrecht auf la
la steht senkrecht auf lb

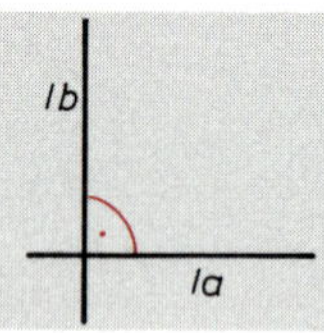

❻ **S** Die 180°-Drehung eines Strahles um seinen Ausgangspunkt *S* ergibt eine Gerade (Grundsatz).

Beispiel:

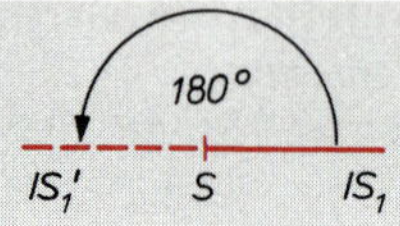

Übungen zu 1.4

1. Welche Bezeichnungsweise ist richtig, welche falsch? Berichtige sie.

a)

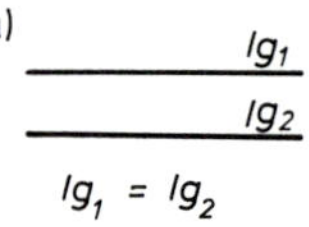

b)

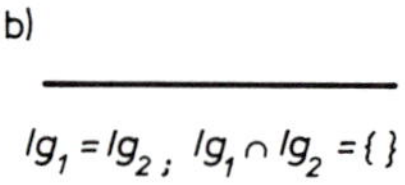

c)

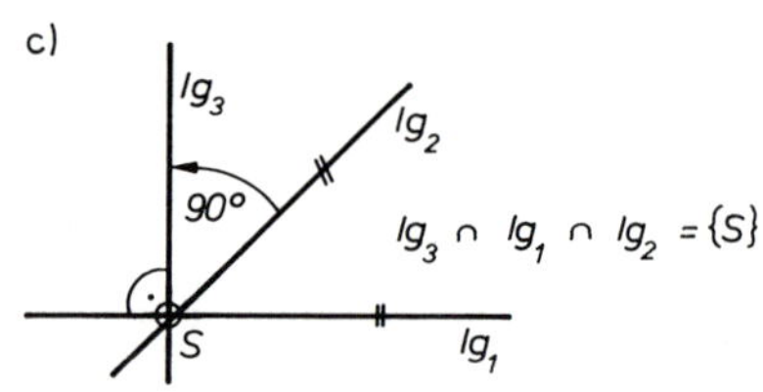

2. Zeichne zwei Geraden, die um einen Winkel von

a) 60° **c)** 105° **e)** 350° **g)** 720°
b) 75° **d)** 217° **f)** 400° **h)** 810°

gedreht sind.

3. Gib die Winkelmaße an:

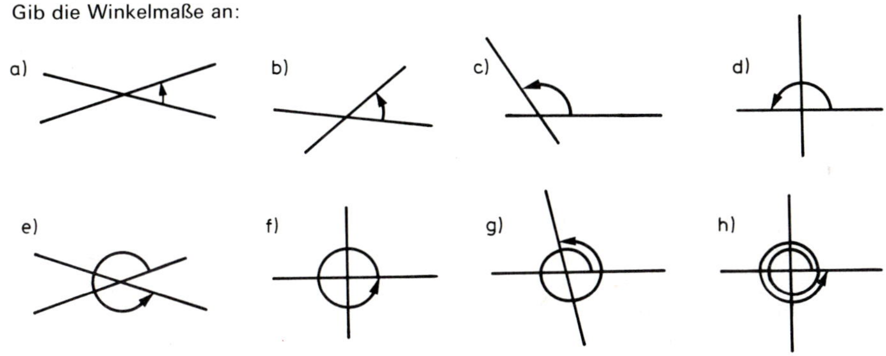

4. Welche Lagen haben folgende zwei Geraden nach den Lehrsätzen ❶ ❷ ❸ zueinander?
a) Sie haben alle Punkte gemeinsam.
b) Sie haben genau **einen** Punkt gemeinsam.
c) Sie haben zwei Punkte gemeinsam.
d) Sie haben keinen Punkt gemeinsam.
e) Sie haben drei Punkte gemeinsam.

5. Welche Möglichkeiten gibt es, drei Geraden zu legen?
Skizziere die einzelnen prinzipiell unterschiedlichen Fälle.

6. Zeichne im Gitternetz die Geraden, die durch folgende Punkte gehen:
g_1 durch $P(2|6)$, $Q(5|9)$
g_2 durch $P(6|5)$, $Q(12|3)$
g_3 durch $P(2|1)$, $Q(1|0)$
g_4 durch $P(15|2)$, $Q(11|6)$
g_5 durch $P(9|0)$, $Q(9|9)$
g_6 durch $P(0|8)$, $Q(10|8)$
Welche Geraden sind parallel, welche decken sich, welche stehen senkrecht aufeinander? (Benutze zur Kennzeichnung die Symbole ‖ und ⊾.) Durch welche drei Geraden entstehen rechtwinklige Dreiecke? Gib die Winkelmaße der Innenwinkel einiger Dreiecke an.

7. Unter welchem Winkel zur Horizontalachse stehen alle Geraden, die parallel zur Geraden durch $P(2|3)$ und $P(4|5)$ verlaufen? Welchen Winkel haben die dazu senkrecht stehenden Geraden?

8. Zeichne einen 8tel Kreis, einen 12tel Kreis, einen 3tel Kreis, einen 6tel Kreis. Wie groß sind die entstehenden Winkel? Gib ihre Maßzahlen an.

1.5 Begriff des Winkels, Scheitelwinkel, Nebenwinkel

Greift man von vier Winkeln der Abbildung einen beliebigen Winkel heraus (rot schraffiert), dann sieht man, daß er von zwei Strahlen gebildet wird, die von einem Punkt S ausgehen.

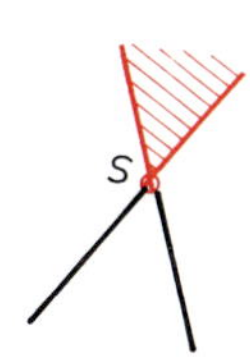

❶ **D** Gehen zwei Strahlen von einem Punkt aus, dann nennt man dieses System einen **Winkel**.
Den Ausgangspunkt bezeichnet man als **Scheitel** des Winkels, die beiden Begrenzungslinien als **Schenkel** des Winkels.

Beispiel:

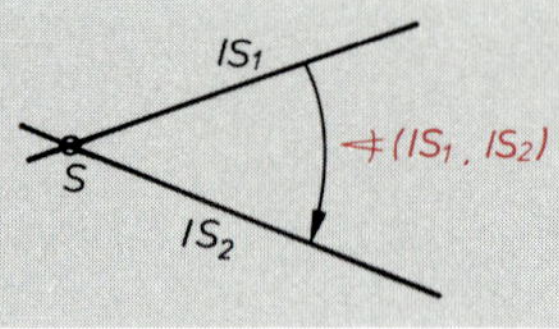

❷ **D** Winkel oder Winkelmaße* werden gewöhnlich mit kleinen griechischen Buchstaben bezeichnet ($\alpha, \beta, \gamma, \delta, \ldots$). Man kann auch die Bezeichnung $\sphericalangle(\text{Is}_1, \text{Is}_2)$ (lies: Winkel zwischen s_1 und s_2) wählen, wobei die Drehrichtung des Strahles, der den Winkel erzeugt, von Is_1 nach Is_2 ist.

Beispiele:

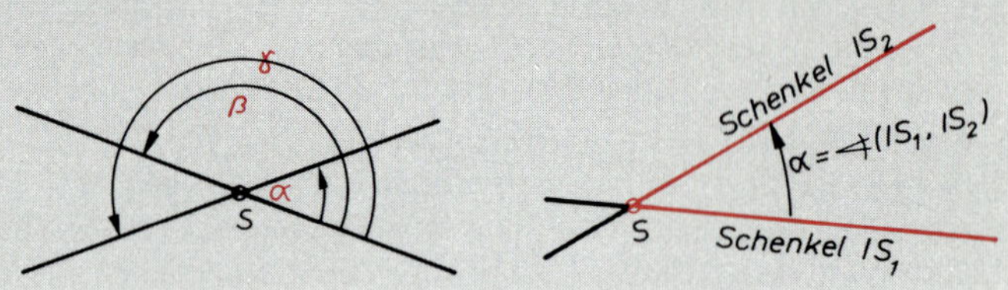

Die **Drehrichtung** spielt bei Winkeln nicht immer eine Rolle. Sie ist jedoch z.B. bei Motoren, beim Eindrehen von Schrauben, beim Walzertanz von Bedeutung. Man hat in der Mathematik festgelegt:

❸ **D** Der Drehsinn des Uhrzeigers wird als mathematisch **negativer Drehsinn,** der Drehsinn in Gegenrichtung des Uhrzeigers als mathematisch **positiver Drehsinn** festgelegt.

Beispiele:

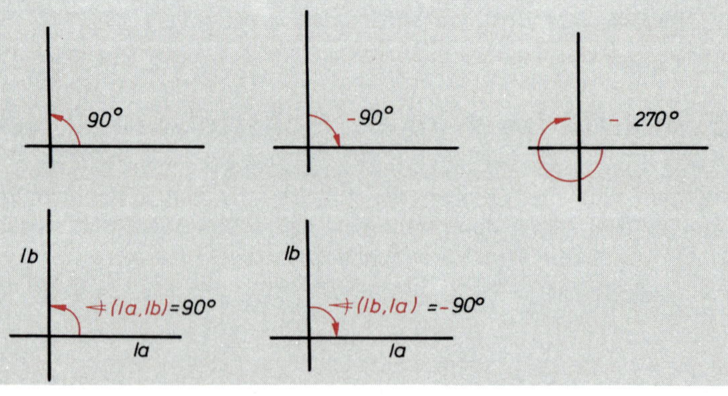

* Strenggenommen muß zwischen dem **Winkel** als System von Scheitelpunkt und zwei Schenkeln und dem **Maß der Drehung der Schenkel (Winkelmaß)** unterschieden werden. Dies ist jedoch aus der Bezeichnung mit α, β, γ usw. nicht zu entnehmen, so daß α sowohl den Winkel als auch das Winkelmaß bedeuten kann.

Verdreht man zwei aufeinanderliegende Geraden um einen Punkt S, dann entstehen vier Winkel. Im nebenstehenden Bild liegen die beiden Winkel α und β nebeneinander, ebenso die Winkel β und γ, usw., denn sie haben einen Schenkel und den Scheitelpunkt S gemeinsam.

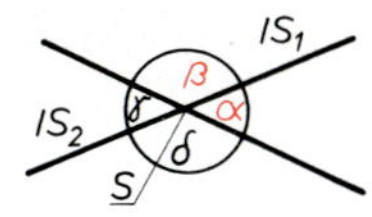

❹ **D** Zwei Winkel heißen Nebenwinkel, wenn sie den Scheitelpunkt S und einen gemeinsamen Schenkel haben und die beiden anderen Schenkel eine Gerade bilden.

❺ **S** Die Summe zweier Nebenwinkel beträgt 180°.

Formel: $\alpha+\beta=180°$

Beweis zu ❺
Jede Gerade kann man sich durch eine 180°-Drehung eines Strahles um seinen Anfangspunkt entstanden denken (❻ aus 1.4). Die Schenkel $\mathbb{S}_1$ und $\mathbb{S}_2$ bilden eine Gerade. Danach ist die Summe von α und β im Bild auf S.17 oben 180°.

In diesem Bild haben die beiden Winkel α und γ lediglich den Scheitelpunkt gemeinsam, ebenso ist es bei den Winkeln β und δ.

❻ **D** Zwei Winkel nennt man Scheitelwinkel, wenn sie an zwei sich schneidenden Geraden liegen und dabei **nur** den Scheitelpunkt gemeinsam haben.

❼ **S** Scheitelwinkel sind gleich.

Formel: $\alpha=\beta$

Beispiele:

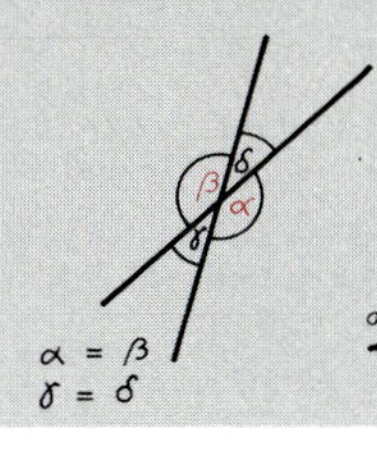

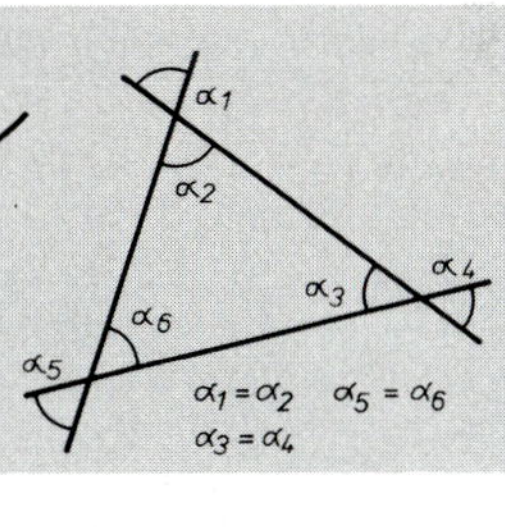

Beweis zu ❼
Winkel γ und β sind Nebenwinkel nach ❹
Winkel γ und α sind Nebenwinkel nach ❹
Demnach gilt: $\alpha+\gamma=180°$
$\beta+\gamma=180°$
daraus folgt: $\alpha+\gamma=\beta+\gamma$
also: $\alpha=\beta$

Übungen zu 1.5

1. Was ist richtig, was ist falsch? Berichtige.

a) 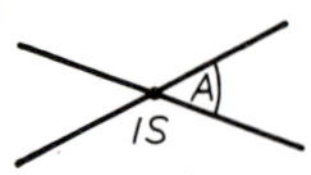

b) 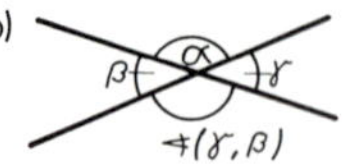

c) 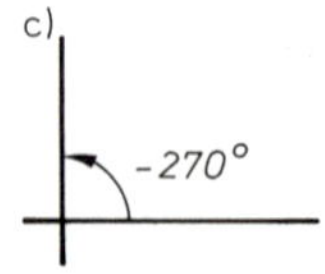

d) 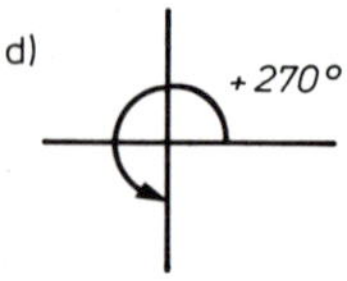

e) 

α und β sind Scheitelwinkel
α und γ sind Scheitelwinkel
β und δ sind Scheitelwinkel

α und β sind Nebenwinkel
β und γ sind Nebenwinkel
α und δ sind Nebenwinkel

2. Drehe einen Kreisradius um 180°, dann einen zweiten Radius aus derselben Ursprungslage um 70°. Welchen Winkel schließen die beiden Radien jetzt miteinander ein?

3. Rechne in positive Winkelangaben um:
$-270°$; $-10°$; $-30°$; $-100°$; $-13{,}4°$; $-13°14'$; $-283°17'$

4. Rechne in negative Winkelangaben um:
38°; 41,5°; 310°30′; 15°17′

5. Welche der folgenden Winkel ergänzen sich zu 90°, welche zu 180°?
30°; 70°; 50°; 150°; 60°; 40°; 25°; 45°; 65°; 135°

6. Zeichne Scheitelwinkel mit der Größe:
a) 30° **b)** 45° **c)** 70° **d)** 110° **e)** 90° **f)** 180°

7. Zeichne Nebenwinkel α und β so, daß
a) $\alpha = 2 \cdot \beta$ **b)** $\alpha = \frac{1}{2}\beta$ **c)** $\alpha = 10 \cdot \beta$ ist.
Beachte dabei, daß $\alpha + \beta = 180°$ sein muß.

8. Gib an, welche Winkel in der Zeichnung
a) Nebenwinkel **b)** Scheitelwinkel sind.

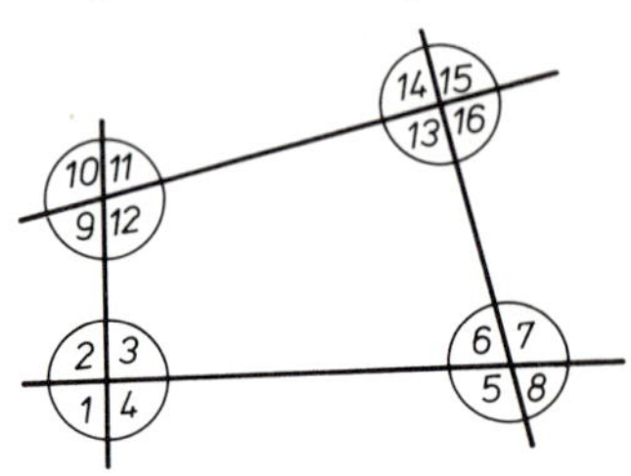

9. Nenne Beispiele (etwa aus der Technik), bei denen 720° etwas anderes bedeutet als 360°. Bedeutet die Angabe „Drehung des Gegenstandes um +90°" etwas anderes als die Angabe „Drehung um −270°"?

10. Zeichne Dreiecke nach folgenden Angaben. Bezeichnungen entsprechend der Skizze.
a) $a=5$, $\beta=45°$, $\gamma=90°$ **d)** $a=b=4$; $\gamma=90°$
b) $b=3$, $\alpha=20°$, $\gamma=18°$ **e)** $b=2{,}5$; $c=3{,}8$; $\alpha=160°$
c) $c=2$, $\alpha=110°$, $\beta=40°$ **f)** $a=c=5{,}4$; $\beta=60°$
Welche Dreiecke haben zwei gleiche Seiten?
Welche Dreiecke haben drei gleiche Seiten?

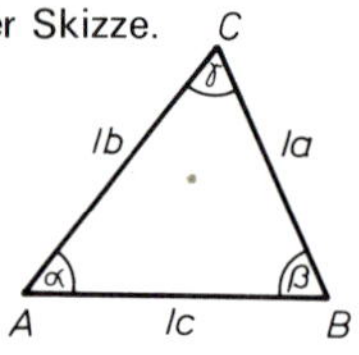

11. Wie groß ist der Nebenwinkel des Winkels α, wenn α
a) 32,4° **b)** 38°20′ **c)** 110°30′ **d)** 82°37′ ist?

12. Wie groß ist der Nebenwinkel von
a) $180° - \alpha$ **b)** $45° + \beta$ **c)** $90° - \gamma$ **d)** $90° + \alpha$

13. α und β seien Nebenwinkel, wie ändert sich β, wenn α zunimmt, wie, wenn α abnimmt?

14. Zwei Nebenwinkel sollen gleich sein, was gilt dann für die Gradzahl der beiden Winkel?

15. Das Verhältnis zweier Nebenwinkel ist 1 : 5. Wie groß sind beide Winkel?

1.6 Geometrische Grundkonstruktionen

Sucht man die Menge aller Punkte, die von **einem** gegebenen Punkt den gleichen Abstand haben, dann kann man sie durch Zeichnen eines Kreises finden. Der gegebene Punkt ist dabei der Mittelpunkt M des Kreises.

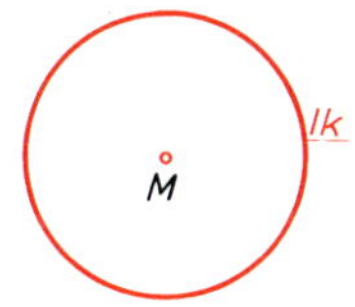

❶ **D** Der Kreisumfang lk ist die Menge aller Punkte, die vom Kreismittelpunkt M den gleichen Abstand haben.

Beispiel:

Der gegebene Kreis hat den Radius mit dem Betrag $r=1{,}5$, denn jedes Element hat von M den Abstand 1,5.

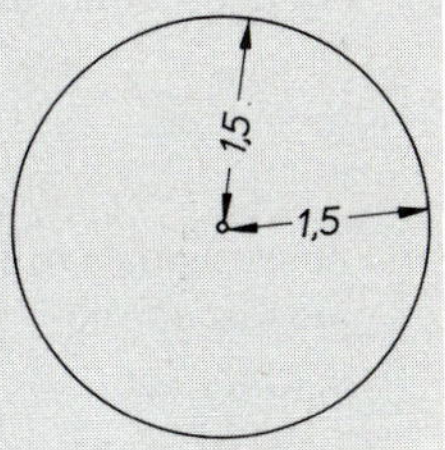

Sucht man die Menge aller Punkte, die von **zwei** gegebenen Punkten jeweils den gleichen Abstand haben, dann kann man diese Aufgabe schrittweise lösen. Man bestimmt zunächst die Punktmenge, deren Elemente von A und B jeweils z. B. 3 cm Abstand haben. Dies ist $lk_1 \cap lk_2 = \{C, D\}$.

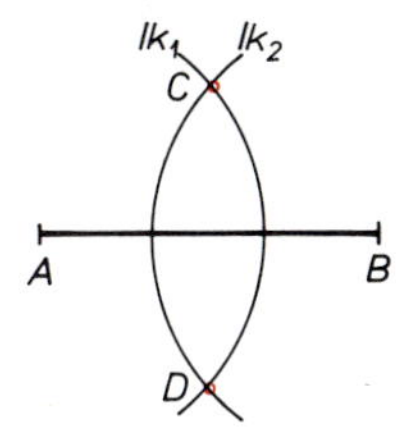

Auf entsprechende Weise findet man die Punktmengen, deren Elemente jeweils von A und B z. B. 2; 2,5; ... Abstand haben. Dies sind die Punktmengen $\{E, F\}$, $\{G, H\}$, ... Alle diese Punkte $C, D, E, F, G, H, \ldots$ liegen auf einer Geraden lm. Alle Elemente von lm haben von A jeweils den gleichen Abstand wie von B. Die Gerade lm steht senkrecht auf $\overline{AB}$ und halbiert diese Strecke.

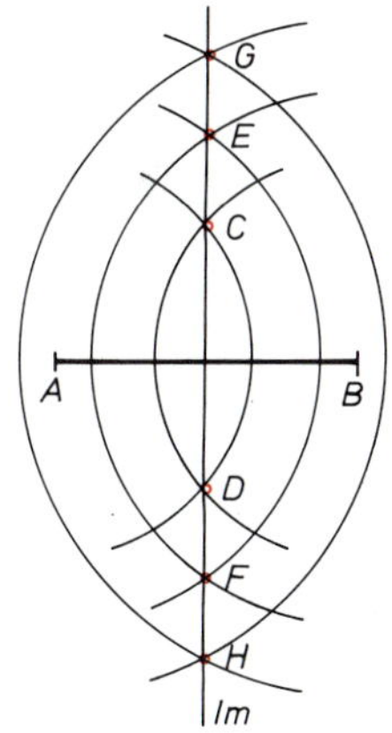

❷ **S** Die Menge aller Punkte, die von zwei Punkten gleichen Abstand haben, ist die Gerade, die durch die Mitte der Verbindungslinie der beiden Punkte geht und senkrecht auf ihr steht. Man nennt sie **Mittelsenkrechte** (Grundsatz).

Beispiel:

Zum Errichten einer Mittelsenkrechten und damit Halbierung der Strecke $\overline{XY}$:

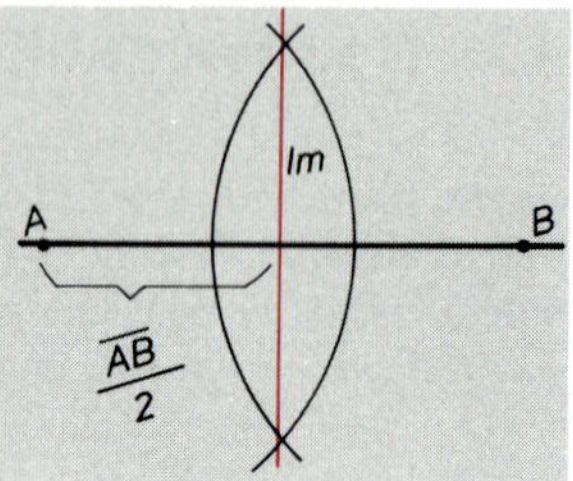

Anwendungen des Satzes ❷ auf geometrische Grundkonstruktionen:

a) Halbieren einer Strecke ıa

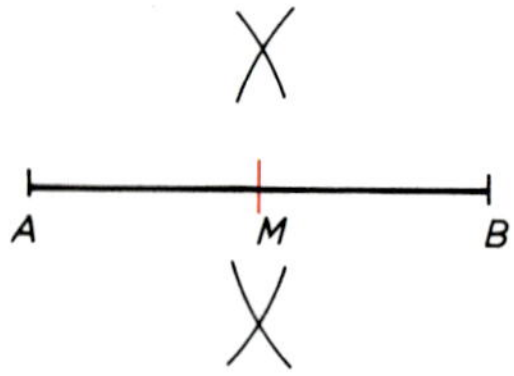

b) Fällen eines Lotes von einem Punkt P auf eine Gerade ıg

Anmerkung:
Ein Lot steht senkrecht zu einer gegebenen Geraden, nicht unbedingt senkrecht zur Erdoberfläche, wie das Lot in der Technik oder Naturwissenschaft.

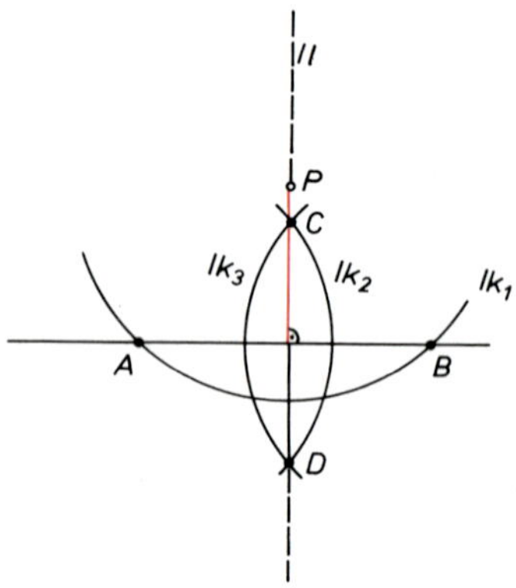

Konstruktionsbeschreibung
Man zeichnet die Gerade ıg und den Punkt P.
Um P zeichnet man einen Kreis Ik_1 mit einem beliebigen Radius. (Jedoch größer als der Abstand $P-g$.)
Den Durchschnitt von Ik_1 mit ıg nennt man $\{A, B\}$.
Um A zeichnet man einen Kreis Ik_2, um B den Kreis Ik_3. Der Radius von Ik_3 ist dabei gleich dem Radius von Ik_2.
Den Durchschnitt von Ik_2 mit Ik_3 nennt man $\{C, D\}$. Man zeichnet die Gerade Il durch C und D. Diese Gerade steht senkrecht auf ıg und geht durch den Punkt P. Somit ist IL das Lot auf ıg durch P.

Hinweis:

Eine Konstruktionsbeschreibung
soll rein **sachlich** die Konstruktion beschreiben,
soll die richtige **Reihenfolge** der Konstruktionsschritte angeben,
soll schrittweises **Nachvollziehen** der Konstruktion ermöglichen,
braucht nicht Wiederholungen im Ausdruck zu vermeiden, denn es gibt meist nur einen sachlich genau treffenden Ausdruck.

c) Konstruktion der Senkrechten auf der Geraden ıg durch den Punkt P ($P \in$ ıg).

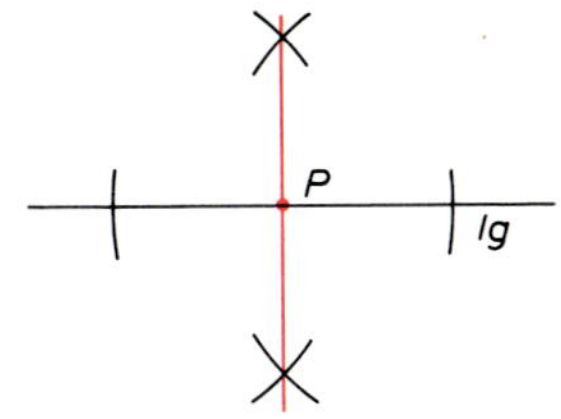

d) Zeichnen der Winkelhalbierenden ıw_α des Winkels α.

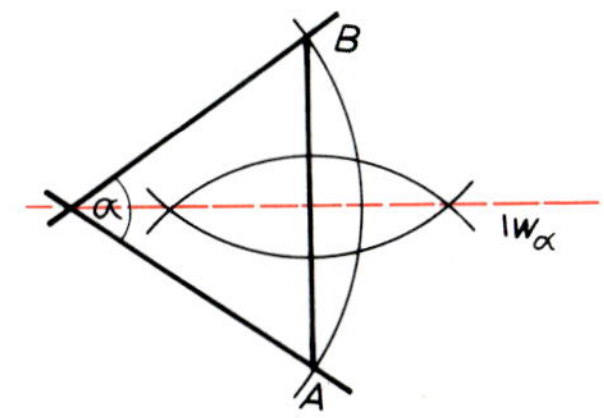

Anmerkung:
Es wird anschaulich, daß die Mittelsenkrechte auf der Verbindungslinie $A-B$ die Winkelhalbierende ıW_α ist, wenn man die Skizze faltet; dabei fällt B auf A und somit wird α durch ıW_α halbiert.

Die Konstruktionen b) und c) lassen sich auch ohne Zirkel und Lineal allein mit Hilfe des Geodreiecks durchführen.

Übungen zu 1.6

1. Zeichne die Menge aller Punkte, die von einem beliebig festgelegten Punkt M den Abstand 2 (3; 4) haben.

2. Zeichne um die Punkte A und B, die um 5 auseinanderliegen, die Menge der Punkte, die sowohl von A als auch von B 3 (4; 6) entfernt sind.
Wieviel Elemente hat jeweils diese Menge?
Wieviel Elemente hat diese Menge, wenn die Punkte 2,5 (2) von A und B entfernt sind?

3. Zeichne die Mittelsenkrechte ım, wenn die Punkte A und B im Gitternetz folgende Horizontal- und Vertikalwerte haben:
a) $A(1|3)$, $B(4|0)$ **c)** $A(3|0)$, $B(2|7)$
b) $A(0|0)$, $B(7|3)$ **d)** $A(10|6)$, $B(3|4)$
Fertige eine Konstruktionsbeschreibung an.

4. Halbiere die Strecken, die im Gitternetz durch folgende Endpunkte gegeben sind:
a) $A(2|3)$, $B(0|8)$ **c)** $A(7|3)$, $B(1|2)$
b) $A(6|1)$, $B(7|6)$ **d)** $A(8|0)$, $B(0|2)$
Fertige eine Konstruktionsbeschreibung an.
Kann der Halbierungspunkt auch ein Gitterpunkt sein?

5. Fälle von einem Punkt P das Lot ıl auf die Gerade ıg durch die Punkte C und D. Gegeben ist im Gitternetz:
a) $C(2|1)$, $D(7|1)$, $P(4|4)$ **b)** $C(4|8)$, $D(7|5)$, $P(1|3)$ **c)** $C(5|2)$, $D(6|6)$, $P(1|1)$
Fertige eine Konstruktionsbeschreibung an.

6. Errichte die Senkrechte auf ıg durch den Punkt $P \in$ ıg, wenn gegeben sind:
a) $A(1|1)$, $B(5|5)$, $P(4|4)$ **b)** $A(4|2)$, $B(10|4)$, $P(7|3)$ **c)** $A(8|0)$, $B(3|10)$, $P(7|2)$
Fertige eine Konstruktionsbeschreibung an.

7. Halbiere den Winkel zwischen den Strahlen ıs_1 und ıs_2, die vom Scheitel $S(1|1)$ ausgehen, wobei ıs_1 durch den Punkt $A(0|7)$ und ıs_2 durch den Punkt $B(7|4)$ geht.
Fertige eine Konstruktionsbeschreibung an.

8. Halbiere den Winkel α, dessen Scheitel in $S(0|0)$ liegt und dessen unterer Schenkel den Punkt $A(2|3)$ als Element hat.
a) $\alpha = 35°$ **b)** $\alpha = 64°$

9. Fälle von einem beliebigen Punkt P das Lot auf die beliebig festgelegte Gerade $\mathrm{l}g$ und errichte dann im Punkt P die Senkrechte $\mathrm{l}s$ auf lL. Führe die Konstruktion
a) mit Zirkel und Lineal, **b)** mit dem Geo-Dreieck durch.
Welche Lage hat $\mathrm{l}s$ bezüglich $\mathrm{l}g$?

10. Zeichne das rechtwinklige Dreieck mit $c=5{,}5$, $a=7{,}3$, $\alpha=90°$. Konstruiere α mit Zirkel und Lineal.

11. Konstruiere einen Winkel von 90°, indem ein Winkel von 180° halbiert wird.

12. Konstruiere einen Winkel von 45°, 22,5°, 11,25°.

13. Zeichne ein Quadrat mit der Seite $a=6$ ausschließlich mit Hilfe von Zirkel und Lineal.

1.7 Lage dreier Geraden zueinander; Stufenwinkel, Wechselwinkel

Drei Geraden können in der Ebene prinzipiell verschiedene Lagen zueinander haben.

a) Die Geraden liegen parallel. Sie haben keinen Punkt gemeinsam, d. h.

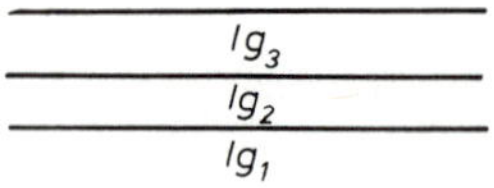

$$\mathrm{l}g_1 \cap \mathrm{l}g_2 = \{\ \} \ \wedge \ \mathrm{l}g_2 \cap \mathrm{l}g_3 = \{\ \} \ \wedge \ \mathrm{l}g_1 \cap \mathrm{l}g_3 = \{\ \}$$

b) Die Geraden liegen aufeinander. Sie haben alle Punkte gemeinsam, d. h.

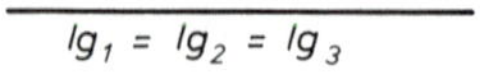

$$\mathrm{l}g_1 \cap \mathrm{l}g_2 \cap \mathrm{l}g_3 = \mathrm{l}g_1 = \mathrm{l}g_2 = \mathrm{l}g_3$$

c) Die Geraden haben insgesamt zwei Schnittpunkte miteinander. Zum Beispiel

$$\mathrm{l}g_2 \cap \mathrm{l}g_3 = \{A\}, \quad \mathrm{l}g_1 \cap \mathrm{l}g_3 = \{B\}, \quad \mathrm{l}g_2 \cap \mathrm{l}g_3 = \{\ \}$$

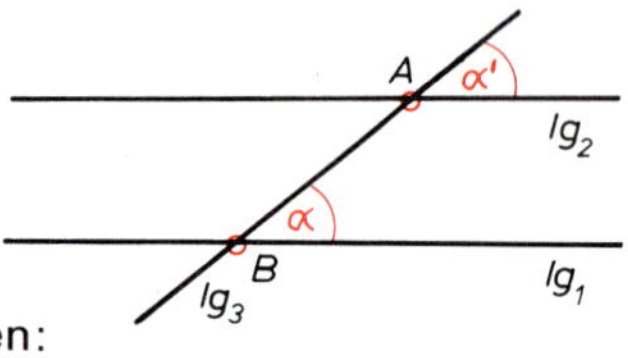

Diesen Sachverhalt kann man folgendermaßen verdeutlichen:
Man zeichnet zwei deckungsgleiche Geraden $\mathrm{l}g_1$ und $\mathrm{l}g_2$, d. h. $\mathrm{l}g_1 \cap \mathrm{l}g_2 = \mathrm{l}g_1 = \mathrm{l}g_2$ und dazu eine dritte schneidende Gerade $\mathrm{l}g_3$ unter beliebigem Winkel α.
Verschiebt man nun $\mathrm{l}g_2$ so, daß sie stets parallel zu $\mathrm{l}g_1$ bleibt, d. h. $\mathrm{l}g_1 \cap \mathrm{l}g_2 = \{\ \}$, dann bildet $\mathrm{l}g_2$ mit $\mathrm{l}g_3$ den Winkel α'.
Dabei ist das Winkelmaß von α' gleich dem Winkelmaß von α. Kurz: $\alpha' = \alpha$ (Maßgleichheit).

❶ S Stufenwinkel an geschnittenen parallelen Geraden sind gleich groß (Grundsatz).

Beispiel:

Es gilt:
$\alpha_1 = \alpha_2 = \alpha_3$
$\alpha_4 = \alpha_5 = \alpha_6 =$
$\alpha_7 = \alpha_8 = \alpha_9$

Zu nebenstehendem Bild sollen außer über Stufenwinkel auch über die Winkelpaare α und δ bzw. β und γ Aussagen gemacht werden.
Da diese Winkel wechselseitig an der schneidenden Geraden g_1 liegen, nennt man sie Wechselwinkel.
Für Wechselwinkel gilt:

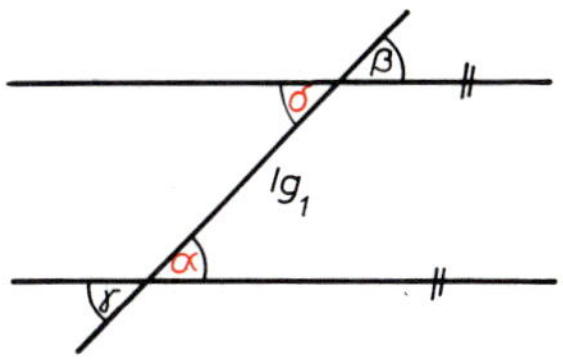

❷ **S** Wechselwinkel an geschnittenen Parallelen sind gleich groß.

Beispiel:

$\alpha_1 = \alpha_2 = \alpha_3$
$\alpha_4 = \alpha_5 = \alpha_6$
$\alpha_7 = \alpha_8 = \alpha_9$

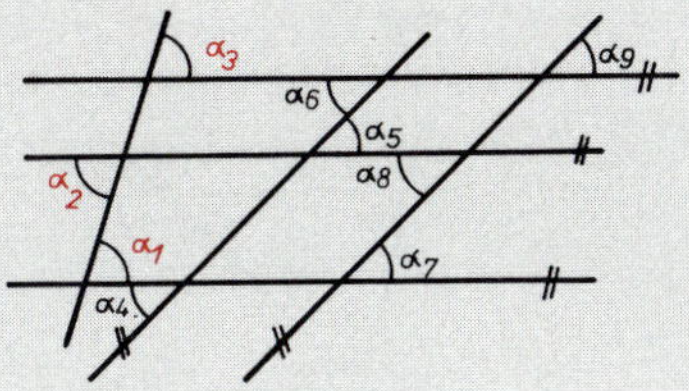

Beweis zu ❷

$\alpha = \beta$ Stufenwinkel nach ❶
$\delta = \beta$ Scheitelwinkel nach ❼, Kap. 1.5

Daraus folgt: $\alpha = \delta$

d) Im allgemeinen Fall haben die Geraden insgesamt drei Schnittpunkte miteinander, denn es gilt:

❸ **S** Drei Geraden haben höchstens drei Schnittpunkte miteinander (sofern sie nicht deckungsgleich sind) (Grundsatz).

Übungen zu 1.7

1. **a)** Welche Winkel sind Stufenwinkel?
b) Welche Winkel sind Wechselwinkel?
c) Welche Winkel sind gleich groß?
d) Welche Winkel ergänzen sich zu 180°?

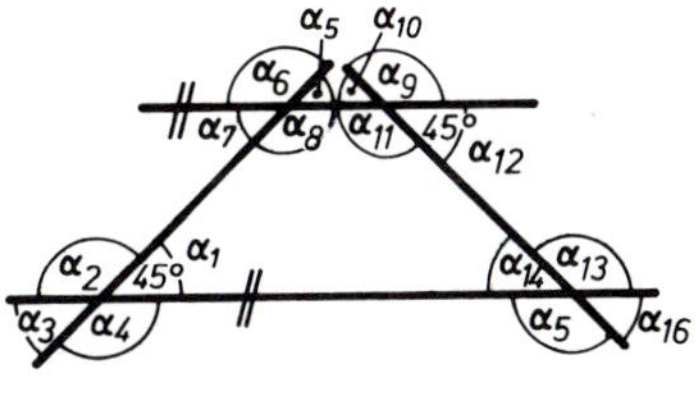

2. Drei Geraden schneiden sich in den Punkten A und B. Bezeichne in den Punkten jeweils die vier Winkel und gib zu jedem bei Punkt A auftretenden Winkel den
a) Stufenwinkel **b)** Wechselwinkel an.

3. Gegeben sind eine Gerade g und ein Punkt $P \notin g$. Man konstruiere die Parallele zu g durch P mit Hilfe von Satz ❶ oder ❷.

4. Bringe zwei Paare von Parallelen miteinander zum Schnitt. Welche Winkel sind gleich groß? Welche ergänzen sich zu 180°? Gibt es einen Sonderfall, bei dem alle auftretenden Winkel gleich sind?

5. Berechne die fehlenden Winkel, wenn:

a) $\delta = 114°$ **c)** $\alpha - \beta = 25°$ **e)** $\alpha = 24°$ und $\gamma = 110°$
b) $\beta = 95°$ **d)** $\alpha - \beta = 80°$ **f)** $\alpha = 37°$ ist.

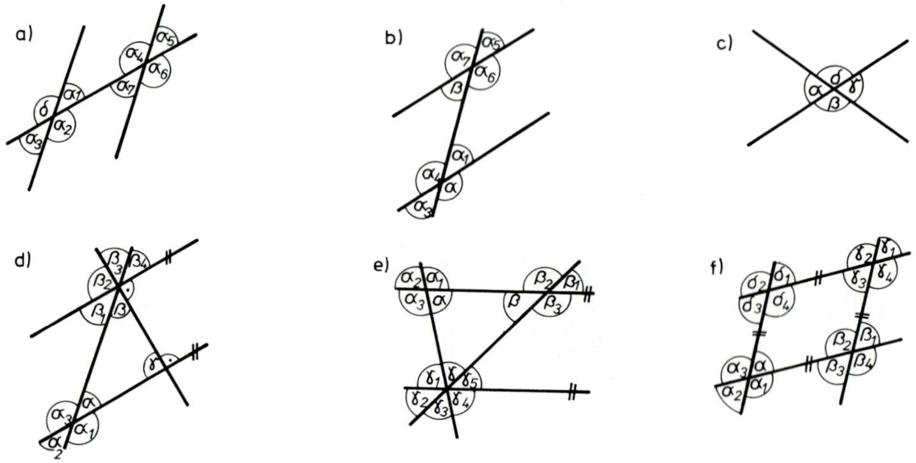

6. Zeige mit Hilfe des Begriffs „Stufenwinkel":
Steht eine Gerade auf einer von zwei Parallelen senkrecht, dann steht sie auch auf der anderen senkrecht.

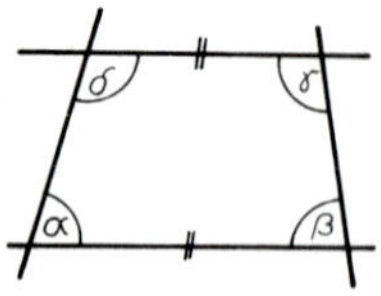

7. Zeige, daß die Winkelsumme im Trapez 360° beträgt.

8. Im Parallelogramm ist der Winkel $\alpha = 40°$ (130°, 90°). Berechne die anderen Winkel.

9. Wie groß ist jeweils die Winkelsumme $\alpha + \beta + \gamma$ des Bildes der Aufgabe 5d bzw. 5e.

10. Zeige mit Hilfe von Stufenwinkeln, Wechselwinkeln und Nebenwinkeln, daß in einem Parallelogramm die gegenüberliegenden Winkel gleich sind und benachbarte Winkel sich zu 180° ergänzen.

11. Warum ist Winkel $\alpha =$ Winkel β?

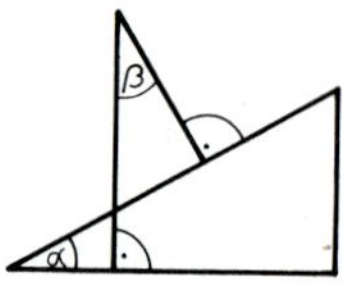

1.8 Allgemeine Lage dreier Geraden, Dreiecke

Außer den in 1.7 diskutierten Lagen von drei Geraden zueinander können sie so liegen, daß jede Gerade mit jeder der beiden anderen jeweils einen Punkt gemeinsam hat, d.h.

$\mathrm{l}g_1 \cap \mathrm{l}g_2 = \{B\}$ $\mathrm{l}g_1 \cap \mathrm{l}g_2 \cap \mathrm{l}g_3 = \{\ \}$
$\mathrm{l}g_2 \cap \mathrm{l}g_3 = \{C\}$
$\mathrm{l}g_1 \cap \mathrm{l}g_3 = \{A\}$

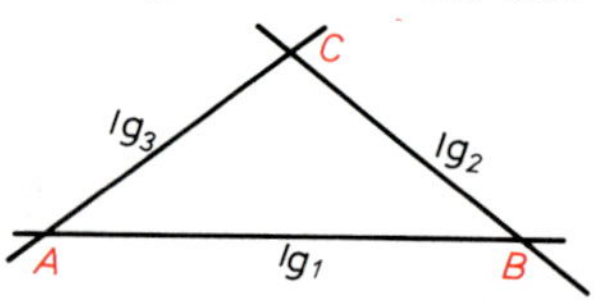

❶ **D** Liegen drei Geraden so, daß der Durchschnitt zweier Geraden jeweils ein Element hat, dann entsteht ein **Dreieck.** Die drei Durchschnittselemente A, B, C sind die Eckpunkte des Dreiecks.

Beispiele:

1. Ein Dreieck, bei dem zwei Begrenzungsgeraden senkrecht aufeinander stehen, nennt man ein **rechtwinkliges** Dreieck.

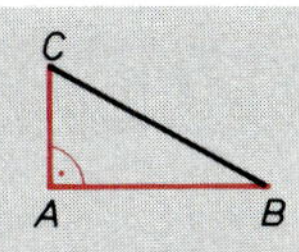

2. Ein Dreieck, bei dem ein Winkel größer als 90° ist, nennt man **stumpfwinkliges** Dreieck.

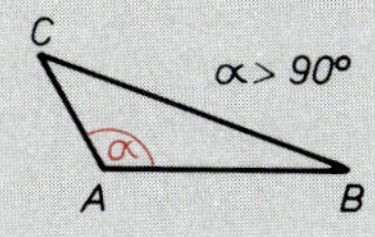

3. Ein Dreieck, bei dem sich alle Begrenzungsgeraden unter gleichen Winkeln schneiden, nennt man **gleichwinkliges** oder **gleichseitiges** Dreieck.

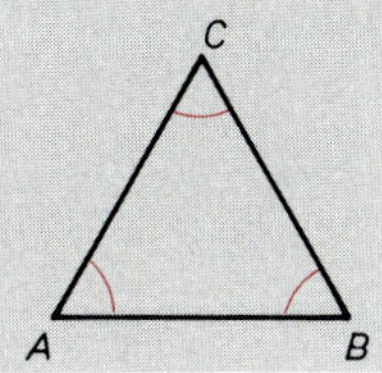

Da Dreiecke zu den wichtigsten geometrischen Figuren gehören, hat man „genormte" Bezeichnungen eingeführt.

❷ **D** Die Eckpunkte eines Dreiecks werden im mathematisch positiven Drehsinn mit A, B, C gekennzeichnet, wobei es gleichgültig ist, bei welchem Eckpunkt man mit A beginnt.

Beispiele:

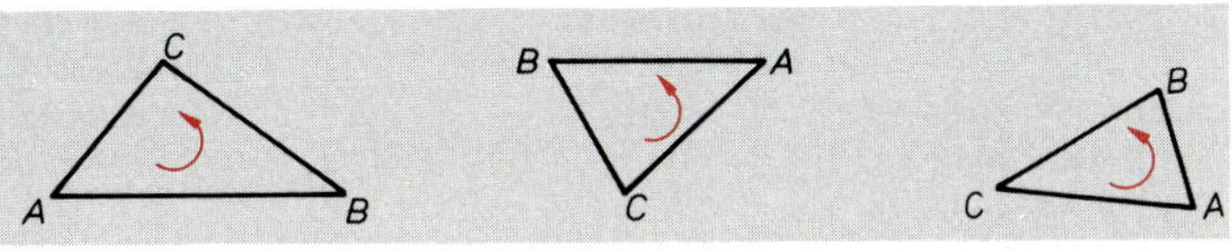

❸ **D** Die Verbindungsstrecke zwischen zwei Eckpunkten nennt man Seite und bezeichnet sie mit a, b, c, wobei a dem Punkt A gegenüberliegt, b dem Punkt B usw. Üblich ist auch die Bezeichnung $\overline{BC}$ für a, $\overline{AB}$ für c usw.

Beispiele:

❹ **D** Die Winkel zwischen den Seiten bezeichnet man mit kleinen griechischen Buchstaben α, β, γ, wobei α der Winkel mit dem Scheitel A, β der mit dem Scheitel B ist, usw. Oder man gibt an, zwischen welchen Seiten der Winkel liegt: $\alpha = \sphericalangle(c, b)$. Üblich ist auch die Kennzeichnung durch die entsprechenden Punkte: $\alpha = \sphericalangle(B, A, C) = \sphericalangle(C, A, B)$.

Beispiele:

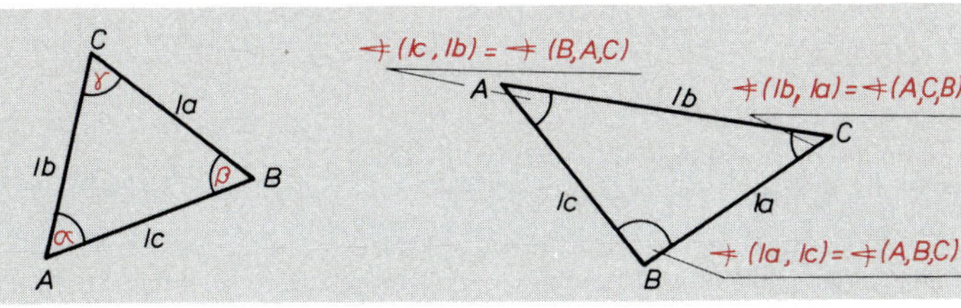

Übungen zu 1.8

1. Was ist richtig, was ist falsch? Berichtige.

$\text{lg}_1 \cap \text{lg}_3 = \{A\}$
$\text{lg}_2 \cap \text{lg}_1 = \{C\}$
$\text{lg}_3 \cup \text{lg}_1 = \{B\}$

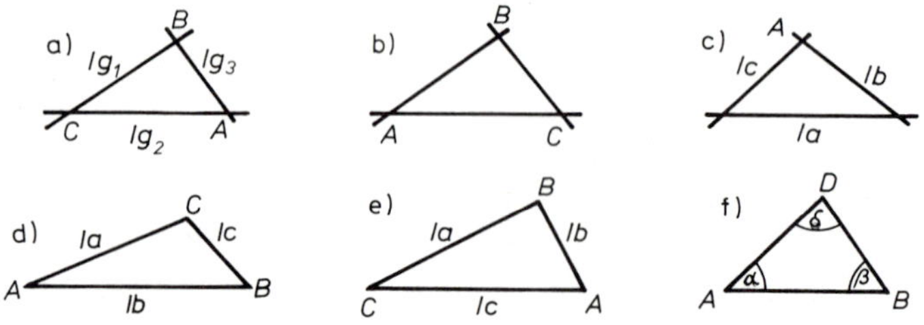

2. Welche Winkelangaben bezeichnen dieselben Winkel? Welche Angaben sind falsch?

α, ε, $\sphericalangle(A, B, C)$, $\sphericalangle(\text{ld}, \text{le})$, $\sphericalangle(C, B, A)$,
β, γ, $\sphericalangle(B, D, E)$, $\sphericalangle(\text{ld}, \text{lf})$, $\sphericalangle(\text{la}, \text{la})$,
$\sphericalangle(A, B, C, E)$, $\sphericalangle(\text{lc}, \text{la})$, $\sphericalangle(A, E, D)$, $\sphericalangle(B, C, D)$

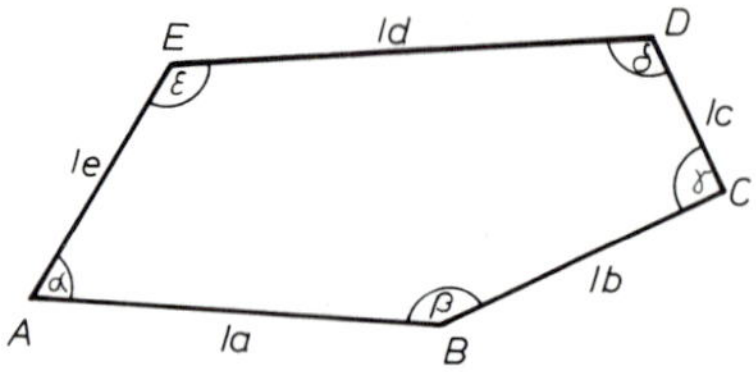

3. Zeichne ein Dreieck, bei dem die Seite la senkrecht zur Seite lb steht und bei dem

a) $b=5$ sowie $\sphericalangle(\text{lc}, \text{lb})=30°$
b) $b=1$ sowie $\alpha=80°$
c) $b=4$ sowie $c=6$
d) $b=3$ sowie $a=4$
e) $a=7{,}2$ sowie $\sphericalangle(\text{lc}, \text{lb})=30°$
f) $\alpha=50°$ sowie $\beta=40°$
g) $\alpha=70°$ sowie $\beta=30°$

Bezeichne jeweils alle Eckpunkte, Seiten und Winkel mit genormten Bezeichnungen. Achte bei den Aufgaben f) und g) darauf, ob die Angaben die Konstruktion genau **eines** Dreiecks ermöglichen.

4. Zeichne Dreiecke, die gegeben sind durch:

a) $a=5$, $b=4{,}7$, $c=8{,}1$
b) $a=b=c=4$
c) $AB=3$, $BC=5$, $AC=2{,}5$
d) $AB=BC=6$, $AC=7$
e) $a=4{,}5$, $b=6$, $c=7{,}5$
f) $a=c=7{,}1$, $b=0{,}5$

5. Welche der folgenden Dreieckkonstruktionen sind möglich? Zeichne die Dreiecke.

a) $a=3$, $b=4$, $c=8$
b) $a=2{,}7$, $b=1{,}8$, $c=4{,}5$
c) $a=5{,}4$, $b=8{,}3$, $c=3$
d) $a=2{,}5$, $c=6{,}5$, $\alpha=70°$
e) $c=5$, $\alpha=\beta=\gamma=60°$
f) $c=3$, $\alpha=\beta=\gamma=40°$
g) $b=7$, $\alpha=30°$, $\beta=90°$
h) $c=5$, $\alpha=30°$, $\beta=120°$
i) $c=3$, $\alpha=90°$, $\beta=100°$
k) $a=6{,}7$, $\alpha=24°$, $\beta=103°$, $\gamma=83°$

6. Welche der Dreiecke sind rechtwinklig, welche gleichseitig, welche stumpfwinklig, welche spitzwinklig (alle Winkel kleiner als 90°)?

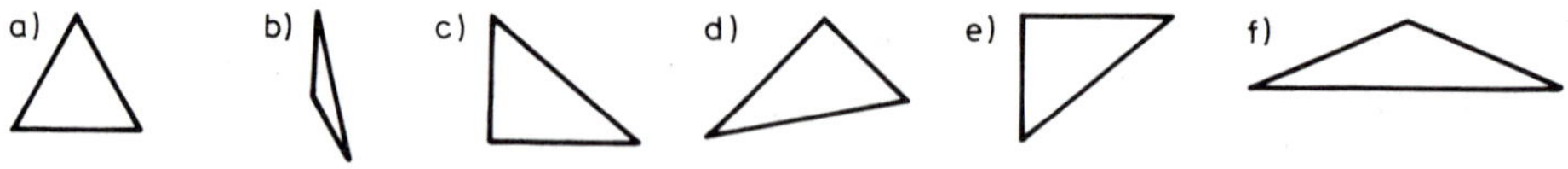

7. Zeichne rechtwinklige Dreiecke mit $\beta=90°$:

a) $a=4$, $c=6$ **b)** $c=b=7$ **c)** $c=5$, $\alpha=30°$ **d)** $b=6$, $\alpha=46°$

8. Zeichne ein Mengenschaubild mit 4 Kreisen, das die Zusammenhänge der Dreiecksmengen mit den Eigenschaften rechtwinklig, gleichseitig, stumpfwinklig und spitzwinklig zeigt.

1.9 Winkelsummen am Dreieck

Mißt man bei einigen Dreiecken die Innenwinkel und addiert sie, dann ergibt sich immer ein Wert, der bei 180° liegt. Danach lassen sich die Fragen stellen:
1. Gilt dieser Sachverhalt für **alle** Dreiecke? 2. Ist die Winkelsumme **genau** 180°?

Es wird sich zeigen, daß beide Fragen mit „ja" zu beantworten sind, weil sich folgender Satz beweisen läßt:

❶ **S** Die Summe der Innenwinkel in jedem Dreieck beträgt 180°.

Formel: $\alpha+\beta+\gamma=180°$

Beispiele:

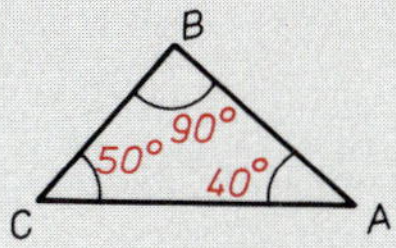

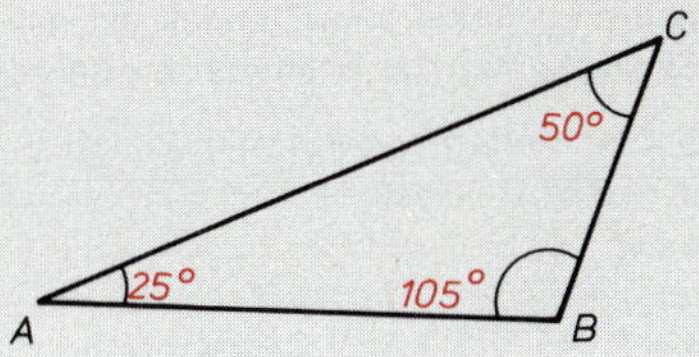

Beweis zu ❶

$\left.\begin{array}{l}\alpha'=\alpha\\ \beta'=\beta\end{array}\right\}$ Wechselwinkel nach ❷ aus 1.7

$\alpha'+\gamma+\beta'=180°$ Nebenwinkel nach ❺ aus 1.5

Ersetzt man α' durch α und β' durch β, dann ergibt sich:

$\alpha+\beta+\gamma=180°$

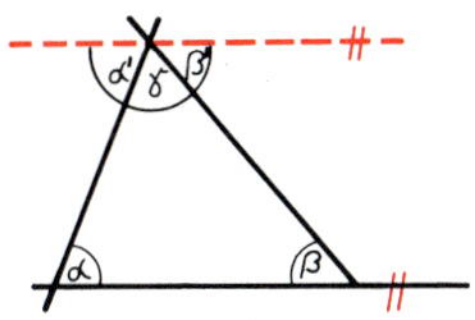

Verlängert man Dreiecksseiten über die Eckpunkte des Dreiecks hinaus, dann entstehen außerhalb liegende Winkel. Der Winkel δ im nebenstehenden Bild ist ein solcher „Außenwinkel".

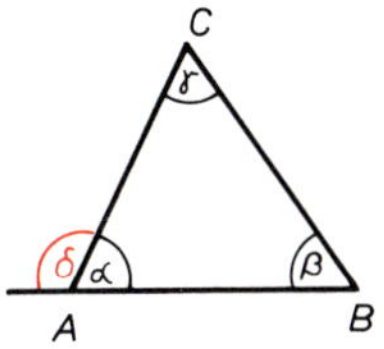

❷ **D** Man bezeichnet die Winkel, die **außen** zwischen einer Dreiecksseite und der Verlängerung einer anderen liegen, als **Außenwinkel.**

Für die Außenwinkel läßt sich eine allgemeine Gesetzmäßigkeit aufstellen:

❸ **S** Der Außenwinkel ist so groß wie die Summe der beiden nicht anliegenden Innenwinkel.

Formel: $\delta=\beta+\gamma$

Beispiele:

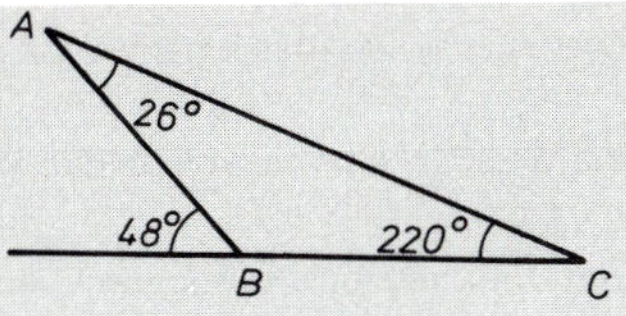

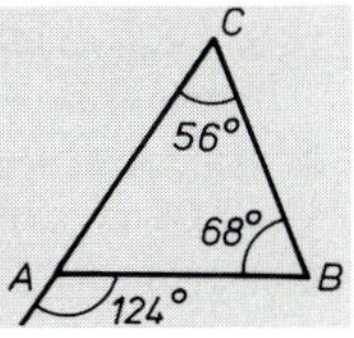

Beweis zu ❸

$\alpha+\beta+\gamma=180°$ Innenwinkel nach ❶

$\alpha+\delta=180°$ Nebenwinkel nach ❺ aus 1.5

Daraus folgt: $\alpha+\delta=\alpha+\beta+\gamma$

d.h. $\delta=\beta+\gamma$

Übungen zu 1.9

1. Was ist richtig, was ist falsch?

a)

b)

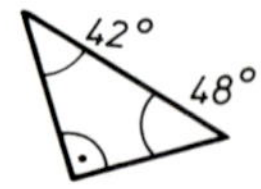

c) Die drei Innenwinkel im Dreieck können nicht gleich sein.
d) Es gibt Dreiecke, bei denen alle Innenwinkel 60° sind.
e) Es gibt Dreiecke, bei denen zwei Innenwinkel 90° sind.
f) Nur der Winkel α im Dreieck hat einen Außenwinkel.
g) Ein Außenwinkel ist immer größer als 90°.

2. Berechne die fehlenden Innenwinkel.
a) $\alpha=10{,}5°$, $\beta=21°$
b) $\beta=0°40'$, $\gamma=7°10'$
c) $\alpha=13°37'$, $\gamma=110°19'$
d) $\alpha=105°$, $\beta=85°$ (Vorsicht!)
e) $\alpha=70°$, $\beta=92°$
f) $\alpha+\beta=80°$, $\alpha=20°$
g) $\alpha=\beta=30°$
h) $\alpha-\beta=0°$, $\gamma=60°$
i) $\alpha-\beta=10°$, $\beta=4°$

3. Berechne die fehlenden Innenwinkel, wenn δ der Außenwinkel von α sein soll.
a) $\delta=50°$, $\beta=15°$
b) $\delta=171°$, $\gamma=0{,}4°$
c) $\delta=100°$, $\beta=\gamma$
d) $\delta=120°$, $\gamma-\beta=10°$
e) $\delta=130°$, $\beta-\gamma=15°$
f) $\delta=102°$, $\alpha=30°$
g) $\delta=102°$, $\alpha=78°$
h) $\delta=181°$, $\beta=40°$
Vorsicht bei f), g) und h)!

4. Zeichne Dreiecke. Berechne zuerst die fehlenden Winkel.
a) $c=3$, $\alpha=40°$, $\gamma=60°$
b) $a=5$, $\alpha=30°$, $\beta=40°$
c) $b=4$, $\alpha=20°$, $\beta=50°$
b) $c=4{,}5$, $\alpha=\gamma=45°$
e) $a=2{,}4$, $\alpha=\gamma=41{,}5°$
f) $b=6$, $\alpha=\beta=85°$
g) $c=4$, $a=3$, $\alpha+\beta=120°$
h) $c=3$, $b=1$, $\beta+\gamma=90°$
i) $a=5$, $\gamma+\beta=120°$, $\beta=60°$
k) $b=3$, $\alpha+\beta=100°$, $\beta=70°$

5. Bestimme die fehlenden Winkel:

a)

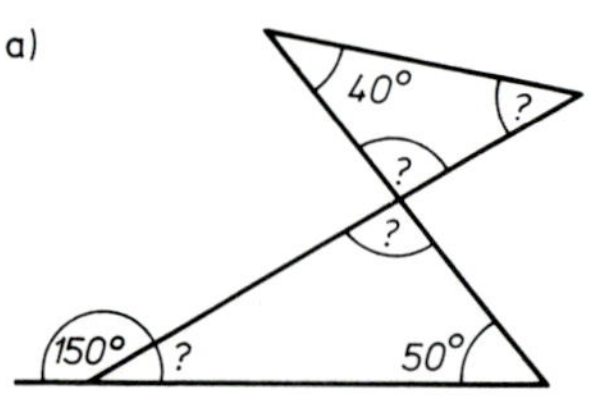

b)

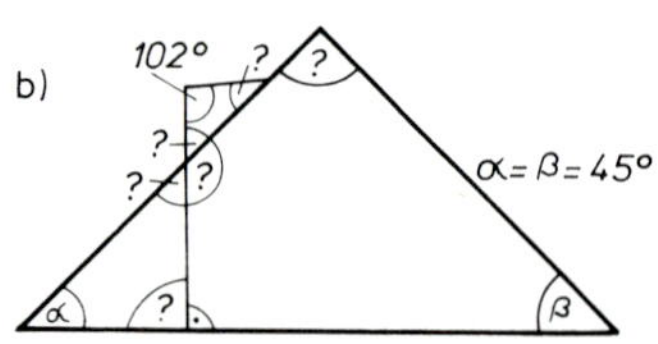

6. Wann ist ein Außenwinkel gleich dem zugehörigen Innenwinkel? Wie viele solcher Winkel können bei einem Dreieck vorkommen?

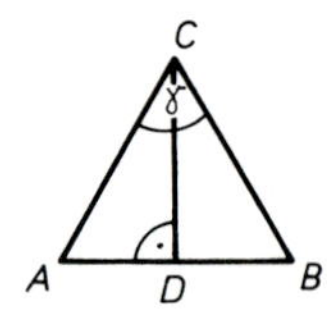

7. Alle Außenwinkel eines Dreiecks sollen gleich sein. Was gilt dann für die Innenwinkel?

8. Welche Bedeutung hat die Strecke CD bezüglich des Winkels γ? Es sei $\alpha=\beta$ und $\gamma=90°$.

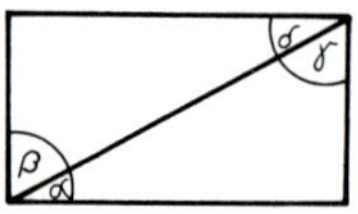

9. Bestimme die Winkel γ und δ im skizzierten Rechteck, wenn $\alpha=17°$ ist.
a) Mit Hilfe der Winkelsumme im Dreieck
b) Mit Hilfe von Winkeln an geschnittenen Parallelen.

10. Bestimme im rechtwinkligen Dreieck die Winkel, unter denen die Winkelhalbierenden sich schneiden.

2. DEFINITIONEN, AXIOME, LEHRSÄTZE

Die Mathematik kennt eine Fülle von Fachbegriffen und speziellen Symbolen. Diese werden miteinander in Zusammenhang gebracht (verknüpft) und es ergeben sich dadurch mathematische Aussagen.
Es ist vor allem wichtig, die **mathematischen Begriffe exakt** zu kennen. Welche Anforderungen muß man nun an eine präzise Begriffsbildung stellen? Diese Frage soll an einem Beispiel untersucht werden:
Ein Kind im Alter von einigen Monaten kann bereits Gegenstände anfassen, z. B. weiche Dinge, wie Stofftiere, Kissen, usw. oder harte Dinge, wie Holzklötze, Kinderrasseln, usw. Hieraus gewinnt das Kind die Vorstellung von „weich" und „hart". Lernt es nun, etwas später, auch noch die Wörter „weich" und „hart" (also die Namen, die der Vorstellung zugeordnet werden), dann sind die **Begriffe** für „weich" und „hart" entstanden. Diese Art der Begriffsbildung nennt man direkt (unmittelbar). Sie ist oftmals nicht exakt, denn es fehlt beispielsweise der feste Maßstab. Wann ist eine Matratze weich, wann hart zu nennen?
Manche Begriffe sind jedoch direkt recht exakt zu gewinnen:
„Punkt" (Stelle auf einer Fläche oder im Raum), „in gerader Richtung" (Lichtstrahl), „horizontal" (Wasserfläche), „kürzestmögliche Verbindung" (kürzester Weg) oder Zahlbegriffe „1, 2, 3, ...".
Setzt man die Kenntnis solcher Begriffe voraus, dann kann man eine indirekte (mittelbare) Begriffsbildung vornehmen. Beispielsweise:
„Die kürzestmögliche Verbindung zweier Punkte nennt man **Strecke**" (vgl. Bahnstrecke zwischen zwei Orten) Der Begriff Strecke wird dabei mit Hilfe der übrigen als bekannt vorausgesetzten Grundbegriffe erklärt. Eine solche Begriffserklärung nennt man Definition.
Für eine mathematische Definition gilt:

❶ **D** Die mathematische Definition ist eine so genaue Festlegung eines Begriffes, daß man von jedem vorgegebenen Element entscheiden kann, ob es dem Begriff entspricht oder nicht. Das heißt, man kann die Menge $\{x \mid x$ entspricht der Definition$\}$ bilden.

Beispiel:

Ein Dreieck X ist eine ebene Figur mit drei Ecken. Oder anders formuliert:

$\mathbb{D}(X) = \{X \mid X$ ist ein Dreieck, wenn X eine ebene Figur mit drei Ecken ist$\}$

Vorgegeben ist:

$\mathbb{G}(X) = \{$△, □, ○, ◁, △, △, ⇧$\}$

Der Definition entspricht die Menge:

$\mathbb{D}(X) = \{$▷, ◁, △, ⇧$\}$

Es zeigt sich, daß diese Definition nicht den üblichen Begriff „Dreieck" richtig trifft.
Besser ist die Definition: :... mit drei Seiten ist
(wobei „ein, eben, Figur, drei, Seite" als begrifflich vorhanden vorausgesetzt werden).

Man kann Begriffe mit Hilfe grammatikalischer Regeln und unter Benutzung der logischen Verknüpfungsbefehle „und, oder, nicht" miteinander kombinieren.

Beispiel: Gegeben sind die Begriffe „Dreieck, Seite, ein, drei, begrenzen". Man kann damit etwa folgende Aussagen bilden:

Drei Seiten begrenzen drei Dreiecke.
Ein Dreieck begrenzt drei Seiten.
Drei Seiten begrenzen ein Dreieck.
Drei Seiten oder eine Seite begrenzen ein Dreieck.
Eine Seite begrenzt ein Dreieck nicht.

Die ersten beiden Aussagen sind falsch, die übrigen wahr.
(Zum Begriff „Aussage" siehe Albrecht/Halter: Von der Menge zur Exponentialgleichung).

Wie man sieht, lassen sich bereits mit wenigen Begriffen eine ganze Reihe von Aussagen bilden. Ein systematisches Verständnis von Zusammenhängen der Mathematik setzt nun einige besonders einfache und leicht verständliche Grundaussagen an den Anfang und führt alle weiteren mathematischen Aussagen auf diese zurück.

❷ D Mathematische **Grundaussagen** nennt man **Axiome** oder **Grundsätze.** Ein Axiom behauptet, daß ein bestimmter Zusammenhang zwischen definierten Begriffen wahr ist.

Beispiele:

1. Zwischen zwei Punkten der Ebene gibt es nur **eine** kürzeste Verbindung, die Strecke*.
2. Satz ❶ aus Kap. 1.7 „Stufenwinkel an geschnittenen parallelen Geraden sind gleich groß."
3. Das Kommutativgesetz der Addition: $a+b=b+a$.

Man beachte, daß in 1. die Angabe „... der Ebene ..." keineswegs überflüssig ist, denn beispielsweise auf einer Kugel gibt es Punkte, zwischen denen beliebig viele kürzeste Verbindungen existieren, z. B. die Pole.

Ein mathematisches Axiom braucht nicht unbedingt mit den Erkenntnissen, die sich aus Beobachtungen der Umwelt ergeben, übereinzustimmen. Beispiel 3 könnte, willkürlich, beispielsweise $a+b=2b+2a$ ausgesprochen werden. Ein solches Axiom kann dann allerdings in einer auf Anwendung in Naturwissenschaft und Technik bedachten Mathematik nicht vorkommen, denn eine solche verlangt überprüfbare Axiome (andere praxisferne Arten von Mathematik sind nur von theoretischem Interesse).
Ein Axiom ist nur teilweise überprüfbar, wenn es Begriffe enthält, die durch unendliche Mengen gegeben sind, z. B. $\mathbb{N}$. Ist dies jedoch nicht der Fall, dann läßt sich eine Prüfung durch Einsetzen aller Definitionselemente durchführen (siehe Aufgabe 5).
Alle mathematischen Axiome beziehen sich aber auf Begriffe mit unendlich vielen Definitionselementen und können somit nur als **wahr behauptet** werden.

Definitionen und Axiome sind das Grundgerüst der Methematik.
Aus ihnen entspringen weitere Sätze, wie man am Beispiel der folgenden drei Sätze erkennen kann:
Satz 1: Zwei Strecken bilden miteinander höchstens einen Schnittpunkt.
Satz 2: Eine Strecke kann von beliebig vielen anderen Strecken geschnitten werden.
Satz 3: Drei Strecken bilden miteinander höchstens drei Schnittpunkte.

* Ein Axiom läßt sich auch zur Definition von Begriffen benutzen (sog. implizite Definition). Das Beispiel 1 definiert die Eigenschaft der Strecke, kürzeste Verbindung zu sein.

Man erkennt, wenn man sich den Sachverhalt durch eine Skizze verdeutlicht, daß diese drei Sätze nicht unabhängig voneinander sind, und zwar ergibt sich Satz 3 aus den beiden ersten. Diese kann man als Axiome ansehen, der letztere ist dann eine Folgerung aus ihnen.

❸ **D** Mathematische Sätze, die nicht grundlegend sind, sondern auf bereits vorhandene Axiome zurückgeführt werden können, nennt man **Lehrsätze.**

Beispiele:

1. Satz ❷ aus Kap. 1.7 (Wechselwinkel sind gleich groß).
2. Satz ❶ aus Kap. 1.9 (Winkelsumme im Dreieck ist 180°).

Der Großteil der mathematischen Sätze sind solche Lehrsätze. Es bedarf oft angestrengter Überlegungen der Mathematiker, Lehrsätze auf Axiome und Definitionen zurückzuführen. Ein solches Verfahren nennt man „Beweisen", dabei ist verständlich, daß der Wahrheitswert der so bewiesenen Lehrsätze von dem Wahrheitswert der zugrunde gelegten Axiome abhängt.

❹ **D** Ein mathematischer Beweis ist die logische Verknüpfung oder Zurückführung auf Axiome und Definitionen. Durch **Beweise** zeigt man, daß ein Lehrsatz richtig abgeleitet ist und somit wahr ist, wenn die Wahrheit der Axiome feststeht.

Anmerkung:

Es kann **keinesfalls** als mathematischer Beweis gelten, wenn man **durch einige Beispiele** einen vorgegebenen Satz bestätigt. So läßt sich die Aussage: „Die Zahl 360 läßt sich durch jede nat. Zahl unter 10 ohne Rest teilen", zwar für 2, 3, 4, 5, 6, 8, 9 bestätigen, jedoch nicht für die 7.

Übungen zu 2

1. Bilde aus den gegebenen Grundmengen die Definitionsmengen:

a)

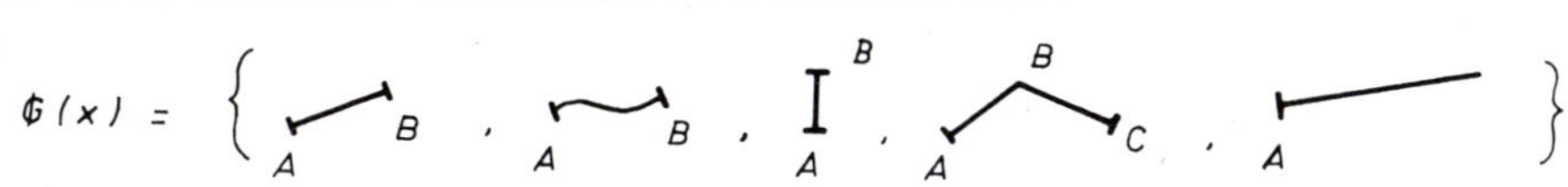

$\mathbb{D}(x) = \{x \mid x$ ist eine Strecke, wenn x die kürzestmögliche Verbindung zweier Punkte ist$\}$

b) $\mathbb{G}(\beta_n) = \{\beta_1, \beta_2, \beta_3, \beta_4, \beta_5\}$

$\mathbb{D}(\beta_n) = \{\beta_n \mid \beta_n$ ist Stufenwinkel des Winkels α, wenn β_n durch eine Parallelverschiebung von α entsteht$\}$

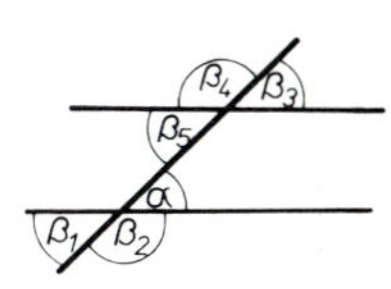

c)

$\mathbb{D}(\gamma_n) = \{\gamma_n | \gamma_n$ ist ein Winkel mit negativem Winkelmaß, wenn er eine Drehung in mathematisch negativem Drehsinn (Richtung) kennzeichnet$\}$

d) $\mathbb{G}(\delta_n) = \{\delta_1, \delta_2, \delta_3\}$

$\mathbb{D}(\delta_n) = \{\delta_n | \delta_n$ ist Scheitelwinkel des Winkels α, wenn δ_n und α durch zwei sich schneidende Strecken gebildet werden, sowie δ_n und α nur den Scheitelpunkt gemeinsam haben$\}$

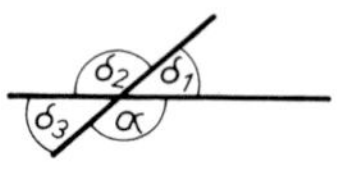

2. Entscheide, welcher der folgenden Sätze eine Definition und welcher einen Grundsatz darstellt. Ergänze die freigelassenen Stellen:
a) Eine Zahl, die größer als .... ist, nennt man positive Zahl.
b) Die Summe von zwei .... ergibt stets eine positive Zahl.

3. Ist die Definition: „Eine Mittelsenkrechte ist eine Senkrechte auf einer Strecke" exakt genug, um den Begriff „Mittelsenkrechte" richtig zu beschreiben?

4. Warum ist die Definition: „Teiler von 12 ist eine Zahl, durch die sich 12 teilen läßt" unvollständig?

5. Überprüfe das Axiom der Algebra „$a+b=b+a$" (Kommutativgesetz) für die Grundmengen $\mathbb{G}(a) = \mathbb{G}(b) = \{17, 200\}$ durch Einsetzen der Elemente und Ausrechnen.

6. Überprüfe das Axiom der Algebra: „$a \cdot (b+c) = ab+bc$" (Distributivgesetz) für die Grundmengen $\mathbb{G}(a) = \{7, 11\}$, $\mathbb{G}(b) = \mathbb{G}(c) = \{0, 13\}$ durch Einsetzen der Elemente und Ausrechnen.

7. Welche der folgenden Sätze sind Definitionen, welche mathemat. Sätze (Axiome oder Lehrsätze)?
a) Nebenwinkel ergänzen sich zu 180°.
b) Nebenwinkel sind Winkel, die einen Schenkel gemeinsam haben und deren andere Schenkel eine gemeinsame Gerade bilden.
c) Zwischen zwei Punkten der Ebene gibt es mehrere Verbindungen.
d) Eine kürzestmögliche Verbindung zweier Punkte nennt man Strecke.
e) Die Eckpunkte eines Dreiecks werden mit lateinischen Großbuchstaben bezeichnet.
f) Ein Dreieck hat genau drei Innenwinkel.

8. Definiere den Begriff: „Gegenüberliegendes Punktepaar auf der Kugeloberfläche". Benutze dazu bekannte Vorbegriffe wie Punkt, Kugel, Kugeloberfläche, Mittelpunkt, Strecke, Gerade, Durchmesser.

9. Gilt das Axiom: „Zwischen zwei Punkten gibt es genau eine kürzestmögliche Verbindung" auch für alle Punkte auf der Kugeloberfläche?

10. Gilt der Lehrsatz: „Die Summe der Innenwinkel im Dreieck beträgt 180°" auch für Dreiecke, die auf der Kugeloberfläche gezeichnet werden?

11. Beweise den Satz: „Kein Innenwinkel eines Dreiecks kann größer als 180° sein".

12. Beweise, daß die Summe der Innenwinkel im Viereck 360° ist. (Begriff „Viereck" Kap. 6, S. 74).

13. Zeige, daß im Parallelogramm gegenüberliegende Winkel gleich groß sind.

14. Beweise, daß die Summe der Innenwinkel im n-Eck $(n-2) \cdot 180°$ beträgt.

3. KONGRUENZABBILDUNGEN IN DER EBENE

3.1 Begriff der Kongruenzabbildung

Soll eine in der Ebene gegebene geometrische Figur (Dreieck, Viereck, Kreis, ...) in eine andere Lage gebracht werden, dann kann dies z. B. durch Verschiebung oder Drehung erreicht werden.

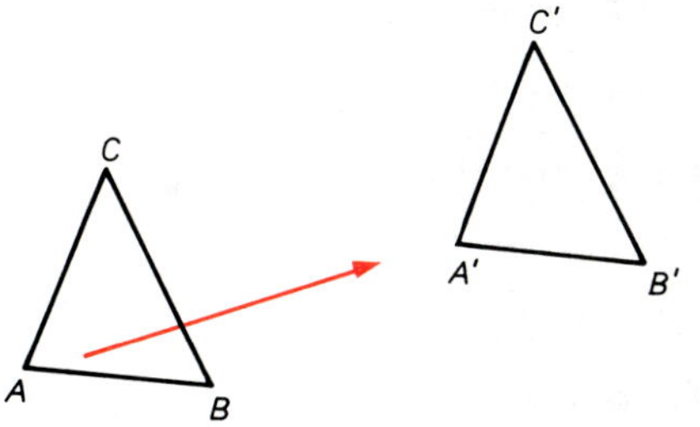

Verschiebung

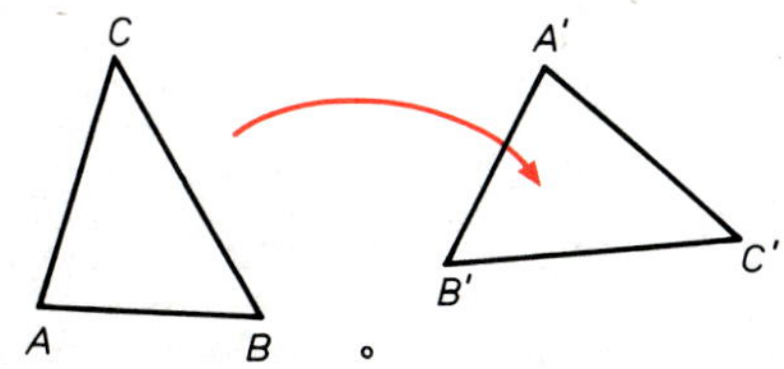

Drehung

Hierbei entsteht von der geometrischen Figur ein Bild. Man spricht deshalb bei einer solchen Lageänderung von einer **Abbildung**.

❶ **D** Die Lageänderung einer geometrischen Figur in der Ebene nennt man **Abbildung**. Dabei nennt man die Ausgangsfigur **Urbild** und die Endfigur **Bild**. Die Bildelemente (Punkte, Seiten, Winkel) werden zur Unterscheidung von den Urbildelementen mit einem „Strich" versehen.

Beispiele:

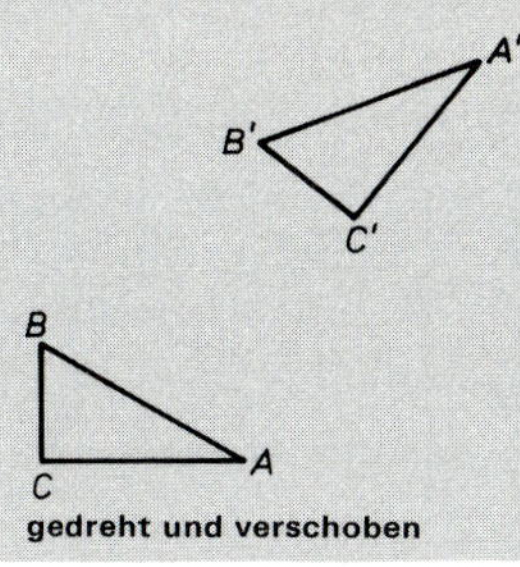

gedreht und verschoben

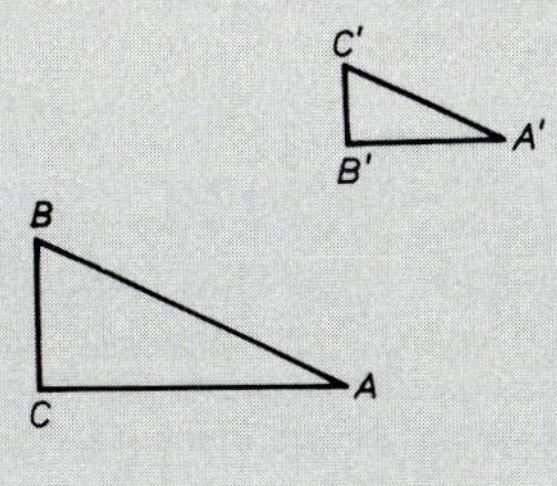

verschoben und verkleinert

❷ **D** Bleibt bei einer Abbildung das Bild in Form und Größe dem Urbild gleich, dann nennt man diese Abbildung eine **Kongruenzabbildung**. Sind Figuren durch Kongruenzabbildungen entstanden, dann nennt man sie **kongruent**.

Übungen zu 3.1

1. Welche Bezeichnungen sind richtig, welche falsch?

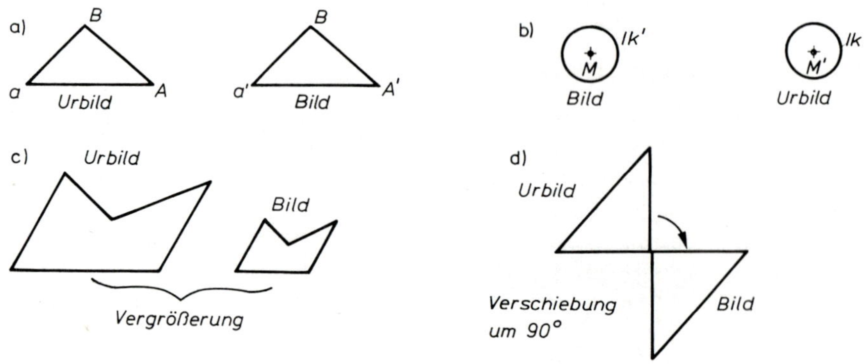

2. Welche der Abbildungen sind Kongruenzabbildungen? Wie sind sie entstanden? (Verschiebung, Drehung)?

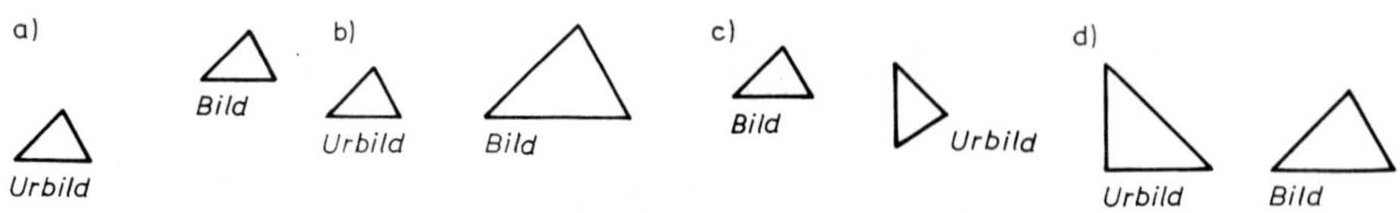

3. Zeichne die fünf Dreiecke in ein Gitternetz und gib an, welche durch Verschiebungen oder Drehungen auseinander hervorgegangen sind.

a) $P_1(1|1)$ $P_2(3|1)$ $P_3(2|3)$
b) $P_1(4|2)$ $P_2(6|2)$ $P_3(5|4)$
c) $P_1(6|2)$ $P_2(6|0)$ $P_3(8|1)$
d) $P_1(2|3)$ $P_2(2|5)$ $P_3(0|4)$
e) $P_1(3|5)$ $P_2(5|5)$ $P_3(4|8)$

4. Ist es möglich, die zwei kongruenten Dreiecke durch Verschiebung, Drehung oder durch eine Kombination von beiden aufeinander abzubilden? (Achte auf die Bezeichnung der Eckpunkte!)

5. Zeichne die Dreiecke. Welche sind kongruent?

a) $b=c=3,\ \alpha=90°$
b) $a=3,\quad c=4,\ \beta=90°$
c) $b=c=3,\ \beta=\gamma=45°$
d) $a=3,\ b=4,\ c=5$
e) $a=b=c=4{,}5$

3.2 Begriff der Parallelverschiebung

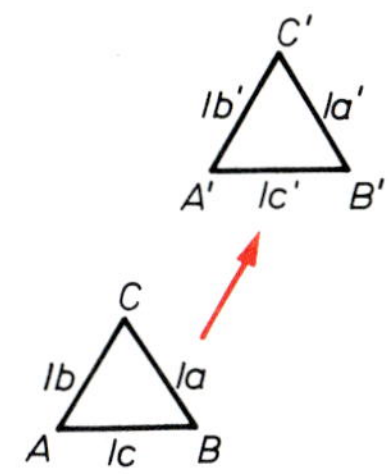

Man kann eine gegebene Figur in der Ebene durch Verschiebung in eine andere Lage bringen.
Bei dieser Verschiebung soll das Dreieck nicht gedreht werden, d. h. entsprechende Seiten des verschobenen Dreiecks müssen parallel zu denen des Ausgangsdreiecks bleiben, also

$la' \parallel la$, $lb' \parallel lb$ und $lc' \parallel lc$.

❶ **D** Bildet man eine geometrische Figur in der Ebene so ab, daß a) alle einander entsprechenden Strecken parallel sind und b) die Länge der Strecken unverändert bleibt, dann nennt man dies eine **Parallelverschiebung.**

❷ **D** Betrag und Richtung der Verschiebung kennzeichnet man durch Pfeile.

Beispiele:

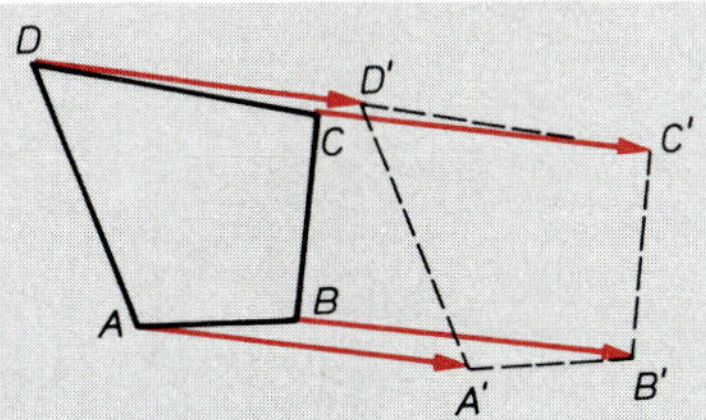

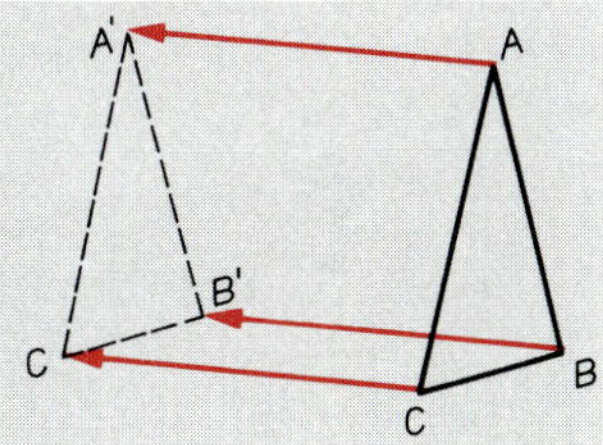

Betrachtet man entsprechende Bild- und Urbildpunkte von parallel verschobenen Figuren, so gilt für diese, daß der Abstand jeweils gleich ist, also $AA' = BB' = CC'$. Ferner haben die Verschiebungen A nach A', B nach B' und C nach C' jeweils die gleiche Richtung.

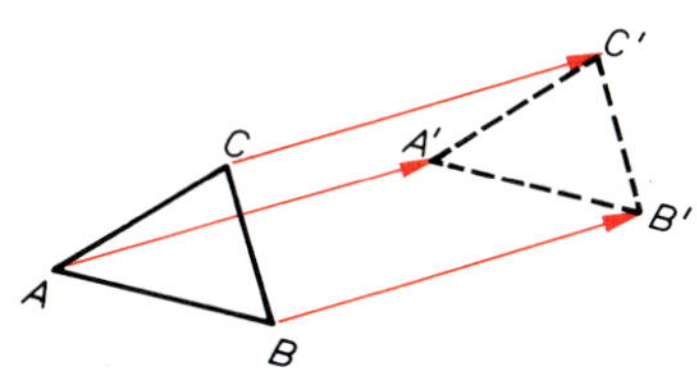

❸ **S** Bei einer Parallelverschiebung werden alle Punkte in gleicher Richtung um den gleichen Betrag verschoben. Alle Verschiebepfeile sind gleichbedeutend. Ein beliebiger Punkt P wird eindeutig auf genau einen Punkt P' abgebildet (Grundsatz).

❹ **D** Die Menge der Verschiebepfeile gleichen Betrags (gleicher Länge) und gleicher Richtung nennt man **Vektor.**
Zur eindeutigen Kennzeichnung der Verschiebung genügt es, einen Pfeil (einen Repräsentanten des Vektors) zu zeichnen.

Beispiele:

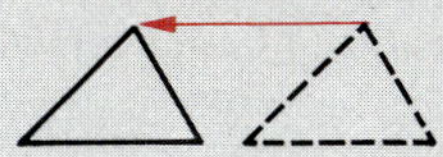

Verschiebung nach rechts um 3 cm

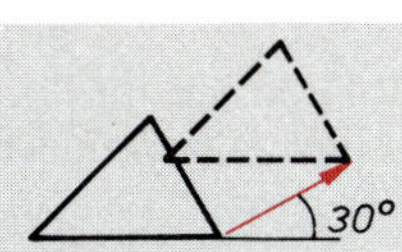

Verschiebung in Richtung +30° um 2 cm

❺ **S** Die Parallelverschiebung ist eine Kongruenzabbildung, d.h. die Längen der Strecken und die Größen der Winkel bleiben gleich.

Beispiele:

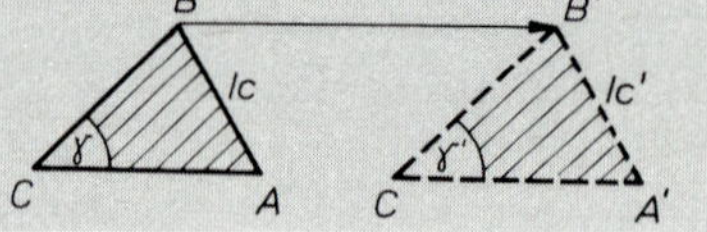

$c=c'$
$\gamma=\gamma'$
Die schraffierten Flächen sind gleich groß.

Beweis zu ❺
Nach ❶b bleiben die Streckenbeträge bei der Verschiebung ungeändert. Nach ❶a sind entsprechende Strecken parallel, dann sind nach ❶ aus 1.7 die entsprechenden Winkel gleich.

Übungen zu 3.2

1. Welche der Abbildungen stellen Parallelverschiebungen dar?
Welche sind keine Kongruenzabbildungen?

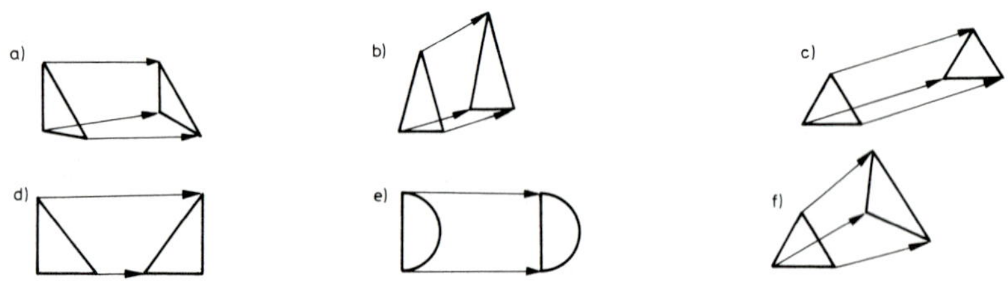

2. Konstruiere zu dem Dreieck $a=b=c=2$ ein Bild, das gegenüber dem Urbild
a) um 4 nach rechts **b)** um 2 nach oben **c)** um 1 nach links verschoben ist.

3. Gegeben ist eine Strecke im Gitternetz mit $A(5|6)$, $B(3|4)$. Verschiebe sie so, daß Punkt B' folgende Lagen einnimmt:
a) $B'(1|3)$, **b)** $B'(0|0)$ **c)** $B'(7|1)$ **d)** $B'(3|0)$
Gib die Gitterpunkte von A' an.
Miß den Betrag des Vektors und die Winkel zwischen Vektor und Horizontalachse.

4. Verschiebe die Figur so, daß die Punkte A, B, C, D, E, F nacheinander auf G fallen. Wie heißen die jeweiligen Bildgitterpunkte? Miß jeweils den Betrag des Verschiebevektors und den Winkel, den der Vektor mit der Horizontalachse bildet.

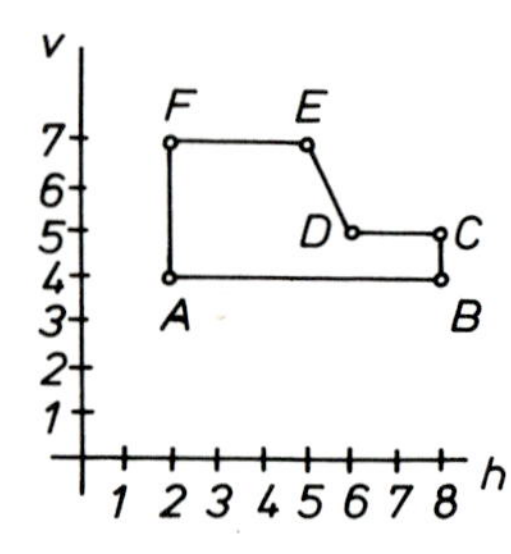

5. Auf einem Kraftfahrzeugschlauch ist die Typenbezeichnung aufgedruckt. Vergleiche den Aufdruck vor und nach dem Aufpumpen. Handelt es sich um eine Parallelverschiebung?

6. Bilde das Dreieck $a=1$, $b=2$, $c=3$ so ab, daß es
a) um die Hälfte der Seite c in Richtung B verschoben wird
b) um das Dreifache der Seite a in Richtung C verschoben wird
c) um das 2,5fache der Seite b in Richtung A verschoben wird.

7. Verschiebe das Quadrat mit $A(0|0)$, $B(2|0)$, $C(2|2)$, $D(0|2)$ mit einem Vektor, dessen Betrag und Richtung sich aus Anfangspunkt $(0|0)$ und Endpunkt $(4|5)$ ergeben. Wie heißen die Gitterpunkte von A', B', C', D'?

8. Verschiebe die Strecke $AB=2$ mit Hilfe eines Vektors, der senkrecht zu AB steht und 4 lang ist. Ist diese Aufgabe eindeutig lösbar?

3.3 Begriff der Drehung, Punktsymmetrie

Man kann eine gegebene Figur in der Ebene durch Drehen in eine andere Lage bringen.
Bei dieser Drehung wird die gesamte Figur um **einen** Drehpunkt D gedreht. Alle Punkte werden dabei um den gleichen Winkel gedreht. Der Drehpunkt bleibt als einziger Punkt fest liegen.

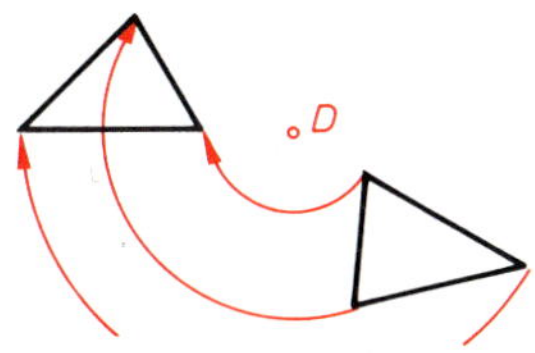

❶ **D** Bringt man eine geometrische Figur so in eine andere Lage, daß jeder Punkt um den **gleichen** Winkel gedreht wird, dann nennt man diese Abbildung eine **Drehung.** Der Drehpunkt, um den gedreht wird, ist der einzige **Festpunkt** (auch **Fixpunkt** genannt).

Beispiele:

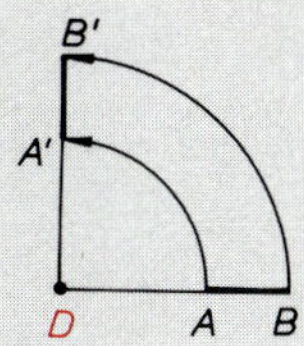

+90°-Drehung der Strecke *AB*. Festpunkt *A*

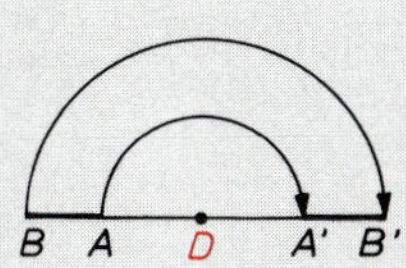

−180°-Drehung. Festpunkt *D*

❷ **S** Die Drehung ist eine Kongruenzabbildung. Es wird ein beliebiger Punkt P eindeutig auf genau einen Punkt P' abgebildet (Grundsatz).

Bei der Drehung ist der Winkel, um den gedreht wird, gleichzeitig der Winkel, der zwischen Urbild- und entsprechenden Bildstrecken gemessen wird.
Dies bedeutet für die Sonderfälle +90°-Drehung (oder −90°-Drehung) bzw. +180°-Drehung (oder −180°-Drehung):

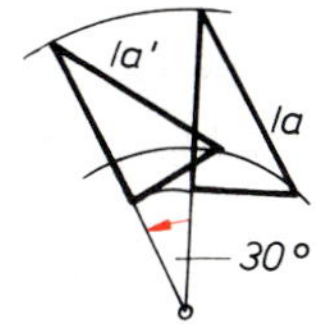

❸ **S** Bei der 90°-Drehung stehen Urbild- und entsprechende Bildstrecken senkrecht zueinander. Bei der 180°-Drehung (auch Halbdrehung genannt) verlaufen Urbild- und entsprechende Bildstrecken parallel (Grundsatz).

Beispiele:

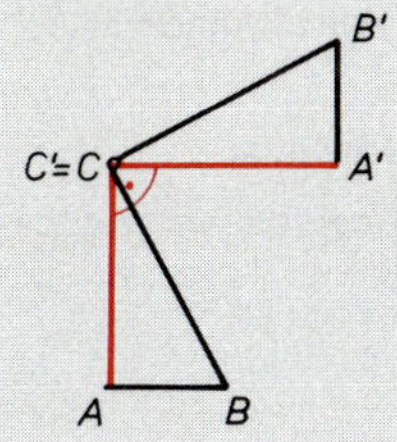

$\overline{AB} \perp \overline{B'A'}$
$\overline{BC} \perp \overline{B'C'}$
$\overline{AC} \perp \overline{A'C'}$

90°-Drehung

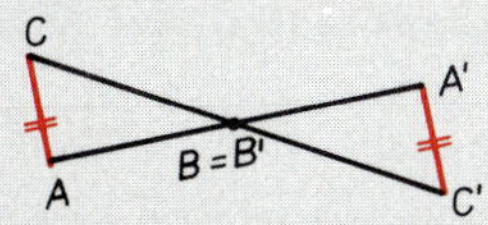

$\overline{AC} \parallel \overline{A'C'}$
Da $B = B'$, ist $\overline{AA'}$ eine Strecke und $\overline{CC'}$ eine Strecke

180°-Drehung

Betrachtet man die bei einer 180°-Drehung entstandene Gesamtfigur (Urbild und Bild als gemeinsame Figur), dann sieht man, daß hier eine Symmetrie vorliegt. Der Drehpunkt D ist dabei das Symmetriezentrum.

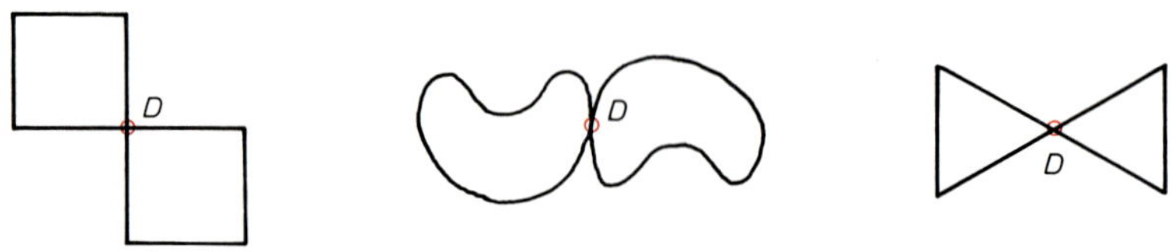

❹ **D** Geht aus einem Urbild ein Bild durch eine 180°-Drehung hervor, dann sind Urbild und Bild in zentrisch-symmetrischer oder **punktsymmetrischer** Lage. Den Drehpunkt nennt man hierbei Symmetriezentrum.

Beispiele:

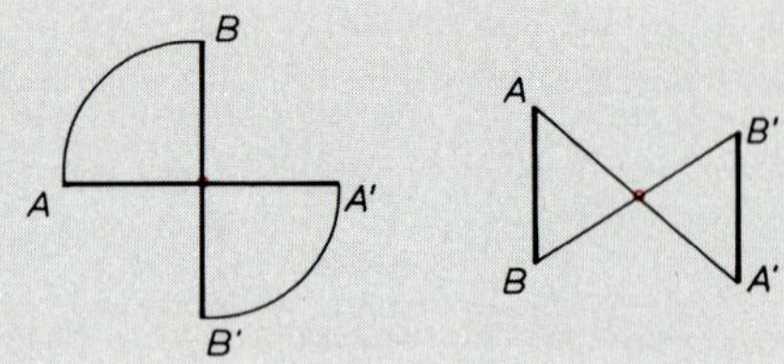

❺ **S** Führt man eine Drehung und eine Parallelverschiebung nacheinander aus, dann kann man jede beliebige Stelle der Ebene und jede Lage in der Ebene erreichen (Grundsatz).

Übungen zu 3.3

1. Sind die gezeichneten Bilder aus den Urbildern durch Drehung entstanden? Gib gegebenenfalls Drehpunkt und Drehwinkel an.

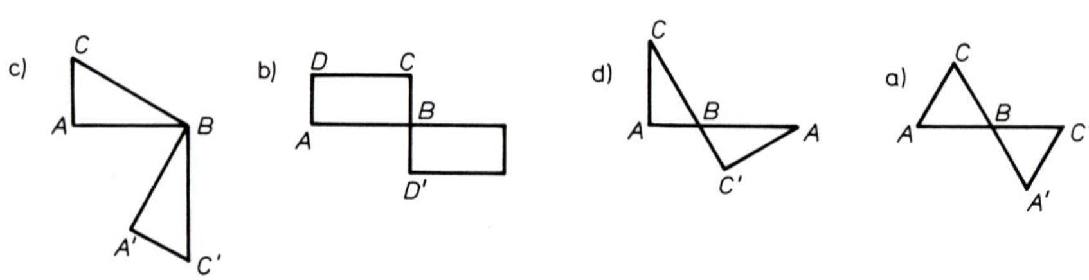

2. Die Drehung ist eine Kongruenzabbildung. Was bleibt also erhalten? Was wird verändert?

3. Konstruiere zu dem Dreieck $a=3$, $b=4$, $c=5$ ein Bild das um
a) 30° **b)** −50° **c)** 90° **d)** −270° **e)** 360° um den Punkt A gedreht ist.

4. Drehe die Dreiecke um die Mitte der längsten Seite um 180°. Wie nennt man die entstandene Gesamtfigur?
a) $b=c=6$, $\alpha=90°$
b) $a=2$, $c=4$, $\beta=90°$
c) $a=2$, $b=3$, $c=4$

5. Gegeben sind Dreiecke bzw. Vierecke im Gitternetz. Drehe sie so, daß $C'(0|0)$ und $A'(0|2)$ wird. Wo liegt der Drehpunkt? Um welche Winkel wird gedreht?
a) $A(4|2)$, $B(5|0)$, $C(6|2)$
b) $A(7|2)$, $B(7|0)$, $C(9|2)$, $D(9|0)$

6. Zeichne zwei gleich lange Strecken $\overline{AB}$ und $\overline{A'B'}$ in beliebiger, nicht paralleler Lage. Konstruiere einen Drehpunkt, so daß A' auf A fällt. Drehe dann um $A=A'$, so daß B' auf B fällt. Gib die Größe der Drehwinkel an.

7. Zeichne die Dreiecke im Gitternetz und verdrehe um 90°, so daß $A'(5|4)$ ist. Konstruiere jeweils den Drehpunkt.
a) $A(2|5)$, $B(7|3)$, $C(5|8)$
b) $A(2|3)$, $B(6|5)$, $C(0|7)$
c) $A(0|0)$, $B(7|0)$, $C(0|5)$
d) $A(3|1)$, $B(7|2)$, $C(11|3)$

8. Gegeben sind im Gitternetz der Punkt $P(6|5)$ und das Symmetriezentrum $S(4|4)$. Konstruiere den zu P zentrisch-symmetrischen Punkt P'.

9. Gegeben sind $P(3|4)$ und $P'(6|2)$. Konstruiere das Symmetriezentrum.

10. Zeige, daß der Mittelpunkt eines Kreises das Symmetriezentrum ist.

11. Um welchen Punkt und wie muß man ein Dreieck drehen, damit man als Gesamtfigur ein Parallelogramm erhält? Was ist dabei das Symmetriezentrum? Wie erhält man aus einem rechtwinkligen Dreieck ein Rechteck, aus einem Quadrat ein Rechteck, aus einem gleichschenkligen Dreieck einen Rhombus?

3.4 Begriff der Spiegelung, Achsensymmetrie

Zeichnet man auf ein Blatt eine geometrische Figur und stellt einen Spiegel daneben, dann sieht man das Bild der Figur seitenverkehrt im Spiegel.

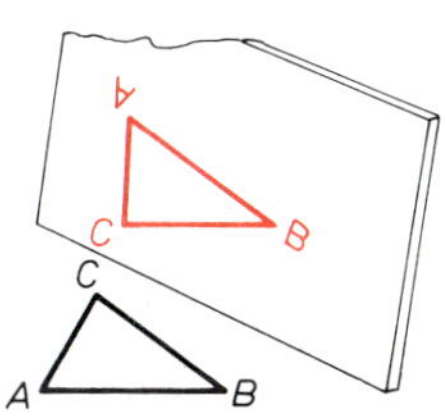

Könnte man die Umrißlinien des Bildes auf dem Spiegel nachzeichnen und dann den Spiegel in die Blattebene klappen, dann würde das nebenstehende Bild entstehen. Diesem Bild entsprechend kann man festlegen:

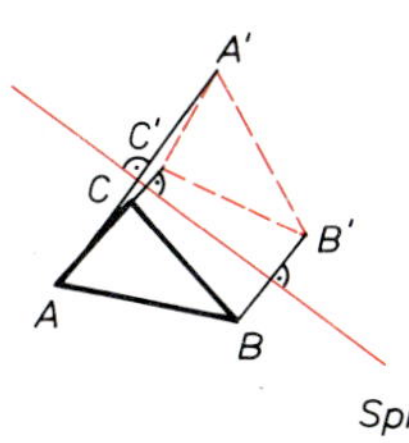

Spiegelachse

❶ D Die Spiegelung – auch Umklappung oder Umwendung genannt – ist eine Abbildung, für die gilt:

a) Die Verbindungslinien entsprechender Punkte stehen senkrecht auf einer Geraden, der Spiegelachse $\mathbb{S}$.

b) Die Verbindungslinien werden durch $\mathbb{S}$ halbiert.

Beispiele:

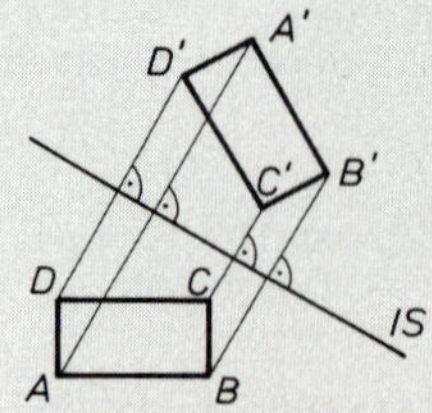

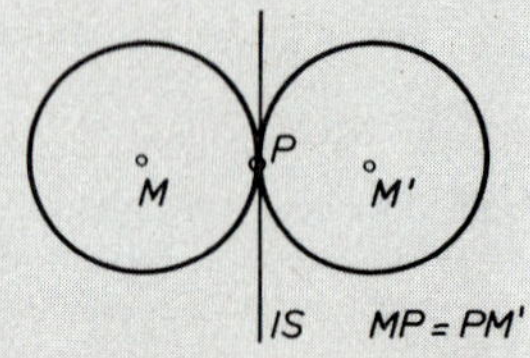

❷ **S** Die Spiegelung ist eine Kongruenzabbildung, d. h. die Längen der Strecken und die Größen der Winkel bleiben erhalten. Ferner wird ein beliebiger Punkt P eindeutig auf genau einen Punkt P′ abgebildet (Grundsatz).

Man könnte versucht sein, die Spiegelung als Sonderfall der Drehung zu betrachten; dies ist jedoch nicht der Fall. Man sieht dies schon daran, daß das Bild seitenverkehrt ist.

❸ **S** Die Spiegelung liefert seitenverkehrte Bilder, d. h., der Drehsinn der Bezeichnungsweise kehrt sich um (statt: positiver Drehsinn des Urbildes jetzt: negativer Drehsinn des Bildes).

Beispiele:

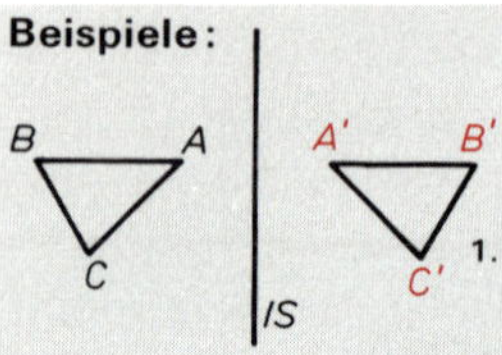

1. Durch Spiegelung entstanden (Beachte den Umlaufsinn)

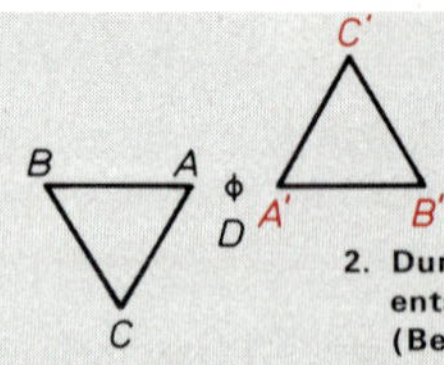

2. Durch Drehung entstanden (Beachte den Umlaufsinn)

Auch durch Spiegelung entstandene Bilder zeigen Symmetrieeigenschaften zu den Urbildern, jedoch gibt es kein Symmetriezentrum, sondern eine **Symmetrieachse.**

❹ **D** Geht aus einem Urbild ein Bild durch Spiegelung hervor, dann sind Urbild und Bild in **achsensymmetrischer** Lage zueinander. Die Spiegelachse 𝕊 ist dabei Symmetrieachse.

Beispiele:

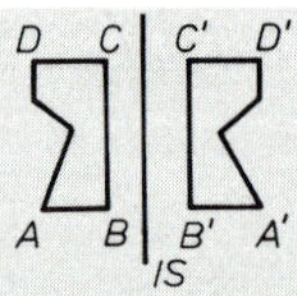

1. Achsensymmetrische Figur (Spiegelung)

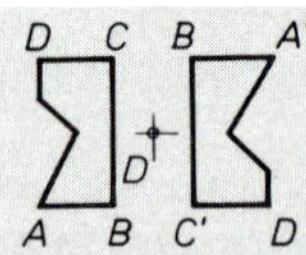

2. Punktsymmetrische Figur (180°-Drehung)

Anmerkung:

Achtet man nicht auf die Bezeichnungsweise der Eckpunkte, dann ist bei gegebener Symmetrie oft nicht zu entscheiden, ob Punktsymmetrie (180°-Drehung) oder Achsensymmetrie (Spiegelung) vorliegt.

Beispiel:

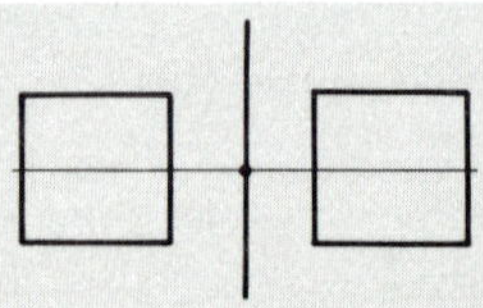

Punkt- und achsensymmetrisch

Die wichtigsten Eigenschaften der Spiegelung sollen noch einmal gesondert aufgeführt werden:

❺ **a)** Punkte P werden eindeutig auf Punkte P' abgebildet (Eindeutigkeit der Abbildung).

b) Strecken gehen in gleich lange entsprechende Strecken über (Längentreue).

c) Winkel gehen in gleich große entsprechende Winkel über (Winkeltreue).

d) Zur Spiegelachse parallele Strecken oder Geraden werden in Parallellage abgebildet.

e) Zur Spiegelachse senkrechte Geraden oder Strecken bleiben bei der Abbildung senkrecht zur Spiegelachse.

f) Einander entsprechende Geraden, die nicht parallel zur Spiegelachse sind, schneiden sich auf dieser.

g) Punkte auf der Spiegelachse sind Fixpunkte.

Die Symmetrieeigenschaften der Kreise seien besonders aufgeführt:

❻ **a) S** Jeder Durchmesser des Kreises ist Teilstrecke einer Symmetrieachse.

b) S Jede Gerade, die durch den Mittelpunkt zweier Kreise geht, ist deren gemeinsame Symmetrieachse.

c) S Schneiden sich zwei Kreise, dann haben sie höchstens zwei Schnittpunkte miteinander. Diese liegen symmetrisch zueinander Grundsatz)

Beweis zu ❻ a) vgl. Aufg. 12

Übungen zu 3.4

1. Was ist richtig gespiegelt, was falsch? Berichtige.

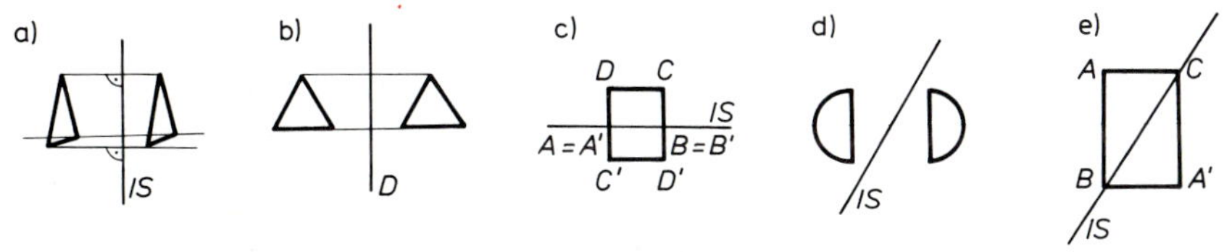

2. Was bleibt bei der Spiegelung im Gegensatz zur Parallelverschiebung und Drehung nicht erhalten?

3. Konstruiere zu dem Dreieck $a=4$, $b=3$, $c=5$ ein Bild, das gespiegelt ist an:
a) Seite ıa **b)** Seite lb **c)** an Seite ıc.

4. Spiegele die Dreiecke um die jeweils längste Seite. Wie nennt man die entstehende Gesamtfigur?
a) $a=b=3$, $\gamma=90°$
b) $a=3$, $b=4$, $\beta=90°$
c) $a=b=4$, $\gamma=50°$

5. Gegeben sind Dreiecke bzw. Vierecke im Gitternetz. Spiegele sie so, daß $B'(10|3)$ und $A'(10|6)$ ist. Wo liegt die Spiegelachse? Gib zwei Punkte an, durch die sie verläuft.
a) $A(6|3)$ $B(6|6)$ $C(7|4)$
b) $A(3|1)$ $B(6|1)$ $C(4|3)$
c) $D(10|6)$ $C(10|3)$ $A(8|6)$ $B(8|3)$
d) $A(10|10)$ $B(10|13)$ $C(0|13)$ $D(0|10)$

6. Stelle bei beliebiger Spiegelung fest, wo sich entsprechende Urbild- und Bildstrecken bzw. ihre Verlängerungen schneiden. Sprich das Ergebnis als Satz aus.

7. Die Verlängerungen eines Urbilds und der zugehörigen Bildstrecke schneiden sich auf der Spiegelachse $\mathbb{S}$. Wie steht $\mathbb{S}$ zu den beiden Strecken? Benutze als Beispiel die Strecke a mit den Endpunkten $A(1|4)$, $B(4|3)$ und a' mit den Endpunkten $A'(9|8)$, $B'(8|5)$.

8. Spiegele ein beliebiges Dreieck um eine Spiegelachse. Welche Rolle spielt $\mathbb{S}$ in bezug auf entsprechende Urbild- und Bildstrecken? Sprich den gesamten Sachverhalt in Sätzen aus.

9. Zeichne zwei gleich lange Strecken $\overline{AB}$ und $\overline{B'A'}$ in beliebig verdrehter Lage. Konstruiere die Spiegelachse. Wann ist dies möglich? Gib Kriterien an. (Hilfe: Beachte die Aufgaben 6., 7., 8.)

10. Gegeben ist eine beliebige Strecke $\overline{AB}$ und die Spiegelachse $\mathbb{S}$. Zeichne die Bildstrecke $\overline{A'B'}$ für den Fall, daß die Achse
a) parallel zu $\overline{AB}$ liegt **b)** nicht schneidet **c)** schneidet
d) durch einen Endpunkt (A oder B) geht.

11. Gegeben ist ein beliebiges Dreieck ABC. Zeichne das Bild $A'B'C'$ für den Fall, daß die Spiegelachse
a) durch einen Eckpunkt des Dreiecks geht
b) außerhalb des Dreiecks liegt
c) das Dreieck schneidet.
Benenne alle entsprechenden Stücke.

12. Beweise den Satz: „Jede Gerade durch den Kreismittelpunkt ist Symmetrieachse des Kreises" mit Hilfe von ❶ aus Kapitel 1.6 und ❺ aus demselben Kapitel anhand der Skizze.

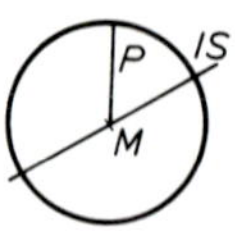

3.5 Kongruenzsätze für Dreiecke

Die Kongruenz von Dreiecken kann man feststellen, indem man sie durch eine oder mehrere hintereinander ausgeführte Kongruenzabbildungen (Parallelverschiebung, Drehung, Spiegelung) aufeinander abbildet
Dieses Verfahren ist jedoch recht mühsam. Man hat deshalb Kriterien aufgestellt, die es erlauben, aus der Länge von Seiten bzw. der Größe von Winkeln auf die gegenseitige Kongruenz zu schließen.

1. Kongruenzsatz: Zwei Dreiecke sind kongruent, wenn sie in zwei Seiten und dem von ihnen eingeschlossenen Winkel übereinstimmen. (Kurz: *SWS.*)

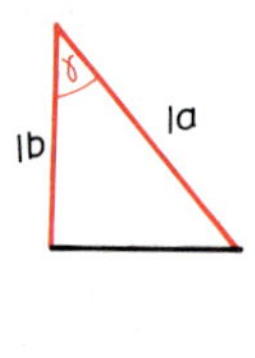

**geg.: $a=4$, $b=3$, $\gamma=40°$
Die Punkte A und B liegen eindeutig fest, sie können nur auf *eine* Weise geradlinig verbunden werden**

2. Kongruenzsatz: Zwei Dreiecke sind kongruent, wenn sie in einer Seite und zwei Winkeln übereinstimmen. (Kurz: *WSW* oder *SWW*.)

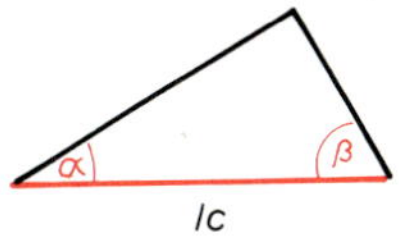

geg.: $c=5$, $\alpha=30°$, $\beta=60°$

3. Kongruenzsatz: Zwei Dreiecke sind kongruent, wenn sie in drei Seiten übereinstimmen. (Kurz: *SSS*.)

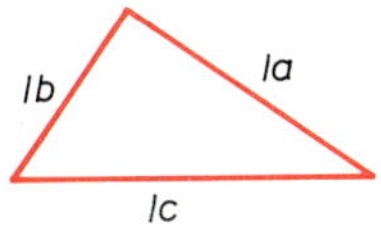

geg.: $a=4$, $b=3$, $c=5$

4. Kongruenzsatz: Zwei Dreiecke sind kongruent, wenn sie in zwei Seiten und dem der größeren Seite gegenüberliegenden Winkel übereinstimmen*). (Kurz: SSW_g.)

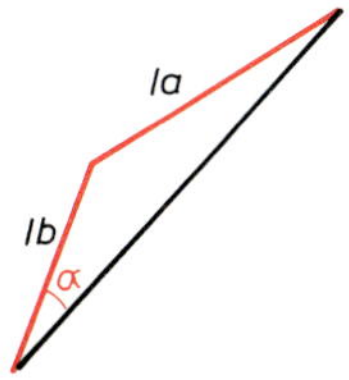

geg.: $a=4$, $b=3$, $\alpha=20°$

Die nebenstehende Konstruktion entspricht nicht dem 4. Kongruenzsatz. Der Kreis mit $b=3$ schneidet den freien Schenkel von β zweimal.

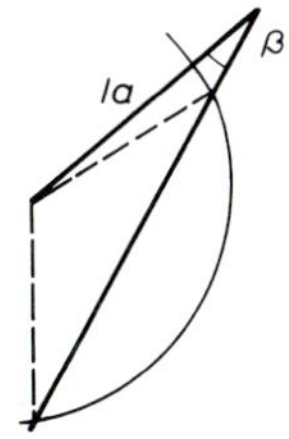

geg.: $a=4$, $b=3$, $\beta=20°$

Die Kongruenzsätze beruhen darauf, daß Dreiecke mit den erwähnten Eigenschaften eindeutig konstruierbar sind. Das heißt, an anderer Stelle der Ebene kann nur die **Lage** des Dreiecks unterschiedlich sein, jedoch nicht Form und Größe.
Die Bedeutung der Kongruenzsätze liegt darin, daß man durch Angabe von nur drei Stücken (Seiten, Winkeln) ein Dreieck in allen anderen Stücken (Größen, Höhen, anderen Seiten, anderen Winkeln usw.) bestimmt hat. Das ist nur deshalb möglich, weil ein Dreieck als geometrische Figur exakt definiert ist und eine recht einfache Gestalt hat. Man stelle sich als Vergleich vor, daß man z. B. ein Auto nur nach der Angabe der Radgröße, der Motorstärke und der Form des Tachometers konstruieren sollte. Es würde sicherlich eine ungeheure Fülle verschiedener Konstruktionen möglich sein.

Übungen zu 3.5

1. Was ist richtig, was ist falsch? Zwei Dreiecke sind kongruent, wenn sie übereinstimmen in **a)** den drei Innenwinkeln **b)** zwei Seiten und zwei Innenwinkeln **c)** zwei Seiten und dem der größeren Seite gegenüberliegenden Außenwinkel **d)** einem Außenwinkel und zwei Seiten.

2. Welche der Dreiecke sind kongruent?

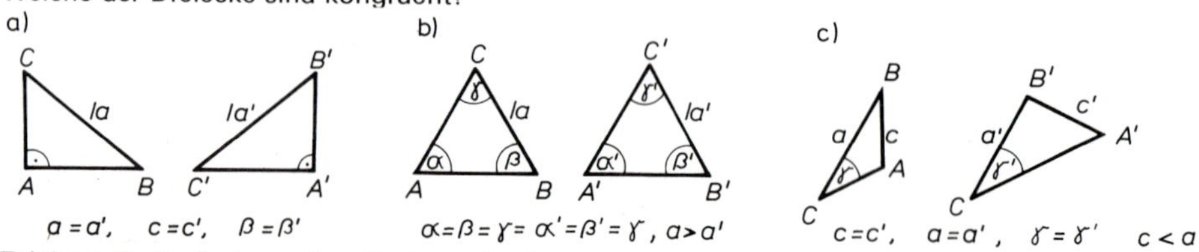

3. Zeichne die Dreiecke und stelle fest, ob die Lösung eindeutig ist. Gib gegebenenfalls den entsprechenden Kongruenzsatz an.

a) $a=3$, $b=3{,}5$, $\gamma=72°$
b) $a=4{,}3$, $\beta=62°$, $\gamma=45°$
c) $c=5{,}4$, $\alpha=108°$, $\beta=57°$
d) $a=6$, $b=3{,}6$, $c=4{,}8$
e) $a=4{,}3$, $b=3{,}3$, $\alpha=82°$
f) $b=2{,}9$, $c=3{,}9$, $\beta=46°$
g) $b=7{,}3$, $c=3{,}4$, $\alpha=132°$
h) $b=4{,}2$, $\alpha=35°$, $\beta=110°$

4. Gib alle in den Skizzen auftretenden kongruenten Dreiecke an. Begründe nach den Sätzen über Winkel an Parallelen und nach den Kongruenzsätzen.

a)

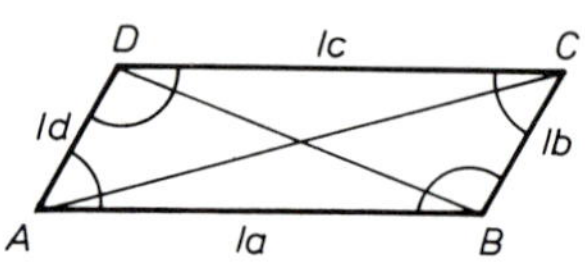

$a=c$, $b=d$, $l_a \parallel l_b$, $l_b \parallel l_d$

Warum muß $\sphericalangle\alpha_2 + \sphericalangle\alpha_5 = 90°$ sein?

b)

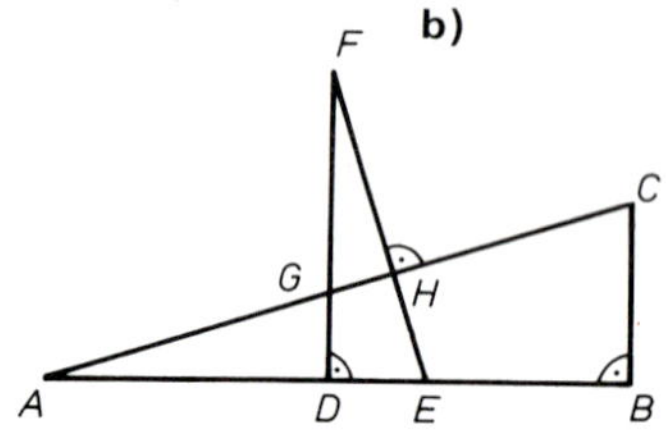

$AB=DF$, $AG=HF$

c)

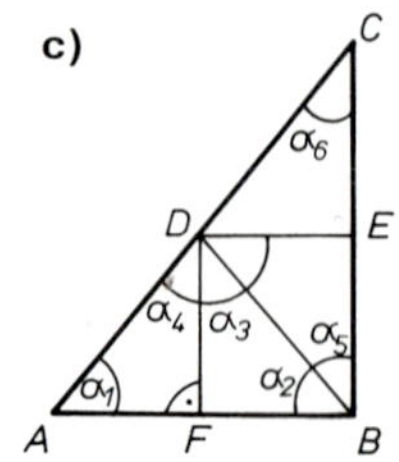

$\sphericalangle\alpha_1 = \sphericalangle\alpha_2$

$AD=BD=CD$

$\sphericalangle\alpha_5 = \sphericalangle\alpha_6$

5. Zwei Vierecke *ABCD* und *EFGH* stimmen in den Größen aller Innenwinkel und in der Länge einer Seite überein. Sind sie kongruent? Gib eventuell Gegenbeispiele.

6. Zeige mit Hilfe eines Kongruenzsatzes, daß $AC=BC$ sein muß, wenn $\alpha=\beta$ und $\delta=90°$ ist.

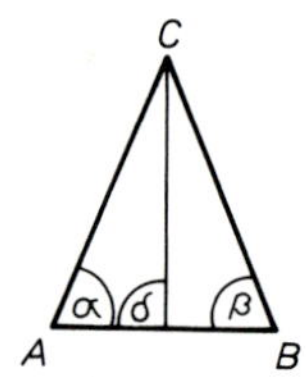

7. In einer Ebene liegen drei Orte *ABC*, die als Eckpunkte eines Dreiecks gedacht werden können. **a)** Man kennt die Entfernung *AC* und die Entfernung *AB*. Man mißt $\sphericalangle(C, A, B)$. Ist die Entfernung *BC* eindeutig bestimmbar? **b)** Man kennt die Entfernung *AB* und *BC*. Man mißt wiederum $\sphericalangle(C, A, B)$. Ist die Entfernung *AC* eindeutig bestimmbar? Gib Bedingungen für die Eindeutigkeit der Konstruktion an. Führe Beispielkonstruktionen durch.

8. Beweise den Kongruenzsatz (*SWS*) mit Hilfe von ❷ aus Kap. 1.3, ❸ aus 3.2 sowie ❹ und ❺ aus 3.3, indem zuerst gezeigt wird, daß sich an einer Stelle der Ebene mit den Angaben *SWS* genau ein Dreieck zeichnen läßt und die gegebenen Stücke durch Kongruenzabbildung an jede Stelle der Ebene gebracht werden können.

9. Führe entsprechend zu Aufg. 8 die Beweise für den zweiten und dritten Kongruenzsatz (*WSW*) bzw. (*SSS*). Welche Sätze benötigt man zum Beweis?

4. ABBILDUNGSSTRUKTUREN, BEGRIFF DER GRUPPE

In diesen und den folgenden Kapiteln sollen gemeinsame Eigenschaften der Kongruenzabbildungen aufgezeigt werden und Verknüpfungen der Kongruenzabbildungen untereinander vorgenommen werden.
Hierzu müssen zunächst einige Begriffe definiert werden:

4.1 Klassen von Vektoren, Drehungen und Doppelspiegelungen

a) Vektorklassen

❶ **D** Alle Pfeile **gleichen Betrages** und **gleicher Richtung** sind gleichbedeutend. Sie bilden eine gemeinsame Vektorklasse.

Beispiele:

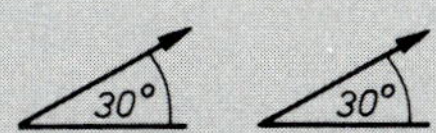

Vektorklasse mit Pfeilen der Richtung 30° und dem Betrag 2

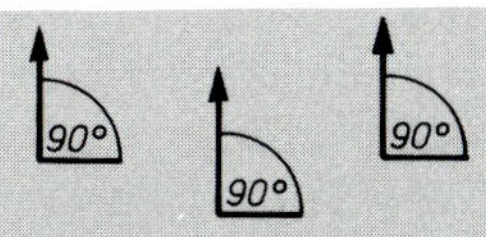

Vektorklasse mit Pfeilen der Richtung 90° und dem Betrag 1

Zur Charakterisierung der Vektorklasse genügt es, **einen** Repräsentanten (Pfeil) zu zeichnen. Er wird kurz „Vektor" genannt.

❷ **D** Die Bezeichnung von Vektoren ist entweder ein lat. Kleinbuchstabe mit darübergesetzten rechtsweisenden Pfeil $\vec{a}$, $\vec{b}$, $\vec{c}$, $\vec{d}$ (lies: Vektor *a*, ...) oder ein deutscher Kleinbuchstabe $\mathfrak{a}$, $\mathfrak{b}$, $\mathfrak{c}$, ... (lies: Vektor *a*, ...)

Beispiele:

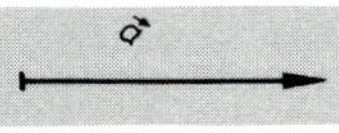

Vektor $\vec{a}$ mit $|\vec{a}| = a = 3$ und $\sphericalangle(\vec{a}) = 30°$

b) Klassen von Drehungen

Zur Charakterisierung einer Drehung, die ein Urbild in eine bestimmte Bildlage bringt, kann man verschiedene Drehwinkel benutzen. In allen drei gezeigten Fällen wird dieselbe Bildlage erzeugt. Man kann daher sagen, daß diese Drehungen gleichbedeutend sind.

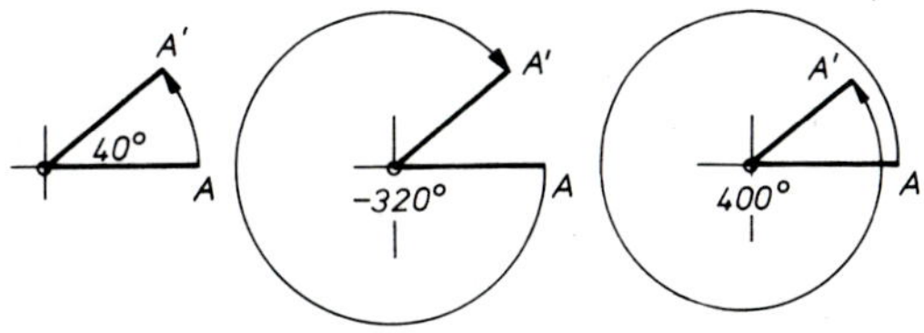

40°-Drehung *-320°-Drehung* *400°-Drehung*

❸ **D** Alle Drehungen (mit demselben Drehpunkt), die ein gegebenes Urbild in dieselbe Bildlage bringen, sind gleichbedeutend. Sie bilden eine gemeinsame Klasse der Drehungen.

Beispiele:

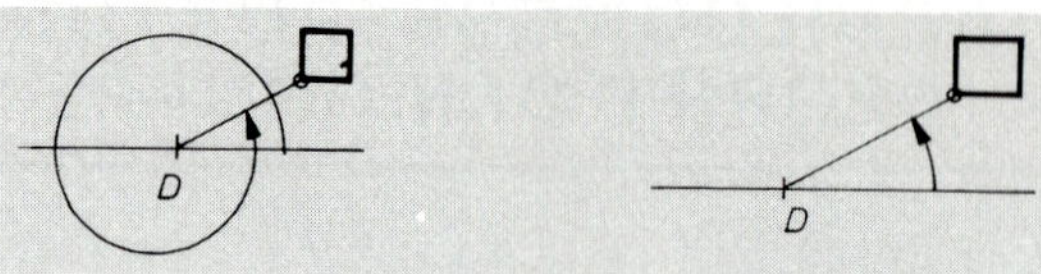

❹ **D** Zur Charakterisierung der Drehungsklasse genügt es, eine repräsentative Drehung zu zeichnen. Sie wird kurz Drehung $\widehat{a}$, $\widehat{b}$, ... (lies: Drehung $a, b, \ldots$) genannt.

Beispiele:

Drehung $\widehat{a}$ mit $\alpha = 40°$ gleichbedeutend mit $\alpha_1 = 400°$, $\alpha_2 = -320°$, ...

Drehung $\widehat{b}$ mit $\beta = -15°$ gleichbedeutend mit $\beta_1 = 345°$, $\beta_2 = -375°$, ...

c) Klassen von Doppelspiegelungen

Im folgenden soll nicht mehr die einzelne Spiegelung betrachtet werden, wie in Kapitel 3.4, sondern die Hintereinanderausführung zweier Spiegelungen (um verschiedene oder auch gleiche Spiegelachsen), die man auch als „Doppelspiegelung" bezeichnet. Wie man z. B. am Bild sieht, liefert die Doppelspiegelung gleichsinnige Kongruenz.

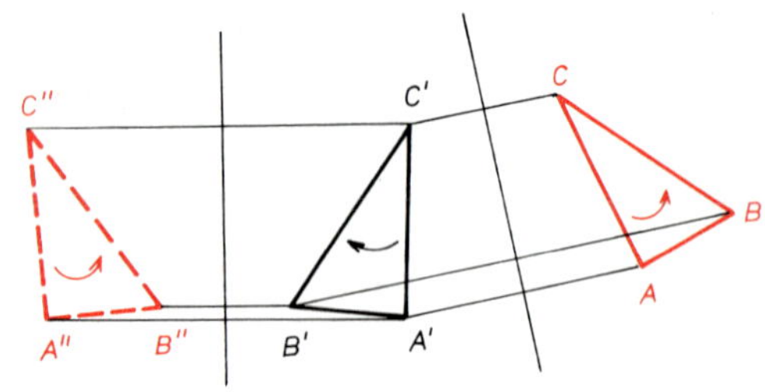

❺ **D** Alle Doppelspiegelungen, die ein Urbild in dieselbe Bildlage bringen, sind gleichbedeutend. Sie bilden eine gemeinsame Klasse der Doppelspiegelungen.

Beispiele:

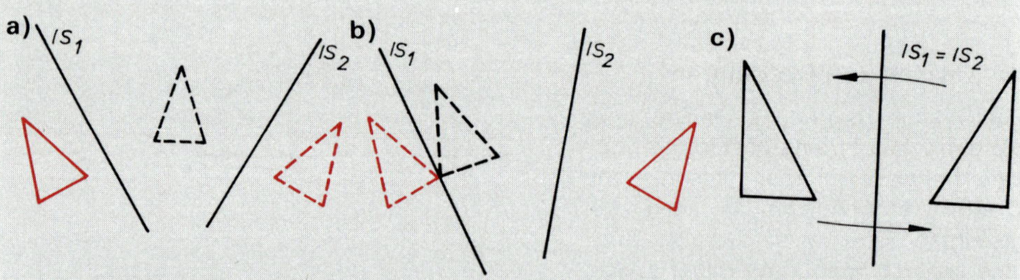

Die Doppelspiegelung a) und b) sind gleichbedeutend

Vorspiegelung = Rückspiegelung = ident. Abbildung

❻ **D** Zur Charakterisierung der Doppelspiegelungsklasse genügt es, eine repräsentative Doppelspiegelung zu zeichnen. Sie wird kurz Doppelspiegelung $a\|$, ... (lies: Doppelspiegelung a, ...) genannt.

Beispiele:

Übungen zu 4.1

1. Welche Pfeile zeigen die Richtung von $-30°$, $+90°$, $-180°$? Welche Pfeile haben den Betrag von 0,7, von 2? Welche Pfeile gehören zur selben Vektorklasse?

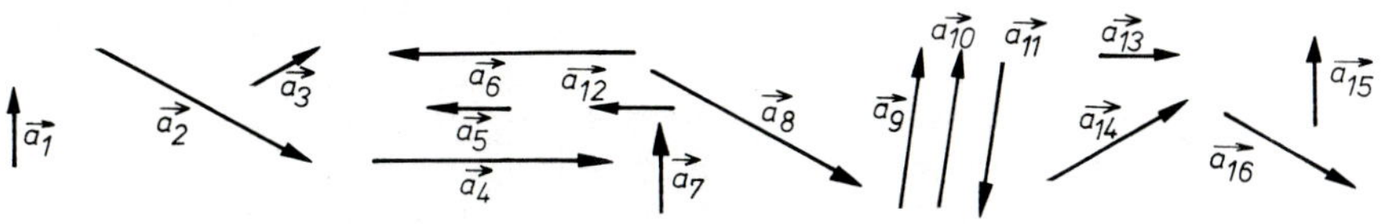

2. Welche Vektoren sind richtig, welche falsch bezeichnet?

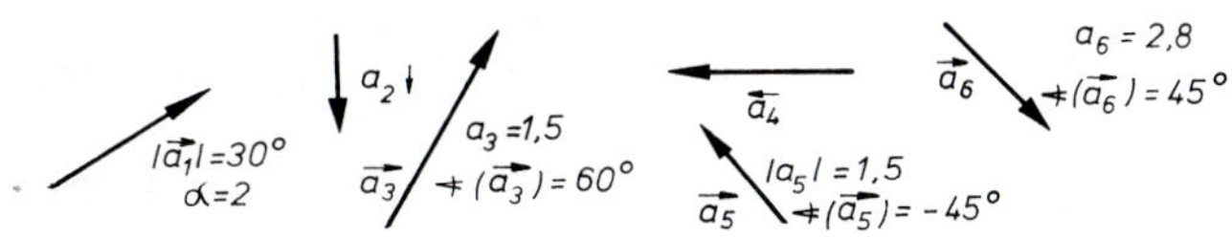

3. Zeichne je drei Vektoren derselben Klasse

a) geg.: $|\vec{a}| = 2{,}5$ $\quad \sphericalangle(\vec{a}) = 135°$

b) geg.: $\vec{b}$ mit $|\vec{b}| = 3{,}5$ $\quad \sphericalangle(\vec{b}) = -60°$

c) geg.: $\vec{c}$ mit $c = 1$ $\quad \sphericalangle(\vec{c}) = 400°$

4. Stelle fest, welche Figuren parallelverschoben sind, gib gegebenenfalls die Vektorklasse an.

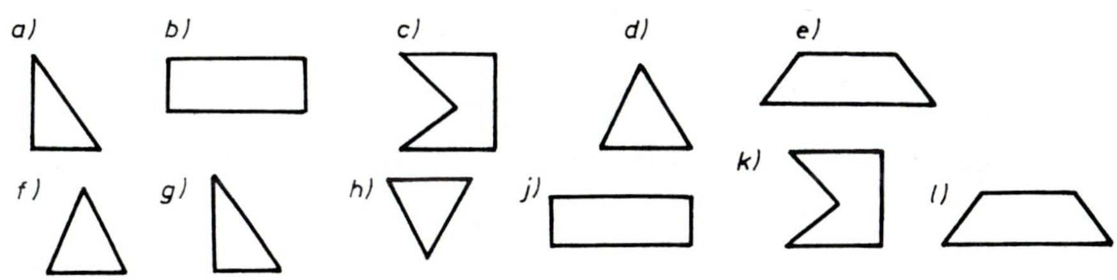

5. Welche Drehungen gehören zur selben Klasse?
$+30°$, $-30°$, $360°$, $330°$, $-360°$, $45°$, $-270°$

6. Miß den Drehwinkel und gib 5 Repräsentanten der Drehungsklasse an. Urbilder sind jeweils links.

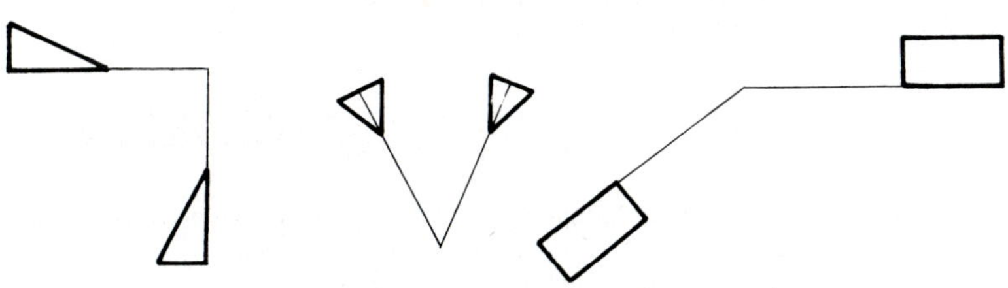

7. Sind Urbild- und Bildlage durch Drehung entstanden? Suche den Drehpunkt.

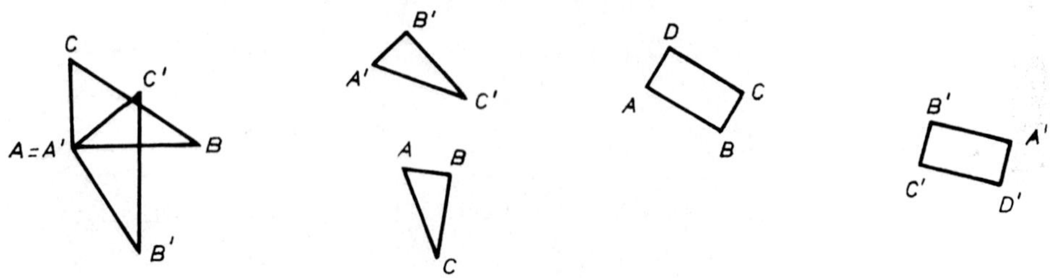

8. In welchen Gitterpunkt wird der Punkt P mit der Drehung $\widehat{a}$ abgebildet. Der Drehpunkt sei D.

a) $P(6|4)$; $\widehat{a}$ mit $D(4|2)$, $\alpha = 90°$
b) $P(8|4)$; $\widehat{a}$ mit $D(6|4)$, $\alpha = 180°$
c) $P(1|5)$; $\widehat{a}$ mit $D(3|3)$, $\alpha = 270°$
d) $P(5|1)$; $\widehat{a}$ mit $D(6|2)$, $\alpha = 450°$

9. Ein Kreis mit $r = 1{,}5$ soll durch die Drehung $\widehat{a}$ mit $\alpha = 35°(-25°;\ 95°)$ in Bildlage gebracht werden. Der Drehpunkt D hat die Koordinaten $D(2|3)$ und der Mittelpunkt M die Koordinaten $M(3|3)$.

10. Gib zu Aufgabe 9. jeweils drei Vertreter der Drehungsklasse $\widehat{a}$ an.

11. Spiegele das Urbild zuerst um die Achse $\mathbb{S}_1$, anschließend um $\mathbb{S}_2$. (Erste Doppelspiegelung.) Führe analog eine Spiegelung um $\mathbb{S}_3$ und anschließend um $\mathbb{S}_4$ durch. (Zweite Doppelspiegelung.) Was ist zur Lage der entstehenden Bilder zu sagen?

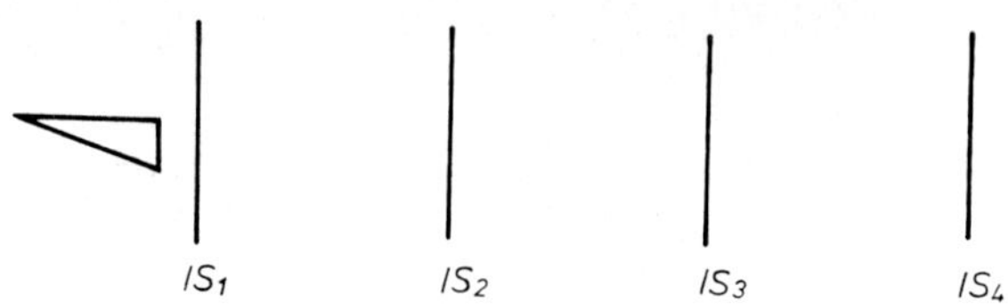

12. Gegeben ist Urbild und Bild im Gitternetz. Suche je drei Doppelspiegelungen, die zur selben Klasse gehören.

a) $A(0|0)$, $B(1|0)$, $C(1|1)$; $A'(4|0)$, $B'(5|0)$, $C'(5|1)$
b) $A(0|0)$, $B(2|0)$, $C(1|1)$; $A'(0|4)$, $B'(2|4)$, $C'(1|5)$

13. Gegeben ist der Urbildpunkt P und zwei Punkte P_1 und P_2 bzw. P_3 und P_4 der Spiegelachsen $\mathbb{S}_1$ und $\mathbb{S}_2$. Führe mit dem Punkt P eine Doppelspiegelung $a\|$ durch (Skizze).

a) $P(6|1)$, $P_1(5|1)$, $P_2(6|2)$, $P_3(4|2)$, $P_4(4|5)$
b) $P(2|1)$, $P_1(4|2)$, $P_2(3|3)$, $P_3(4|3)$, $P_4(6|6)$
c) $P(2|5)$, $P_1(4|5)$, $P_2(2|3)$, $P_3(4|2)$, $P_4(3|3)$
d) $P(4|5)$, $P_1(2|2) = P_3$, $P_2(3|3) = P_4$

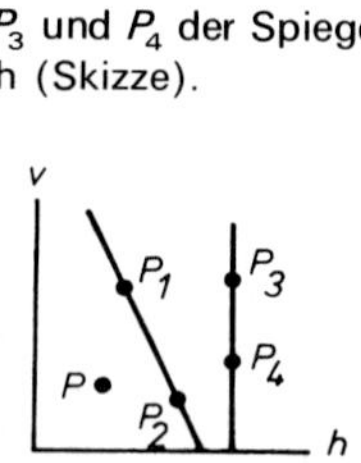

14. Suche zu den Doppelspiegelungen der Aufgabe 13 je zwei Vertreter derselben Doppelspiegelungsklasse $a\|$ mit Hilfe einer Skizze auf. (Anleitung: $\mathbb{S}_1$ in beliebiger Lage zeichnen, dann P an $\mathbb{S}_1$ spiegeln, P' mit P'' verbinden, Mittelsenkrechte auf $\overline{P'P''}$ ist $\mathbb{S}_2$.)

4.2 Ermittlung von Abbildungsvektoren, Drehpunkten und Spiegelachsen

In diesem Abschnitt soll untersucht werden, welche Bildlage aus einer vorgegebenen Urbildlage erreicht werden kann. Es soll nur gleichsinnige Kongruenz untersucht werden, d. h., die einfache Spiegelung wird nicht beachtet.

1. Bei einer Parallelverschiebung sind Urbild und Bild niemals in einer gedrehten Lage zueinander.

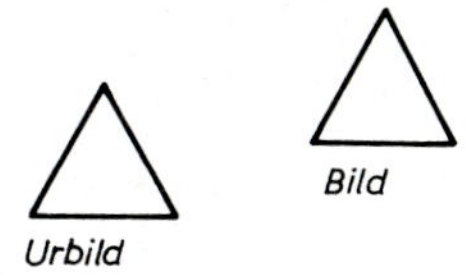

2. Bei einer Drehung sind Urbild und Bild immer gegeneinander gedreht (oder sie liegen aufeinander = sind in Decklage).

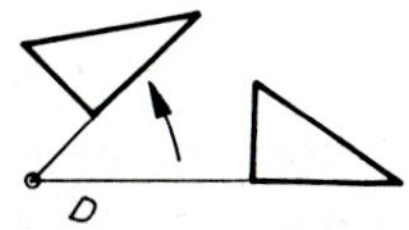

3. Bei einer Doppelspiegelung sind alle gegenseitigen Lagen von Urbild und Bild möglich.

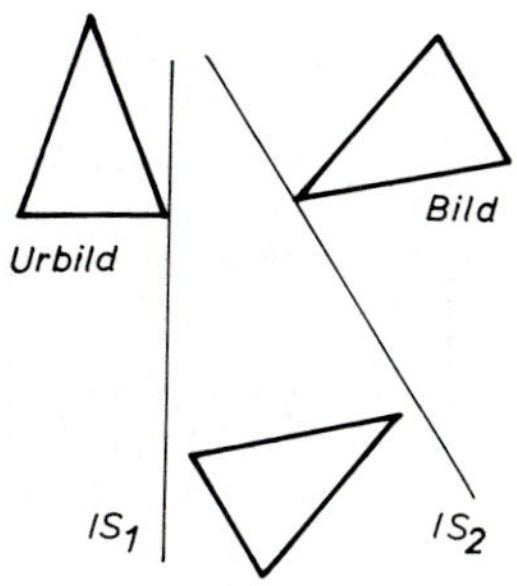

4. Bei Hintereinanderausführung von Parallelverschiebung und Drehung sind alle gegenseitigen Lagen von Urbild und Bild möglich.

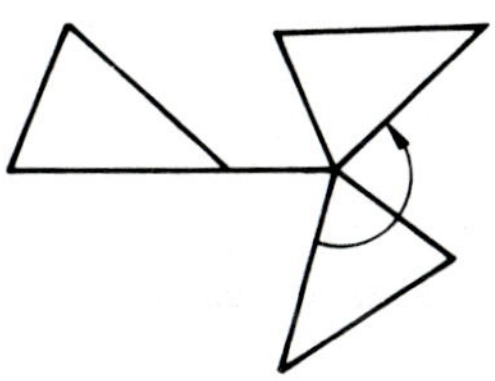

Konstruktionen:

a) Bestimmung eines Vektors, wenn Urbild und Bild vorgegeben sind.
   Der Vektor verbindet zwei einander entsprechende Urbild- und Bildpunkte. Die Vektorspitze zeigt auf den Bildpunkt.

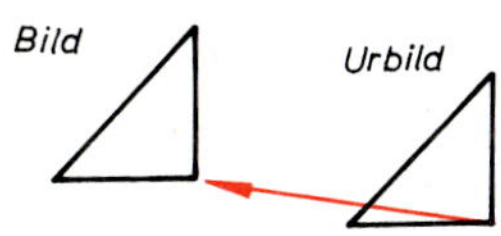

b) Konstruktion eines Drehpunktes, wenn Urbild **und** Bildlage vorgegeben sind.

Man verbindet einander entsprechende Urbild- **und** Bildpunkte und errichtet auf den Verbindungslinien die Mittelsenkrechten. Deren Schnittpunkt ist der Drehpunkt.

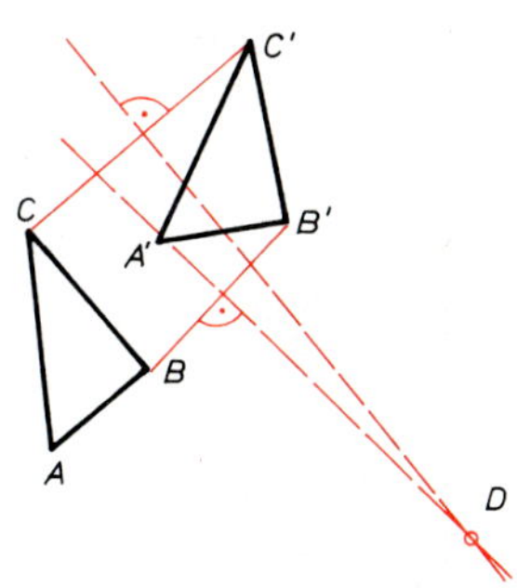

c) Konstruktion der Spiegelachsen, wenn Urbild **und** Bild vorgegeben sind.

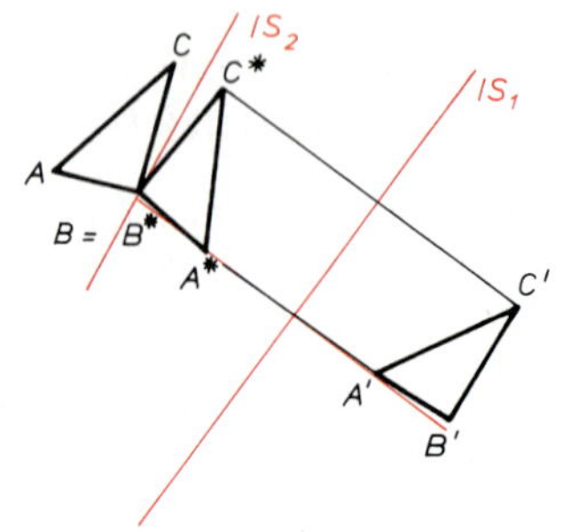

Man verbindet zwei entsprechende Urbild- und Bildpunkte (hier B und B') und benutzt die Mittelsenkrechte auf der Verbindungslinie als erste Spiegelachse $\mathbb{S}_1$. Man erhält Bildlage A^*, $B^*(=B)$, C^*. Die Winkelhalbierende von $\sphericalangle(C, B, C^*)$ ist die zweite Spiegelachse $\mathbb{S}_2$.

Übungen zu 4.2

1. Zeichne die Vektoren der Verschiebung und gib ihren Betrag und ihre Richtung an.

	Urbild	Bild
a)	$A(6\|6)$, $B(8\|5)$, $C(8\|6)$	$A'(2\|4)$, $B'(4\|3)$, $C'(4\|4)$
b)	$A(2\|0)$, $B(3\|2)$, $C(2\|3)$	$A'(3\|4)$, $B'(4\|6)$, $C'(3\|6)$
c)	$A(6\|2)$, $B(7\|1)$, $C(8\|2)$, $D(7\|3)$	$A'(0\|4)$, $B'(1\|3)$, $C'(2\|4)$, $D'(1\|5)$
d)	$A(2\|1)$, B$(4\|2)$, $C(2\|5)$, $D(1\|2)$	$A'(3\|3)$, $B'(5\|4)$, $C'(3\|7)$, $D'(2\|4)$

2. Gegeben sind Urbild und Drehpunkt im Gitternetz. Konstruiere die Bilder, wenn der Drehwinkel 90° (180°, −90°) beträgt und gib die Gitterpunkte der Bilder an.

	Urbild	Drehpunkt
a)	A$(7\|6)$, $B(8\|9)$, $C(6\|8)$	$(8\|5)$
b)	$A(5\|6)$, $B(4\|5)$, $C(5\|5)$	$(4\|6)$
c)	$A(6\|3)$, $B(8\|4)$, $C(7\|6)$	$(5\|5)$
d)	$A(6\|3)$, $B(8\|4)$, $C(7\|6)$, $D(5\|5)$	$(6\|4)$

3. Gegeben sind Urbild und Bild im Gitternetz. Konstruiere den Drehpunkt und miß den Drehwinkel aus.

	Urbild	Bild
a)	$A(1\|1)$, $B(2\|1)$, $C(1\|3)$	$A'(5\|5)$, $B'(5\|6)$, $C'(3\|5)$
b)	$A(4\|3)$, $B(6\|2)$, $C(6\|4)$	$A'(5\|4)$, $B'(4\|2)$, $C'(6\|2)$
c)	$A(2\|3)$, $B(4\|4)$, $C(3\|4)$	$A'(7\|4)$, $B'(8\|2)$, $C'(8\|3)$
d)	$A(3\|1)$, $B(5\|2)$, $C(5\|4)$, $D(3\|2)$	$A'(7\|9)$, $B'(5\|8)$, $C'(5\|6)$, $D'(7\|8)$

4. Gegeben sind Urbildstrecken im Gitternetz. Drehe um den Punkt $D(4|5)$ um 90° und verschiebe anschließend mit dem Vektor $\vec{a}$ mit $a=3$; $\sphericalangle(\vec{a})=90°$.
Gib die Gitterpunkte der Bildstrecken an. Was geschieht, wenn man erst verschiebt und anschließend dreht?

a) $A(5|6)$, $B(6|5)$ **c)** $A(3|6)$, $B(1|8)$
b) $A(3|4)$, $B(3|1)$ **d)** $A(6|3)$, $B(3|6)$

5. Gegeben sind Urbild und zwei Spiegelachsen $\mathbb{S}_1$ und $\mathbb{S}_2$ im Gitternetz. Konstruiere das durch Doppelspiegelung entstehende Bild. Durch welche Abbildungen lassen sich Doppelspiegelungen ersetzen?

	Urbild	$\mathbb{S}_1$	$\mathbb{S}_2$
a)	$A(1\|1)$, $B(3\|1)$, $C(2\|2)$	$P_1(2\|0)$, $P_2(2\|4)$	$P_3(4\|3)$, $P_4(6\|1)$
b)	$A(3\|2)$, $B(5\|1)$, $C(4\|3)$	$P_1(3\|3)$, $P_2(3\|2)$	$P_3(5\|4)$, $P_4(3\|6)$
c)	$A(8\|1)$, $B(8\|3)$, $C(6\|4)$, $D(7\|2)$	$P_1(6\|3)$, $P_2(8\|5)$	$P_3(4\|4)$, $P_4(3\|6)$

d) Spiegele das Urbild von c) zuerst an $\mathbb{S}_2$ und dann an $\mathbb{S}_1$

6. Gegeben sind Urbild und Bild im Gitternetz. Konstruiere Spiegelachsen.

	Urbild	Bild
a)	$A(2\|1)$, $B(4\|2)$, $C(1\|3)$	$A'(5\|4)$, $B'(4\|2)$, $C'(3\|5)$
b)	$A(2\|1)$, $B(3\|1)$, $C(2\|2)$	$A'(4\|3)$, $B'(4\|2)$, $C'(3\|3)$
c)	$A(2\|3)$, $B(5\|2)$, $C(4\|5)$	$A'(4\|3)$, $B'(1\|2)$, $C'(2\|5)$
d)	$A(4\|2)$, $B(6\|1)$, $C(7\|2)$, $D(5\|3)$	$A'(4\|5)$, $B'(6\|6)$, $C'(7\|5)$, $D'(5\|4)$

7. Gegeben sind die Urbildpunkte und Bildpunkte im Gitternetz:

	Urbildpunkte	Bildpunkte
a)	$A(0\|0)$, $B(2\|1)$, $C(1\|2)$	$A'(3\|1)$, $B'(5\|2)$, $C'(4\|3)$
b)	$A(4\|1)$, $B(5\|0)$, $C(6\|2)$	$A'(8\|3)$, $B'(7\|4)$, $C'(6\|2)$
c)	$A(1\|4)$, $B(2\|4)$, $C(1\|5)$	$A'(4\|7)$, $B'(4\|8)$, $C'(3\|7)$
d)	$A(4\|2)$, $B(6\|1)$, $C(7\|2)$, $D(5\|3)$	$A'(5\|4)$, $B'(7\|5)$, $C'(6\|6)$, $D'(4\|5)$

Untersuche, ob die Abbildungen durch Drehung, Verschiebung, Spiegelung oder Doppelspiegelung entstanden sein könnten. Betrachte alle Abbildungen als durch Doppelspiegelung entstanden. Gib an, welche Spiegelachsen man wählen könnte.

8. Gib zu Aufgabe 7 an, ob die Bilder aus den Urbildern durch Hintereinanderausführung von zwei verschiedenen Kongruenzabbildungen entstanden sein könnten (z. B. erst eine Doppelspiegelung $a\|$, danach eine Verschiebung $\vec{a}$).

4.3 Allgemeiner Verknüpfungsbegriff

Man kann mehrere Abbildungen gleicher Art, z. B. Parallelverschiebungen, hintereinander ausführen. Aus einem gegebenen Urbild entstehen dadurch nacheinander Bilder.

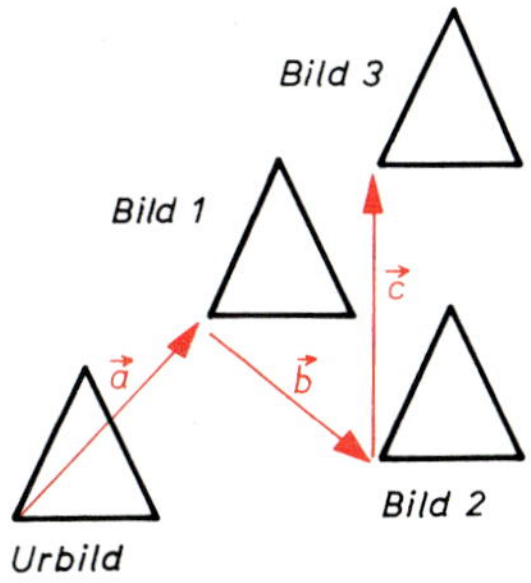

Man sagt dann, die Abbildungen (im Beispiel die Vektoren $\vec{a}, \vec{b}, \vec{c}$) sind miteinander **verknüpft.**

❶ D Unter einer Verknüpfung von Abbildungen versteht man das Hintereinanderausführen derselben. Als allgemeines Symbol der Verknüpfung benutzt man einen kleinen Kreis „∘" (lies: verknüpft mit).

Beispiele:

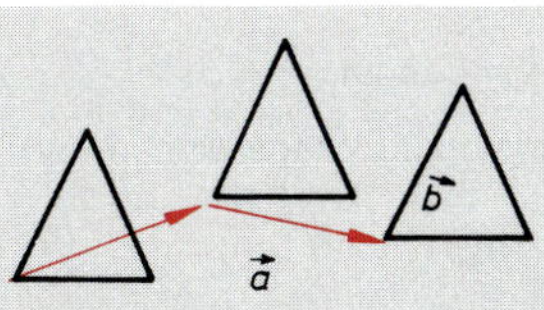

$\vec{a} \circ \vec{b}$
(lies: Vektor *a* verknüpft mit Vektor *b*)

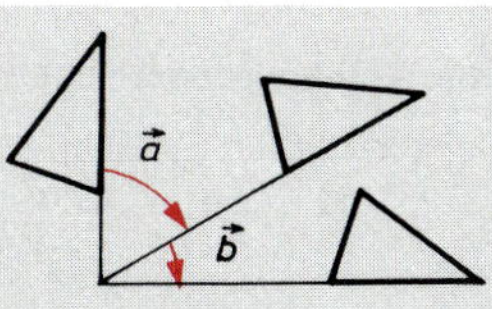

$\widehat{a} \circ \widehat{b}$
(lies: Drehung *a* verknüpft mit Drehung *b*)

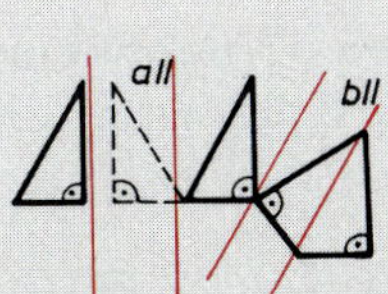

$a\| \circ b\|$
(lies: Doppelspiegelung *a* verknüpft mit Doppelspiegelung *b*)

Man beachte, daß die **Abbildungen** Elemente der Verknüpfung sind.
Die Grundmengen für die Verknüpfung sind also:

$\mathbb{G}=\{\vec{a}, \vec{b}, \vec{c}, \ldots\}$	für Parallelverschiebungen
$\mathbb{G}=\{\overset{\frown}{a}, \overset{\frown}{b}, \overset{\frown}{c}, \ldots\}$	für Drehungen
$\mathbb{G}=\{a\|, b\|, c\|, \ldots\}$	für Doppelspiegelungen

Der Begriff „Verknüpfung" ist sehr allgemein gehalten. So kann er z.B. auch für die Addition oder Multiplikation von Zahlen benutzt werden. So ist die Schreibweise $3 \circ 4=7$ eine allgemeine Form von $3+4=7$ oder $5 \circ 4=20$ ist die allgemeine Form von $5 \cdot 4=20$.

Übungen zu 4.3

1. Was ist richtig, was ist falsch? Berichtige.

a) „$\circ$" wird gelesen: mal,

b) $\vec{a} \circ \vec{b}$ wird gelesen: Vektor $\vec{a}$ verknüpft mit Vektor $\vec{b}$ und bedeutet multipliziere die Beträge der Vektoren miteinander,

c) $\overset{\frown}{a} \circ \overset{\frown}{b}$ bedeutet: Drehung $\overset{\frown}{a}$ mal Drehung $\overset{\frown}{b}$,

d) $a\| \circ b\|$ bedeutet die Hintereinanderausführung von Doppelspiegelungen (zuerst Doppelspiegelung $a\|$, danach Doppelspiegelung $b\|$ ausführen),

e) $\vec{a} \circ \vec{b}$ ist immer gleichbedeutend mit $\vec{b} \circ \vec{a}$,

f) „$\circ$" ist ein Verknüpfungszeichen für allgemeine Verknüpfungen,

g) $\mathbb{G}=\{\vec{a}, \vec{b}; \overset{\frown}{c}; d\|\}$ ist Grundmenge für die Drehung.

2. Gegeben sind die Vektoren $\vec{a}, \vec{b}, \vec{c}$ mit $a=3$, $b=4$, $c=2$, $\sphericalangle(\vec{a})=42°$, $\sphericalangle(\vec{b})=-110°$, $\sphericalangle(\vec{c})=10°$. Verschiebe das Dreieck mit den Seiten 1,5; 2; 2,5 zuerst um $\vec{a}$, dann um $\vec{b}$, d.h., bilde die Verknüpfung $\vec{a} \circ \vec{b}$. Konstruiere entsprechend $\vec{b} \circ \vec{a}$, $(\vec{a} \circ \vec{b}) \circ \vec{c}$, $\vec{a} \circ (\vec{b} \circ \vec{c})$.

3. Gegeben ist ein Kreis mit $r=1$ und die Drehungen $\overset{\frown}{a}, \overset{\frown}{b}$, mit $\alpha=90°$, $\beta=180°$. Ferner die Gitterpunkte des Kreismittelpunktes $M(10|10)$ und des Drehpunktes $D(7|6)$. Konstruiere die Verknüpfungen $\overset{\frown}{a} \circ \overset{\frown}{b}$, $\overset{\frown}{a} \circ \overset{\frown}{a}$, $(\overset{\frown}{a} \circ \overset{\frown}{b}) \circ \overset{\frown}{a}$. Gib jeweils die Gitterpunkte von M an.

4. Gegeben ist das Urbilddreieck mit $A(7|1)$, $B(8|2)$, $C(7|3)$, die Spiegelachsen

$\mathbb{S}_1$ mit $P_1(5|0)$ und $P_2(7|3)$, $\quad$ $\mathbb{S}_3$ mit $P_5(7|1)$ und $P_6(7|5)$,
$\mathbb{S}_2$ mit $P_3(1|4)$ und $P_4(2|4)$, $\quad$ $\mathbb{S}_4$ mit $P_7(4|4)$ und $P_8(6|4)$.

Konstruiere

a) die Verknüpfung $a\| \circ b\|$, wenn zur Doppelspiegelung $a\|$ $\mathbb{S}_1$ und $\mathbb{S}_2$, zu $b\|$ $\mathbb{S}_3$ und $\mathbb{S}_4$ gehören,

b) die Verknüpfung $a\| \circ b\|$, wenn man $\mathbb{S}_1$ mit $\mathbb{S}_2$ und $\mathbb{S}_3$ mit $\mathbb{S}_4$ vertauscht,

c) die Verknüpfung $b\| \circ a\|$ (dabei soll die Zuordnung der Spiegelachsen aus Aufgabe a) erhalten bleiben).

d) Vergleiche die Bildlagen a), b) und c) miteinander.

5. Gib aus der Algebra spezielle Verknüpfungszeichen für $a \circ b$ an.

6. Was bedeutet bei der Zahlenverknüpfung jeweils das Verknüpfungszeichen?

a) $102 \circ 7=95$ $\quad$ **d)** $(7 \circ 8) \circ 5=20$

b) $2 \circ 2=4$ $\quad$ **e)** $(-9) \circ 3 \circ (-4)=108$

c) $(-12) \circ (-13)=1$

7. Was bedeuten die Verknüpfungszeichen? Zeichne selbst Beispiele.

a) $\vec{a} \circ \vec{b}$ $\quad$ **c)** $a\| \circ b\|$

b) $\overset{\frown}{a} \circ \overset{\frown}{b}$ $\quad$ **d)** $(\vec{a} \circ \vec{b}) \circ \vec{c}$

4.4 Gruppenaxiome, Beispiele für Gruppen

Für viele Mengen lassen sich bezüglich der Verknüpfung der Elemente untereinander bestimmte gleichartige Gesetze feststellen. Vor allem sind es vier wesentliche Grundsätze oder Axiome, die man immer wieder auffindet. Dies zeigt, daß eine ganz bestimmte mathematische Struktur, die der **Gruppe,** häufig auftritt.
Die Menge der Parallelverschiebungen soll dazu dienen, die vier Axiome einer **Gruppe** zu verdeutlichen.

a) Gruppe der Parallelverschiebungen

Für die Menge der Parallelverschiebungen gilt:

Axiom 1: Existenz und Eindeutigkeit

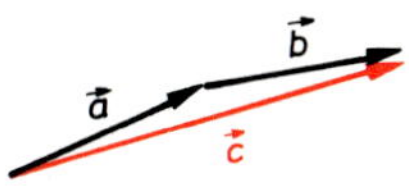

Die Verknüpfung zweier Elemente $\vec{a}$ und $\vec{b}$ ergibt stets eindeutig ein Element $\vec{c}$, das die beiden anderen Elemente ersetzt (Grundsatz).

$$\vec{a} \circ \vec{b} = \vec{c}$$

Axiom 2: Assoziativgesetz (Grundsatz)

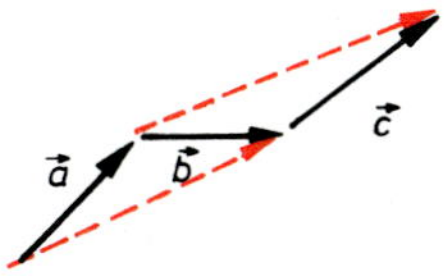

$$(\vec{a} \circ \vec{b}) \circ \vec{c} = \vec{a} \circ (\vec{b} \circ \vec{c}) = \vec{a} \circ \vec{b} \circ \vec{c}$$

Axiom 3: Neutrales Element

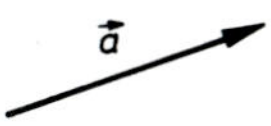

Es gibt eindeutig eine Element $\vec{n}$, das Neutralelement, das bei Verknüpfung mit irgendeinem Element $\vec{a}$ wieder dasselbe Element $\vec{a}$ liefert (Grundsatz).

$$\vec{a} \circ \vec{n} = \vec{a}$$

$\vec{n}$ ist hier der Nullvektor $\vec{0}$ (kein Betrag, keine Richtung), d. h. $\vec{n}$ liefert eine identische Abbildung.

$\vec{n}$ ist hier der Nullvektor $\vec{0}$ (kein Betrag, keine Richtung), d. h. $\vec{n}$ liefert eine identische Abbildung.

Axiom 4: Inverses Element

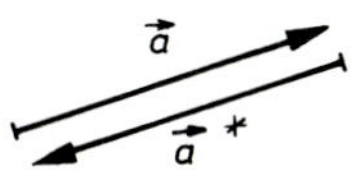

Zu jedem Element $\vec{a}$ existiert eindeutig ein Element $\vec{a}^*$, das bei Verknüpfung mit $\vec{a}$ das Neutralelement $\vec{n}$ liefert (Grundsatz).

$$\vec{a} \circ \vec{a}^* = \vec{n}$$

$\vec{a}^*$ ist hier der Gegenvektor von $\vec{a}$, also $(-\vec{a})$.

Allgemein gilt:

❶ a) **D** Läßt sich zwischen den Elementen einer Menge eine Verknüpfung so definieren, daß die vier angeführten Axiome erfüllt werden, dann bildet die Menge **bezüglich dieser Verknüpfung eine Gruppe.**

b) **S** Die Menge der Parallelverschiebungen hat Gruppenstruktur.

Beispiel einer ungeeigneten Verknüpfung:

Definiert man bei Parallelverschiebung die Addition der Beträge der Vektoren als Verknüpfung, dann ist bereits Axiom 1 nicht erfüllt.
Zum Beispiel: Gegeben ist $\vec{a}$ mit $a=4$, $\alpha=30°$ und $\vec{b}$ mit $b=2$, $\beta=-15°$. Die Addition der Beträge ergibt $4+2=6$. Der Betrag von $\vec{c}$ ist jedoch $c \approx 5{,}6$.

b) Gruppe der Drehungen

Für die Menge der Drehungen gilt bei Drehungen um denselben Drehpunkt:

Axiom 1: Existenz und Eindeutigkeit (Grundsatz)

$$\overset{\frown}{a} \circ \overset{\frown}{b} = \overset{\frown}{c}$$

Die Drehung $\overset{\frown}{c}$ ersetzt eindeutig die Verknüpfung der Drehungen $\overset{\frown}{a} \circ \overset{\frown}{b}$.

Axiom 2: Assoziativgesetz (Grundsatz)

$$(\overset{\frown}{a} \circ \overset{\frown}{b}) \circ \overset{\frown}{c} = \overset{\frown}{a} \circ (\overset{\frown}{b} \circ \overset{\frown}{c}) = \overset{\frown}{a} \circ \overset{\frown}{b} \circ \overset{\frown}{c} = a\| \circ b\| \circ c\|$$

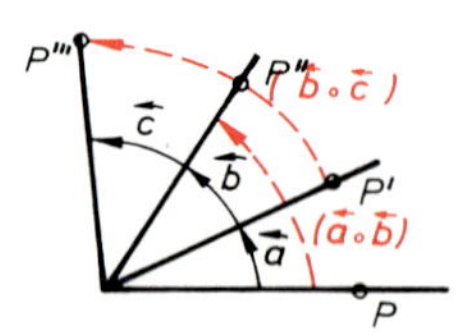

Axiom 3: Neutrales Element (Grundsatz)

$$\overset{\frown}{a} \circ \overset{\frown}{n} = \overset{\frown}{a}$$

$\overset{\frown}{n}$ ist die Nulldrehung, sie ergibt die identische Abbildung.

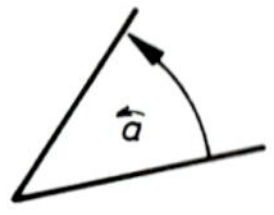

Axiom 4: Inverses Element (Grundsatz)

$$\overset{\frown}{a} \circ \overset{\frown}{a}^* = \overset{\frown}{n}$$

$\overset{\frown}{a}^*$ ist die Rückdrehung.

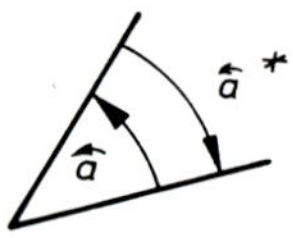

❷ **S** Für die Hintereinanderausführung von Drehungen gelten die vier Gruppenaxiome (Existenz, Assoziativgesetz, Neutralelement, inverses Element). Die Menge der Drehungen hat Gruppenstruktur.

c) Gruppe der Doppelspiegelungen

Für die Menge der Doppelspiegelungen gilt:

Axiom 1:

Existenz und Eindeutigkeit (Grundsatz)

$$a\| \circ b\| = c\|$$

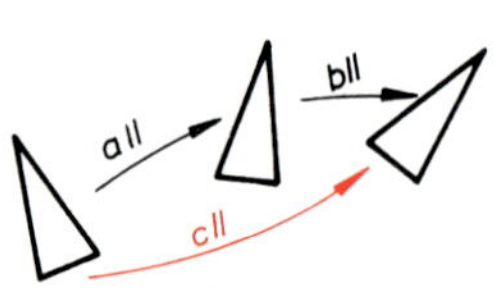

Axiom 2: Assoziativgesetz (Grundsatz)

$$(a\| \circ b) \circ c\| = a\| \circ (b\| \circ c\|) = a\| \circ b\| \circ c\|$$

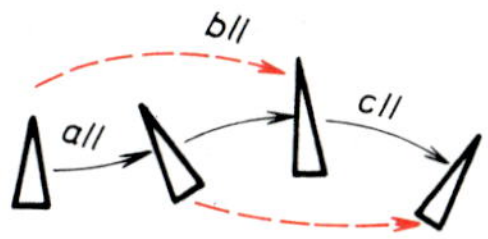

Axiom 3: Neutrales Element (Grundsatz)

$$a\| \circ n\| = a\|$$

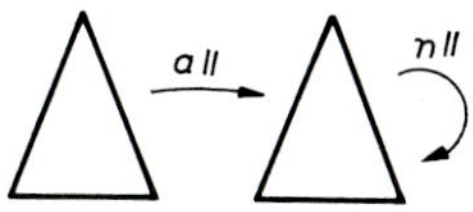

Das neutrale Element $n\|$ ist hier die Doppelspiegelung in sich selbst zurück (identische Abbildung).

Axiom 4: Inverses Element (Grundsatz)

$$a\| \circ a^*\| = n\|$$

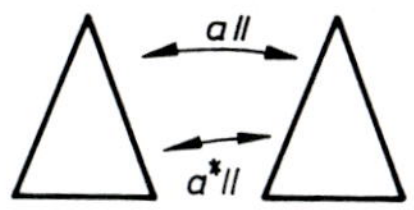

$a^*\|$ ist die Rückdoppelspiegelung; z. B. wird um die dieselben zwei Achsen zurückgespiegelt.

❸ **S** Da die oben genannten vier Axiome gelten, bildet die Verknüpfung der Elemente der Doppelspiegelung ebenfalls eine Gruppe.

Für die Algebra gelten z. B. für die Menge der **ganzen** Zahlen ebenfalls die vier Gruppenaxiome. Die Verknüpfung „∘" ist hierbei die Addition von Zahlen. Die Menge der **positiven rationalen** Zahlen (vgl. Aufgaben 5 und 6) bildet bezüglich der Multiplikation eine Gruppe.
Endliche Zahlenmengen können zuweilen auch Gruppen bilden. (Vgl. Aufgaben 7. bis 9.)

d) Gruppe der Permutationen

Unter einer Permutation versteht man die Vertauschung, den „Platzwechsel", von Dingen. Hier sollen Permutationen als solche betrachtet werden, die Art der vertauschten Dinge ist dabei völlig unwesentlich.
Sind z. B. drei Dinge miteinander zu vertauschen, dann gibt es einschließlich der „identischen Vertauschung" sechs Möglichkeiten:

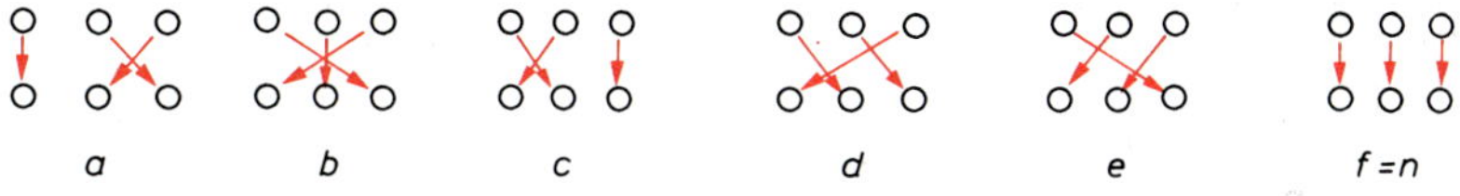

Man beachte: Im folgenden werden die Permutationen a, b, c Elemente genannt, weil diese die eigentlichen Gegenstände der Betrachtung sind.

❹ **S** Die Menge der Permutationen $\mathbb{P} = \{a, b, c, d, e, f\}$ bildet bezüglich der Hintereinanderausführung eine **Gruppe.**

An **Beispielen** sollen die 4 Gruppenaxiome gezeigt werden:

Axiom 1: Existenz und Eindeutigkeit (Grundsatz)

$a \circ b = e$

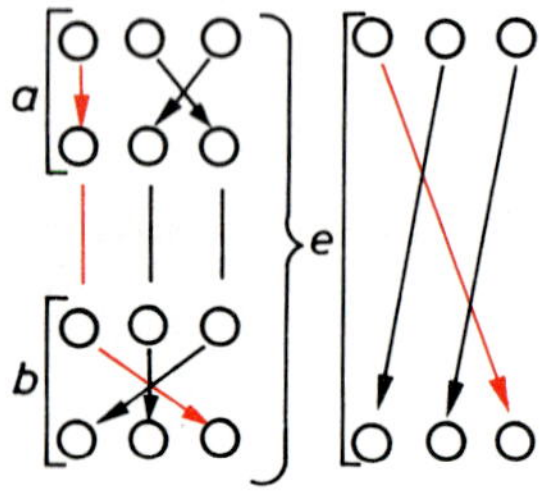

Axiom 2: Assoziativgesetz (Grundsatz)

$(a \circ b) \circ c = a \circ (b \circ c)$

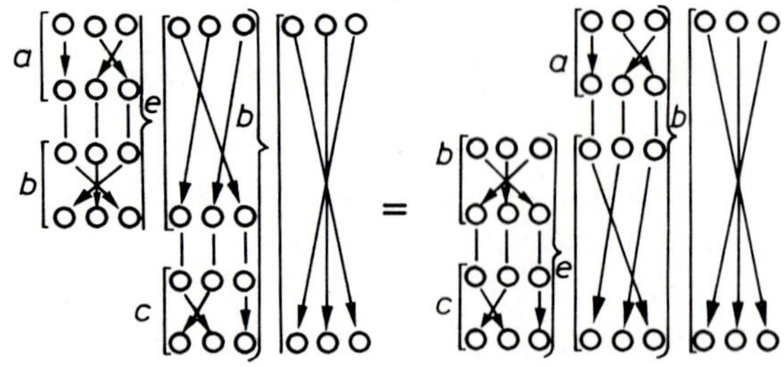

Axiom 3: Neutralelement (Grundsatz)

$a \circ n = a$

Neutralelement $f = n$ ist die „identische Vertauschung".

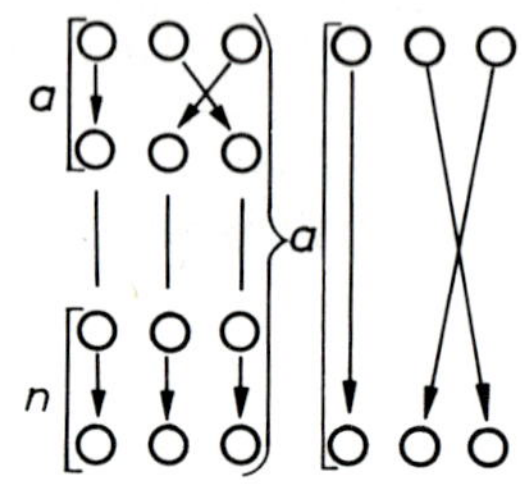

Axiom 4: Inverses Element (Grundsatz)

$d \circ e = n$

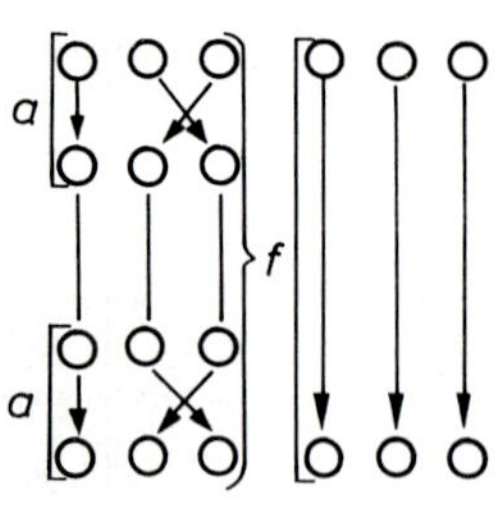

Manche Elemente sind sich selbst invers.

$a \circ a = n$

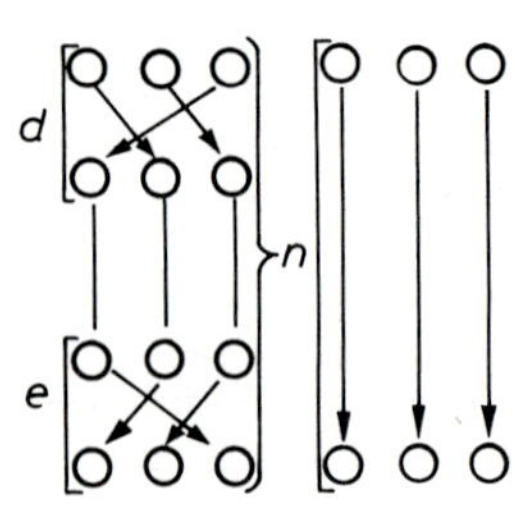

Auch Permutationen mit mehr oder weniger Platzvertauschungen als sechs bilden jeweils eine Gruppe.

Wie an den betrachteten Beispielen ersichtlich wurde, gilt die Gruppenstruktur für mathematische Objekte verschiedener Art. Man könnte versucht sein, das Kommutativgesetz, das jedenfalls eines der wichtigsten mathematischen Gesetze ist, in die Überlegung mit einzubeziehen. Das folgende Beispiel zeigt jedoch, daß es für Permutationen im allgemeinen nicht gilt.

$a \circ b = e$ $\qquad\qquad$ $b \circ a = d$

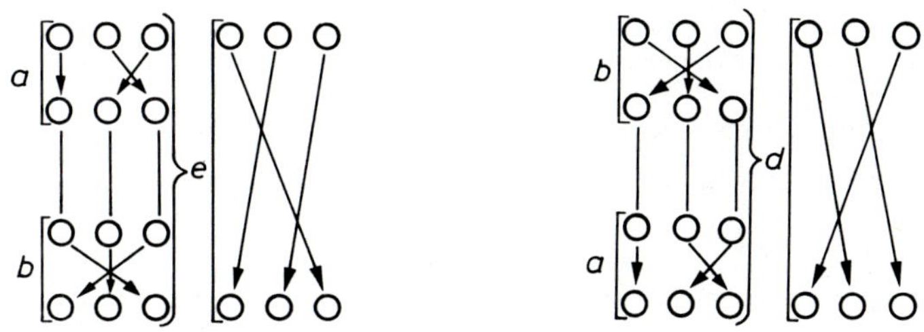

jedoch $a \circ b \neq b \circ a$

❺ **D** Gruppen, für die außer den vier Gruppenaxiomen zusätzlich das Kommutativgesetz gilt, nennt man **„kommutative Gruppen"** oder **„Abelsche Gruppen"**.

Beispiele:

Gruppe der Parallelverschiebungen, Gruppe der Drehungen, Gruppe der ganzen Zahlen bei additiver Verknüpfung.

Übungen zu 4.4

1. Gegeben sind die Vektoren $\vec{a}$, $\vec{b}$ und $\vec{c}$ mit $a=2$, $b=3$, $c=1{,}5$, $\sphericalangle(\vec{a})=10°$, $\sphericalangle(\vec{b})=0°$, $\sphericalangle(\vec{c})=-80°$. Gib den Betrag und die Richtung folgender Vektoren an:

a) $\vec{a}\circ\vec{b}$, $\vec{b}\circ\vec{c}$, $\vec{a}\circ\vec{c}$ $\qquad$ **c)** $\vec{a}\circ\vec{n}$, $\vec{b}\circ\vec{n}$, $\vec{c}\circ\vec{n}$

b) $(\vec{a}\circ\vec{b})\circ\vec{c}=\vec{a}\circ(\vec{b}\circ\vec{c})$ $\qquad$ **d)** $\vec{a}\circ\vec{a}^*$, $\vec{b}\circ\vec{b}^*$, $\vec{c}\circ\vec{c}^*$

2. Gegeben sind die Drehungen $\overset{\frown}{a}, \overset{\frown}{b}, \overset{\frown}{c}$ mit $\alpha=-90°$, $\beta=0°$, $\gamma=180°$. Der Drehpunkt liege bei $D(5|5)$. Die Eckpunkte der zu drehenden Figur liegen bei $A(4|4)$, $B(6|4)$, $C(6|6)$, $D(4|6)$. Gib die Lage der Eckpunkte an, wenn folgende Verknüpfungen vorgenommen werden.

a) $\overset{\frown}{a}\circ\overset{\frown}{b}$, $\overset{\frown}{b}\circ\overset{\frown}{c}$, $\overset{\frown}{a}\circ\overset{\frown}{c}$ $\qquad$ **c)** $\overset{\frown}{a}\circ\overset{\frown}{n}$, $\overset{\frown}{b}\circ\overset{\frown}{n}$, $\overset{\frown}{c}\circ\overset{\frown}{n}$

b) $(\overset{\frown}{a}\circ\overset{\frown}{b})\circ\overset{\frown}{c}=\overset{\frown}{a}\circ(\overset{\frown}{b}\circ\overset{\frown}{c})$ $\qquad$ **d)** $\overset{\frown}{a}\circ\overset{\frown}{a}^*$, $\overset{\frown}{b}\circ\overset{\frown}{b}^*$, $\overset{\frown}{c}\circ\overset{\frown}{c}^*$

3. Eine erste Doppelspiegelung $a\|$ mit einer geometrischen Figur in beliebiger Lage soll um die beiden Spiegelachsen $\mathbb{S}_1$ (geht durch (3|3) und (4|3)) und $\mathbb{S}_2$ (geht durch (5|4) und (7|4)) durchgeführt werden.
Die zweite Doppelspiegelung $b\|$ habe die Achsen $\mathbb{S}_3$ (geht durch (5|2) und (5|4)) und $\mathbb{S}_4$ (geht durch (3|4) und (4|4)). Konstruiere $a\| \circ b\|$, $a\| \circ n\|$, $a\| \circ a^*\|$ und gib Gitterpunkte an. Zeige, daß für die Doppelspiegelung das Kommutativgesetz **nicht** gilt, indem $\|a \circ \|b$ und $\|b \circ \|a$ konstruiert werden.

4. **a)** Bildet die Menge der Vektoren, die die Richtungen 45° und −135° haben, eine Gruppe?
b) Bildet die Menge der Vektoren mit der Richtung 0° eine Gruppe?
c) Bildet die Menge der Drehungen mit positivem Drehsinn um denselben Drehpunkt eine Gruppe?
Gib jeweils an, welche Gruppen-Axiome erfüllt sind und welche eventuell nicht.

5. Welche der Zahlenmengen bilden bezüglich der additiven Verknüpfung eine Gruppe?
$\mathbb{N}$, $\mathbb{Z}$, $\mathbb{Z}^-$, $\mathbb{Q}$, $\mathbb{R}^+$
Was ist hier das Neutralelement n?

6. Welche Zahlenmenge bildet bezüglich der multiplikativen Verknüpfung eine Gruppe?
$\mathbb{N}$, $\mathbb{Z}$, $\mathbb{Q}$, $\mathbb{Q}\setminus\{0\}$, $\mathbb{Q}^+$, $\mathbb{R}^-$
Was ist hier das Neutralelement n?

7. Bildet die Zahlenmenge $\{-1, 1\}$ bezüglich der Multiplikation eine Gruppe?

8. Bildet die Zahlenmenge $\{1, 2, 3\}$ bezüglich der Addition eine Gruppe?

9. Gibt es eine endliche Zahlenmenge, die bezüglich der Addition eine Gruppe bildet?

10. Bestimme jeweils die inversen Elemente.

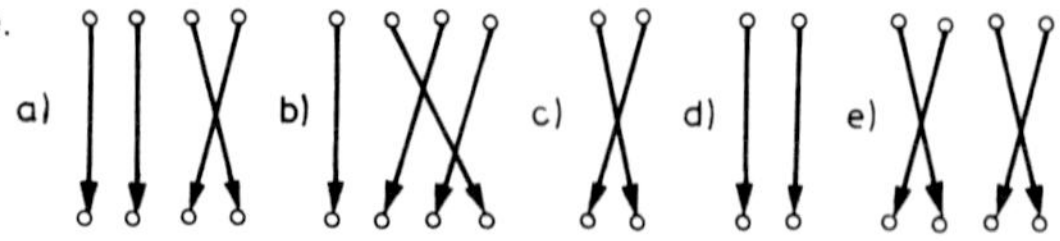

11. Gegeben sind c und d.
Bilde $c \circ d$, $c \circ c$, $d \circ d$, $d \circ (c \circ d)$, $c \circ (c \circ c)$, $(c \circ d) \circ c$.

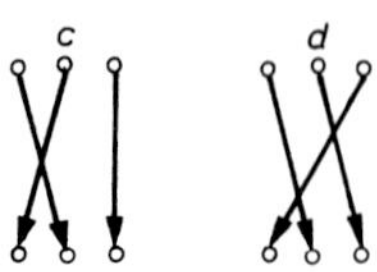

12. Bilden die beiden Permutationen a und b eine Gruppe? Prüfe das Assoziativgesetz anhand von $a \circ (b \circ a) = (a \circ b) \circ a$.
Ist $a \circ b = b \circ a$?

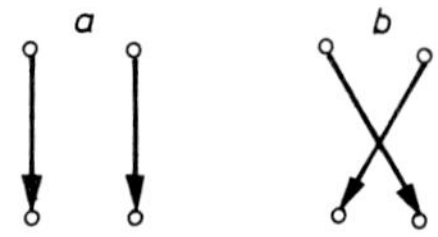

13. Gilt das Kommutativgesetz für a und b, d.h., ist $a \circ b = b \circ a$?

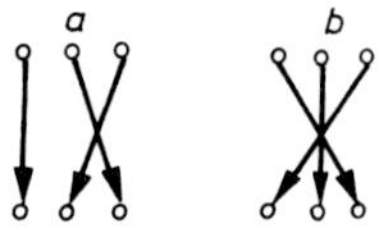

14. Warum gilt bei Permutationsgruppen, die i. allg. nicht kommutativ sind, trotzdem das Kommutativgesetz für die Verknüpfung eines beliebigen Elementes a mit dem Neutralelement n, d.h. $a \circ n = n \circ a$?
Wähle ein Beispiel und erkläre daran den Sachverhalt.

5. KONGRUENZABBILDUNGEN BEI DREIECKEN

5.1 Menge der rechtwinkligen Dreiecke

Das Dreieck ist eine Grundfigur, aus der man alle anderen geradlinig begrenzten Figuren „zusammenbauen" kann.

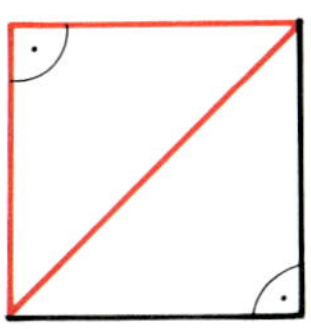

Rechteck, gebildet aus zwei gleichen rechtwinkligen Dreiecken

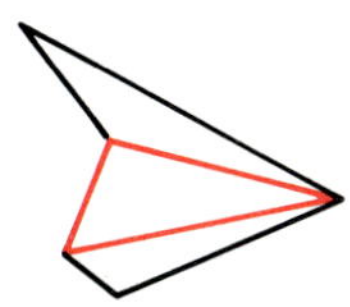

Fünfeck mit einspringender Ecke, gebildet aus drei verschieden großen Dreiecken

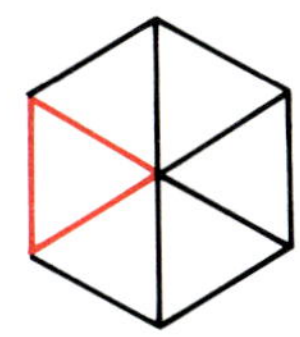

Regelmäßiges Sechseck, gebildet aus sechs gleichseitigen Dreiecken

Aussagen über Dreiecke sind deshalb auch für andere geometrische Figuren von großer Bedeutung.

Bei technischen Konstruktionen treten sehr häufig rechte Winkel (90°-Winkel) auf. So sind im Hausbau Türen, Fenster und Grundrisse von Räumen meist rechtwinklig angelegt. Deshalb haben **rechtwinklige** Dreiecke eine besondere Bedeutung. Aufgrund der Winkelsumme im Dreieck gilt für diese:

❶ **S** Bei rechtwinkligen Dreiecken ist die Summe der beiden nicht rechten Winkel stets 90°.

Beispiele:

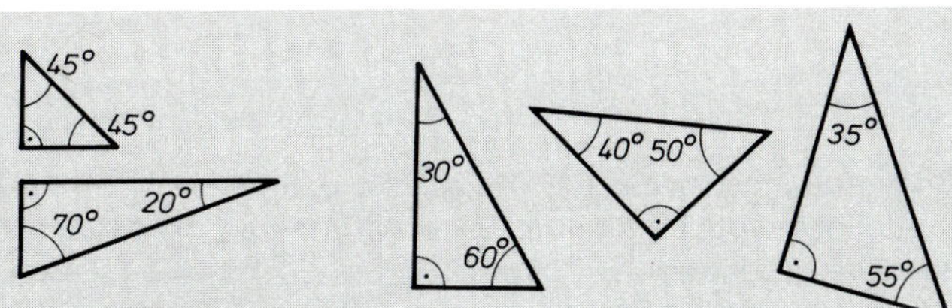

Beweis zu ❶ siehe Übungen.

Es ist üblich, im rechtwinkligen Dreieck die Seiten mit besonderen Namen zu versehen:

❷ **D** Im rechtwinkligen Dreieck heißt die Seite, die dem rechten Winkel gegenüber liegt, **Hypotenuse**. Die beiden anderen Seiten heißen **Katheten.**

Beispiele:

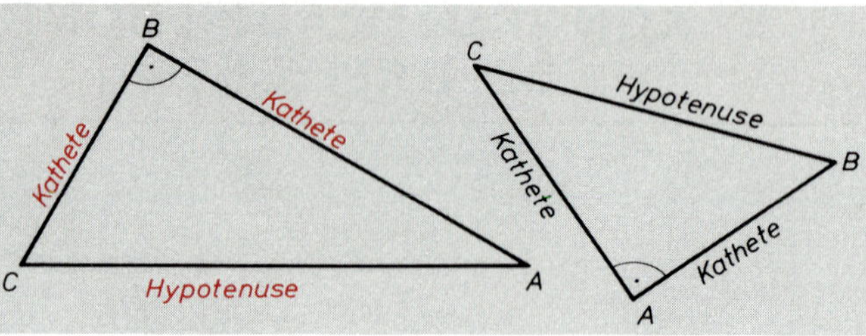

Mit Hilfe von **speziellen rechtwinkligen** Dreiecken kann man recht schnell und exakt rechte Winkel konstruieren.

❸ **S** Ein Dreieck, bei dem die Seiten im Verhältnis 3 : 4 : 5 stehen, ist immer ein rechtwinkliges Dreieck.

Beispiel:

$a=4$, $b=3$, $c=5$ ergibt ein Dreieck mit $\gamma=90°$.

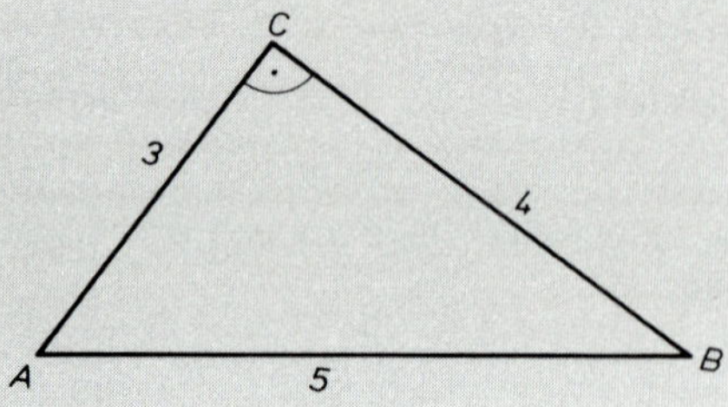

Anwendung: Im Punkt P soll an ıa ein rechter Winkel entstehen. Man zeichnet dazu um P den Kreis $\mathbb{k}_1$ mit dem Radius 3; um A (die Strecke PA ist 4) den Kreis $\mathbb{k}_2$ mit dem Radius 5. Die Gerade durch P und $\mathbb{k}_1 \cap \mathbb{k}_2$ steht senkrecht auf ıa.

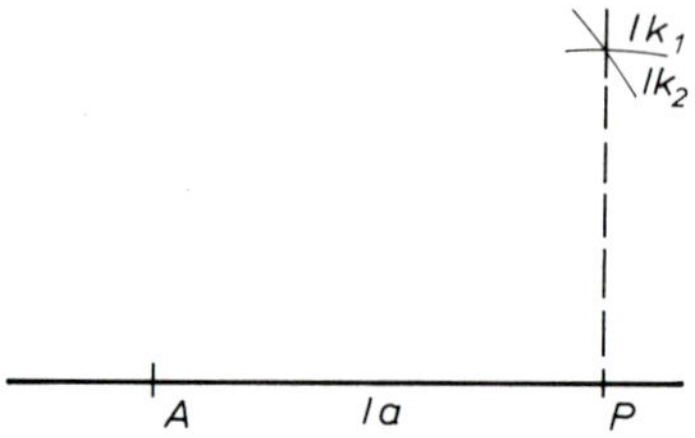

Die Bedeutung rechtwinkliger Dreiecke wurde bereits in frühgeschichtlicher Zeit erkannt. So wurde in Ägypten schon vor ca. 4000 Jahren die Methode 3 : 4 : 5 zur Konstruktion rechter Winkel benutzt.
Vergleicht man die Menge aller rechtwinkligen Dreiecke mit der Menge aller beliebigen allgemeinen Dreiecke, dann stellt man fest, daß die rechtwinkligen Dreiecke Sonderfälle der Menge der beliebigen Dreiecke sind.

❹ **S** Die Menge der rechtwinkligen Dreiecke ist eine echte Teilmenge der Menge der allgemeinen Dreiecke.

Übungen zu 5.1

1. Was ist richtig, was ist falsch? Gegeben sind die Dreiecke:
a) $\alpha=90°$, $\beta=40°$, $\gamma=50°$
b) $\alpha=30°$, $\beta=90°$, $\gamma=70°$
c) $\alpha=10°$, $\beta=70°$, $\gamma=90°$
d) $a=3$, $b=4$, $c=5$; b ist Hypotenuse, a ist Kathete.
e) $\alpha=90°$, $\beta=90°$; a und b sind Katheten.
f) $a=4$, $b=5$, $c=6$; a und b sind Katheten, c ist Hypotenuse.
g) Die Menge der allgemeinen Dreiecke ist echte Teilmenge der rechtwinkligen Dreiecke.
h) Ein rechtwinkliges Dreieck ist Element der Menge der allgemeinen Dreiecke.

2. In einem rechtwinkligen Dreieck ist Winkel $\beta=15°$ (70°, 80°, 27°). Wie groß sind jeweils die anderen Winkel?

3. Konstruiere rechtwinklige Dreiecke. Berechne ggf. zuerst fehlende (Winkel $\gamma=90°$).
a) $a=5$, $b=4$
b) $a=2$, $\beta=30°$
c) $b=5$, $\alpha=45°$
d) $c=4$, $\alpha=30°$
e) $a=4$, $\alpha=\beta-10°$
f) $c=5$, $\alpha-\beta=20°$
g) $a=b=4{,}5$
h) $a=5$, $c=6$
i) $b=3$, $c=8$

4. Errichte im Endpunkt der Strecke $c=10$ die Senkrechte, ohne die Strecke über den Endpunkt zu verlängern.

5. Warum kann ein rechtwinkliges Dreieck keine zwei rechten Winkel haben?

6. Wie kann man folgendes Muster aus dem Grundelement Dreieck ABC herstellen? Welcher Art kann das Dreieck ABC nur sein?

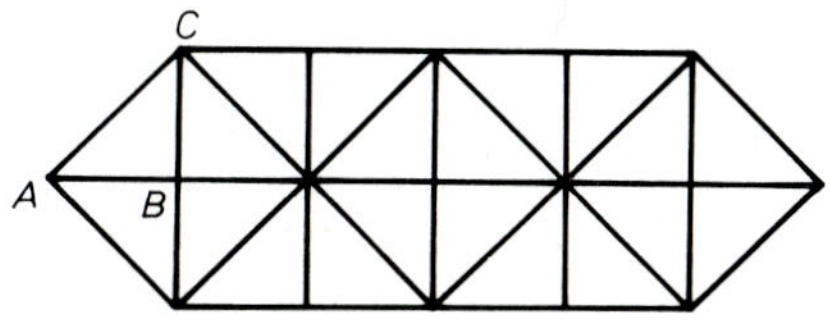

7. Gib an, wie man ein
a) Rechteck
b) Quadrat
c) gleichseitiges Dreieck
aus einem rechtwinkligen Dreieck gewinnen kann.

8. Ermittle in der Figur alle rechtwinkligen Dreiecke.

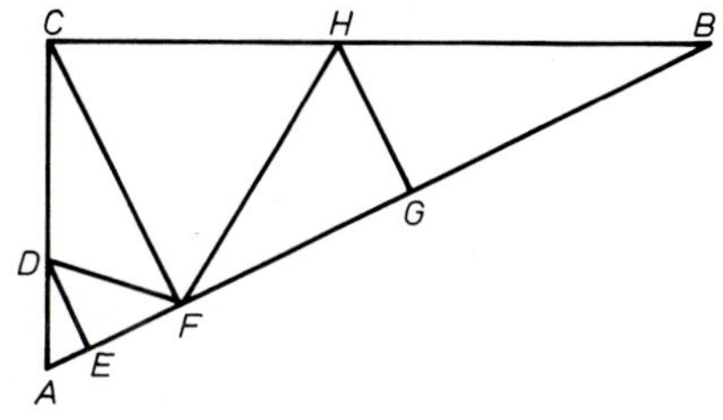

9. Die Punkte A und C liegen in einer Ebene. Punkt A ist der Scheitel eines Winkels von 23°, dessen Schenkel AC ist. Konstruiere auf drei verschiedene Arten einen Winkel von 67°, dessen Scheitel C ist.

10. Man prüfe durch Aufzeichnen und Nachmessen, ob die Dreiecke mit den Seiten
a) $a=6$, $b=8$, $c=10$
b) $a=0{,}5$, $b=0{,}75$, $c=1{,}25$
c) $a=12$, $b=5$, $c=13$
d) $a=2{,}4$, $b=3{,}2$, $c=4$
e) $a=9$, $b=12$, $c=1$
jeweils rechtwinklige Dreiecke sein können.
Wo liegt jeweils der rechte Winkel? Stehen die Seiten zu c) im Verhältnis 3 : 4 : 5?

11. Wie kann man durch ein Abbildungsverfahren aus einem rechtwinkligen Dreieck der Hypotenusenlänge c ein Quadrat (als Gesamtfigur) erhalten, dessen Seitenlänge $a=c$ ist?
Gib mehrere Möglichkeiten an. Läßt sich auf ähnliche Art auch ein Quadrat mit $a=\frac{c}{2}$ gewinnen?

12. Beweise den Satz ❶
a) unter Zuhilfenahme von Satz ❶ aus 1.9 (Summe der Innenwinkel im Dreieck)
b) unter Zuhilfenahme von Satz ❸ aus 1.9 (Außenwinkel = Summe der nicht anliegenden Innenwinkel).

5.2 Menge der gleichschenkligen Dreiecke

Gegeben ist ein rechtwinkliges Dreieck *ABC*. Spiegelt man dieses um eine Kathete, dann entsteht als **Gesamtfigur das Dreieck *AA'C*.** Setzt man die Kenntnis der Spiegelung voraus, dann entnimmt man aus den Spiegelungsaxiomen (S. 40, 41).
Dieses Dreieck hat zwei gleiche Seiten, *b* und *b'*, sowie zwei gleiche Winkel α und α'. Für Dreiecke dieser Art gilt:

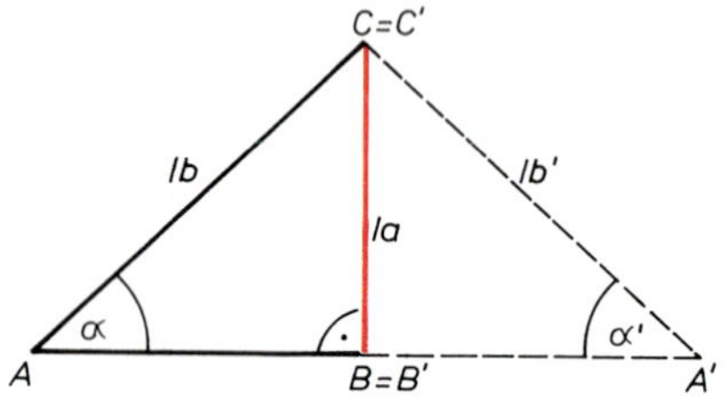

❶ **D** Dreiecke, die zwei gleiche Seiten haben, nennt man gleichschenklige Dreiecke. Die gleichen Seiten heißen **Schenkel,** die dritte Seite **Basis** des Dreiecks.

❷ **S** Die Winkel an der Basis eines gleichschenkligen Dreiecks sind gleich.

Beispiele:

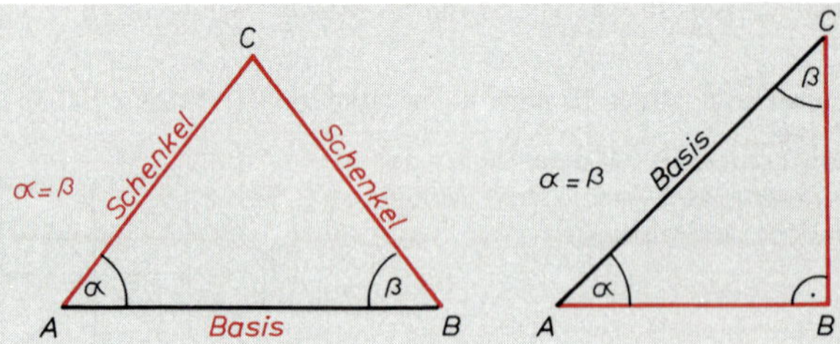

gleichschenkliges, rechtwinkliges Dreieck

Beweis siehe Aufgabe 11 der Übungen.
Gleichschenklige Dreiecke weisen noch weitere Besonderheiten auf. In der Abbildung oben sieht man, daß um die Punktmenge $\overline{BC}$ gespiegelt wurde. Also ist diese Linie Mittelsenkrechte auf $\overline{AA'}$.

❸ **S** Die Mittelsenkrechte auf der Basis eines gleichschenkligen Dreiecks geht durch den gegenüberliegenden Eckpunkt.

Benutzt man für den Abstand von einem Eckpunkt zur gegenüberliegenden Dreiecksseite den Namen „Höhe", dann gilt:

❹ **S** Im gleichschenkligen Dreieck ist die Höhe auf der Basis gleichzeitig Mittelsenkrechte.

Beispiele:

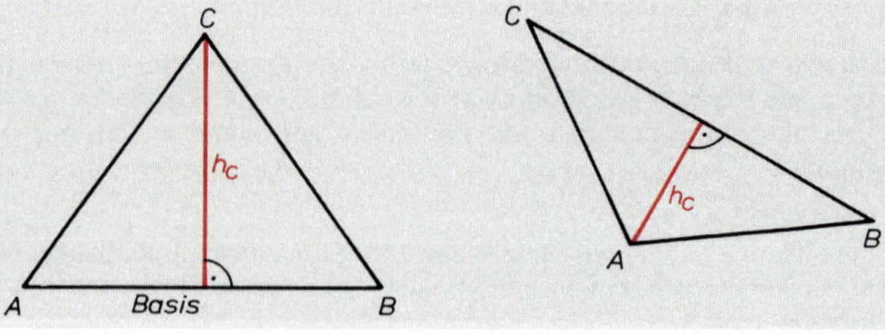

In der Abbildung auf S. 62 oben sieht man, daß der Winkel ∢(lb, lb′) durch Verdoppelung des Winkels ∢(lb, ıa) entstanden ist. Das bedeutet:

❺ S Im gleichschenkligen Dreieck halbiert die Höhe auf der Basis den der Basis gegenüberliegenden Winkel.

Beispiele:

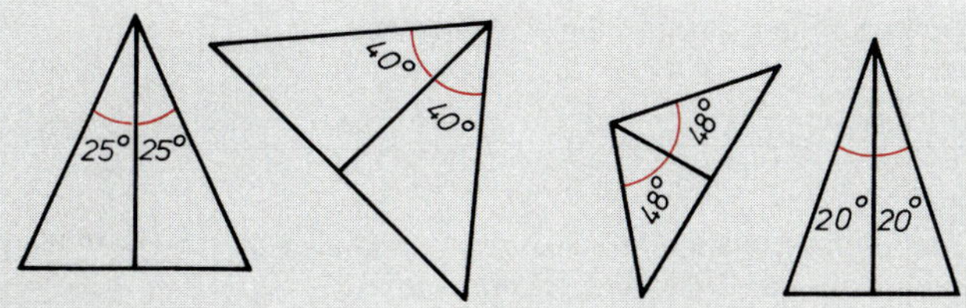

Der Vergleich der Menge aller gleichschenkligen Dreiecke mit der Menge aller allgemeinen Dreiecke ergibt:

❻ Die Menge der gleichschenkligen Dreiecke ist eine echte Teilmenge der Menge der allgemeinen Dreiecke.

Übungen zu 5.2

1. Was ist richtig, was ist falsch?

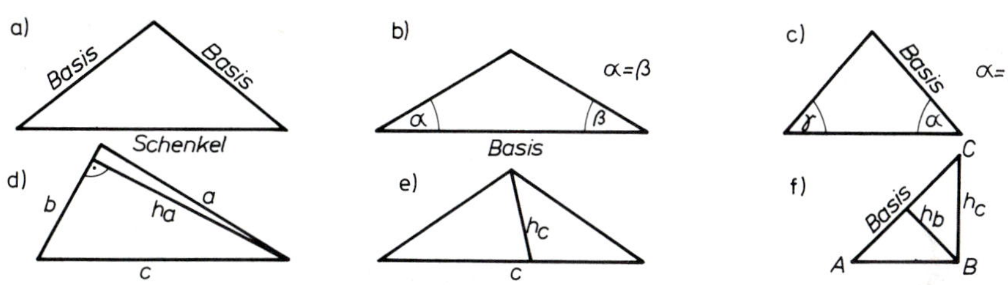

g) Die Mittelsenkrechte auf einem Schenkel geht durch den gegenüberliegenden Eckpunkt.

2. Konstruiere gleichschenklige Dreiecke (Basis ist ıa). Berechne zuerst fehlende Winkel.

a) $c=5$, $\beta=40°$
b) $b=3$, $\gamma=30°$
c) $b=4$, $\beta=50°$
d) $a=5{,}5$, $\beta=34°$
e) $a=6{,}2$, $\beta+\gamma=80°$
f) $a=4{,}3$, $\alpha=45°$
g) $a=5{,}2$, $\alpha-\beta=10°$
h) $a=4$, $\beta=60°$ (miß die Seiten b und c)
i) $a=c=3$ (beachte das Ergebnis von h))

3. Gegeben ist $\frac{c}{2}=5$, $\gamma=\beta=40°$. Konstruiere das Dreieck.

4. Gegeben ist ein gleichschenkliges Dreieck mit $\alpha=90°$. Wie groß sind β und γ?

5. Zeichne die Figuren, die entstehen, wenn man das Dreieck mit $a=b=3$, $\gamma=120°$ um die Seite ıa spiegelt, dann das Bilddreieck $A'B'C'$ um lb′ spiegelt. Was ergibt sich als Gesamtfigur?

6. Wie können regelmäßige Fünfecke (regelmäßige Sechsecke, regelmäßige Siebenecke) aus einem Grunddreieck entstanden sein? Welche Winkel besitzt das Grunddreieck jeweils?
Anmerkung: Unter einem regelmäßigen n-Eck versteht man eine Figur mit n gleichen Seiten.

7. Ermittle für den Kranausleger die gleichschenkligen und die rechtwinkligen Dreiecke.

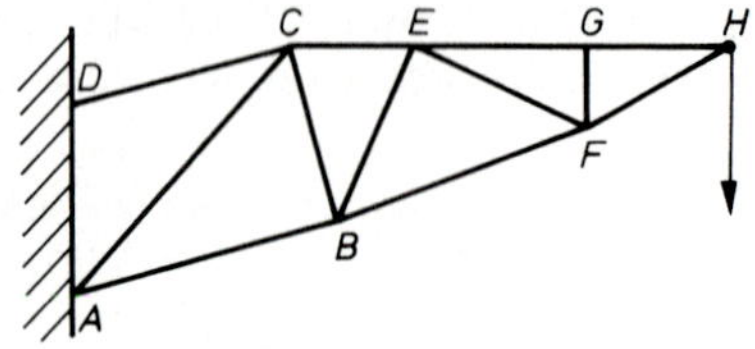

8. Die Basis sei c, konstruiere gleichschenklige Dreiecke.

a) $c=5,\quad h_c=3$	**e)** $a=5,\quad h_c=1$	**i)** $\beta=100°,\ h_c=6{,}4$
b) $c=2,\quad h_c=7{,}3$	**f)** $b=3,\quad h_c=2{,}7$	**k)** $\frac{\gamma}{2}=30°,\quad \frac{c}{2}=2$
c) $\alpha=40°,\ h_c=4$	**g)** $a=4,\quad h_c=4{,}5$	
d) $\beta=73°,\ h_c=5$	**h)** $\gamma=104°,\ h_c=3$	

9. Was ist die Durchschnittsmenge, die aus der Menge aller gleichschenkligen Dreiecke und der Menge aller rechtwinkligen Dreiecke gebildet wird?
Zeichne einige Elemente dieser Menge. Worin unterscheiden sie sich, in der Form oder in der Größe?

10. Überprüfe am Beispiel des Dreiecks mit $a=b=3$ und $\gamma=90°$ durch Nachmessen, daß $h_c=\frac{c}{2}$.
Warum gilt dieser Zusammenhang zwischen Höhe und Basis für jedes gleichschenklig-rechtwinklige Dreieck?

11. Zeige mit Hilfe von ❶ und ❺f aus 3.4 und anhand der Skizze, daß die Mittelsenkrechte zu c durch den Punkt C geht, wenn $\alpha=\beta$ ist. Welche Art von Dreieck muß also vorliegen?

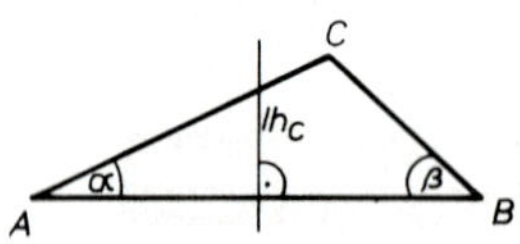

12. Zeige mit Hilfe von ❶ aus 1.6 sowie ❸ aus diesem Kapitel, ferner ❻c aus 3.4, daß die Verbindung der Schnittpunkte zweier Kreise mit gleichen Radien die Mittelsenkrechte auf der Verbindungsstrecke der Kreismittelpunkte ist (Grundkonstruktion zu ❷ aus 1.6).

5.3 Menge der gleichseitigen Dreiecke

Zeichnet man ein rechtwinkliges Dreieck, bei dem eine Kathete halb so lang wie die Hypotenuse b ist, d. h., $c=\frac{b}{2}$, und spiegelt um die andere Kathete, dann entsteht als Gesamtfigur ein Dreieck $AA'C$ mit drei gleich langen Seiten. Dabei ist infolge der Spiegelung $\alpha=\alpha'=\beta$. Eine analoge Überlegung kann man auch mit $\frac{b}{2}$ als Kathete machen und erhält dann $\alpha=\alpha'=\gamma$.

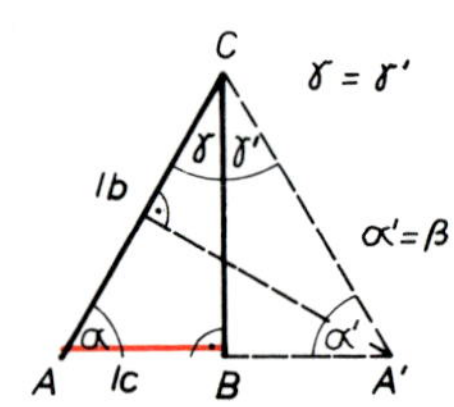

Es gilt deshalb: $\alpha=\beta=\gamma$
daraus folgt: $\alpha=\beta=\gamma=60°$.

❶ **S** In einem Dreieck mit drei gleich langen Seiten, d. h. einem gleichseitigen Dreieck, sind alle Winkel gleich groß. Jeder Winkel in einem gleichseitigen Dreieck ist 60°.

Beispiele:

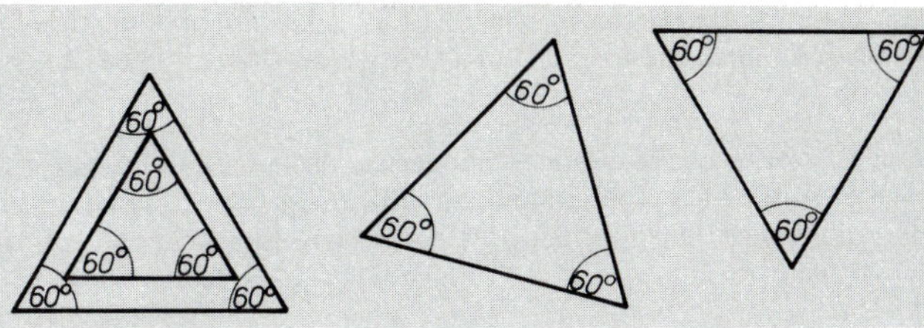

Die Höhen im gleichseitigen Dreieck sind wegen der Gleichheit aller Winkel gleichzeitig die Mittelsenkrechten. Wegen der gleichen Länge aller Seiten sind sie unter sich ebenfalls gleich lang. Sie halbieren ferner die Innenwinkel des Dreiecks.

❷ **S** Die Höhen im gleichseitigen Dreieck sind gleichzeitig Mittelsenkrechte und alle gleich lang. Sie teilen die 60°-Winkel in zwei 30°-Winkel.

Beispiel:

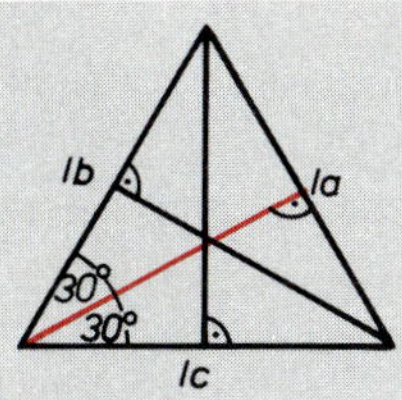

$h_a = h_b = h_c$

Der Vergleich der Menge aller gleichseitigen Dreiecke mit der Menge aller gleichschenkligen Dreiecke ergibt:

❸ **S** Die Menge der gleichseitigen Dreiecke ist eine echte Teilmenge der Menge der gleichschenkligen Dreiecke.

Übungen zu 5.3

1. Was ist richtig, was ist falsch?

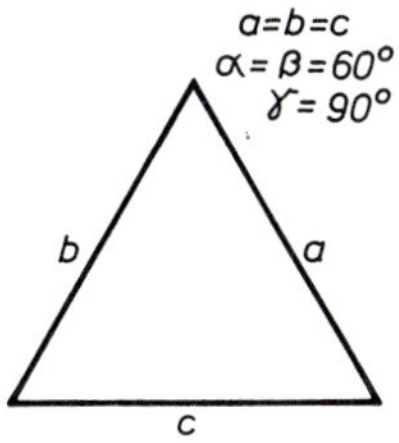

b)

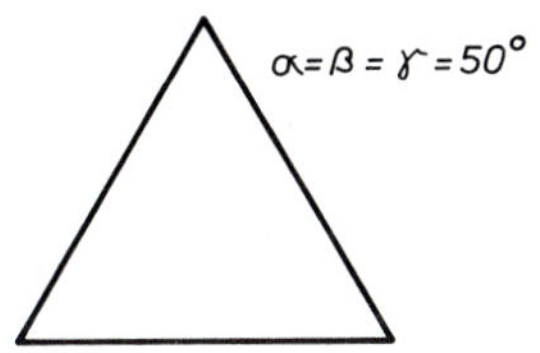

c)

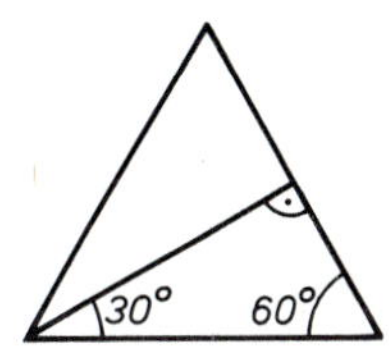

d) Im gleichseitigen Dreieck stehen die Höhen im Winkel von 60° auf den zugehörigen Seiten.

2. Der Umfang eines Dreiecks ergibt sich aus der Formel $U = a + b + c$. Zeichne gleichseitige Dreiecke, deren Umfang $U = 24{,}3$ (27,6; 10,2) beträgt.

3. Wie groß ist ein Außenwinkel eines gleichseitigen Dreiecks? Sind alle Außenwinkel gleich groß?

4. Konstruiere gleichseitige Dreiecke mit 6 (4,2; 3,1) Seitenlänge. Mach eine Konstruktionsbeschreibung. (Benutze darin die Ausdrucksweise: Ich zeichne einen Kreis mit $r = \cdots$ um Punkt ...)

5. Ein Steinboden weist nebenstehendes Muster auf. Welche Form haben die einzelnen Steine? Läßt sich in ähnlicher Weise ein Steinmuster mit rechtwinkligen gleichschenkligen Steindreiecken ausführen? (Mit beliebigen rechtwinkligen Dreiecken? Mit beliebigen gleichschenkligen Dreiecken?)

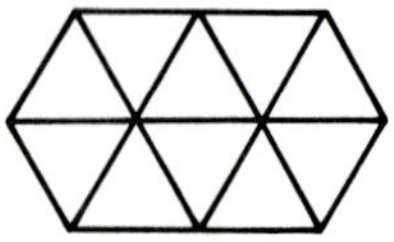

6. Spiegele ein gleichseitiges Dreieck *ABC* jeweils um seine Seiten. Welche Figur entsteht?

7. Zeichne alle Symmetrieachsen eines gleichseitigen Dreiecks.
   a) Wie viele Schnittpunkte haben diese miteinander?
   b) ist das gleichseitige Dreieck nur achsensymmetrisch?
   c) Unter welchen Winkeln schneiden sich die Symmetrieachsen?

8. Zeige durch Spiegelungen, daß jeder Innenwinkel eines gleichseitigen Dreiecks 60° beträgt.

9. Läßt sich ein Dreieck mit genau zwei Symmetrieachsen zeichnen? Versuche es mit Hilfe von Beispielen.

10. Zeige durch zweifache Spiegelung in Erweiterung von Aufgabe 11 aus Kap. 5.2, daß ein Dreieck mit drei gleichen Winkeln auch drei gleich lange Seiten hat.

11. Beweise, daß ein Dreieck mit zwei Symmetrieachsen immer eine dritte hat. (Beachte Aufgabe 11 aus Kap. 5.2.)

5.4 Satz des Thales und Mittelparallele im Dreieck

Gegeben ist ein beliebiges rechtwinkliges Dreieck *ABC*. Dieses Dreieck wird an einer Kathete, z.B. *BC*, gespiegelt. Es entsteht das Spiegelbild-Dreieck *A'BC*.

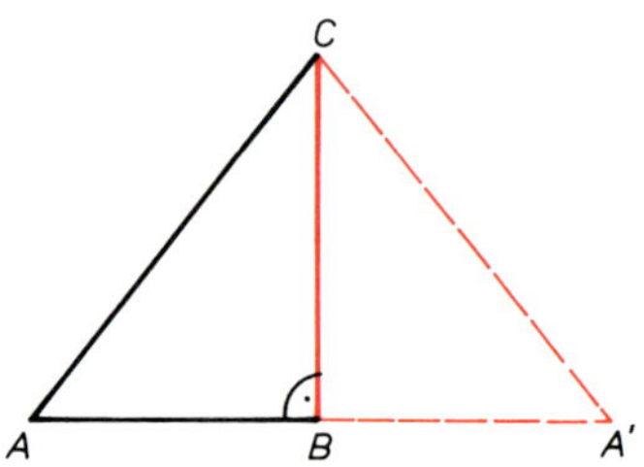

Das Spiegelbild wird um die Mitte der Hypotenuse um 180° gedreht. Es entsteht Dreieck *A'B'C*.

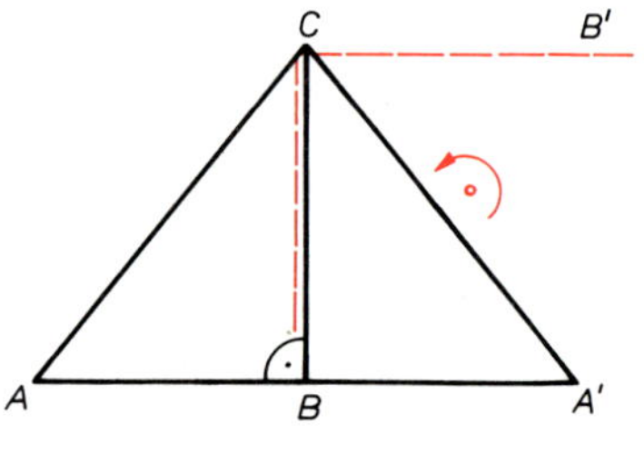

Das letztere Dreieck wird um die Kathete $B'C$ gespiegelt. Dadurch ist eine Gesamtfigur $AA'A''$ entstanden.

Es handelt sich hierbei wirklich um ein Dreieck, denn $\overline{BC} \parallel \overline{A'A''}$ und $\gamma''' = \gamma$, d.h., AA'' ist eine gerade Linie (Stufenwinkel an geschnittenen Parallelen).

Aus dem Dreieck $AA'A''$ lassen sich mehrere Sätze ablesen:

a) Der Winkel mit dem Scheitel A' ist ein rechter Winkel, denn $\alpha' + \gamma'' = 90°$.

b) Es gilt: $AC = A'C = A''C$, d.h., C ist Mittelpunkt eines Kreises der durch die drei Eckpunkte $AA'A''$ geht.

c) Jedes rechtwinklige Dreieck kann man auf diese Art entstehen lassen, denn das rechtwinklige Urbilddreieck kann beliebig angenommen werden.

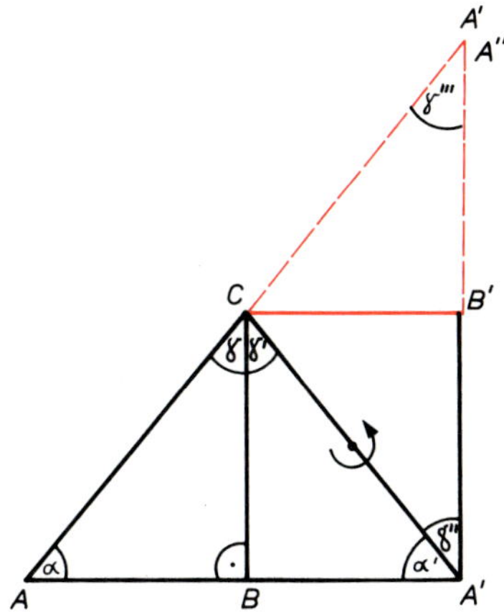

❶ **S** Bei jedem rechtwinkligen Dreieck läßt sich um die Mitte der Hypotenuse ein Kreis zeichnen, der durch die drei Eckpunkte geht.

Beispiele:

a)

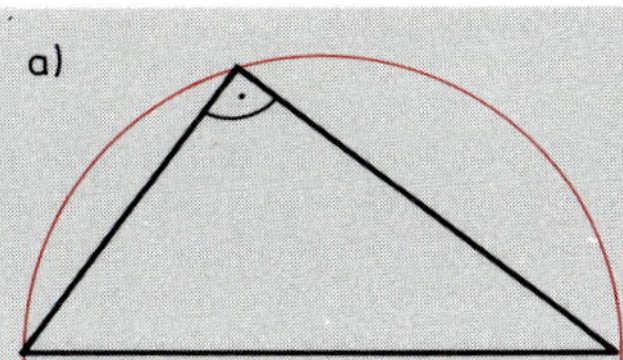

b)

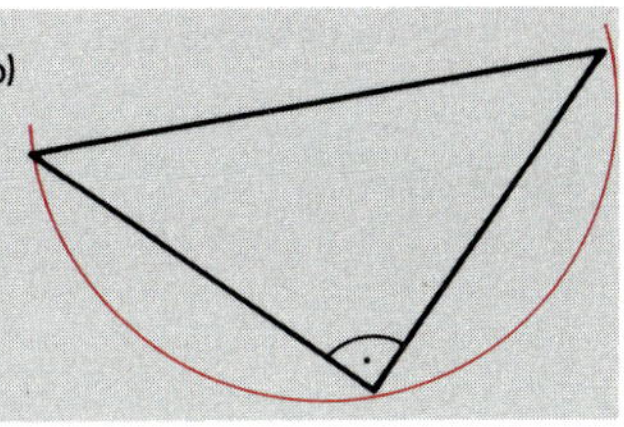

Der Satz aus ❶ läßt sich auch umkehren (ohne Beweis):

❷ **S** Zeichnet man ein Dreieck so, daß eine Seite der Durchmesser eines Kreises ist und der dritte Eckpunkt auf der Kreislinie liegt, dann ist das Dreieck rechtwinklig. (Satz des Thales.)

Der Satz des Thales läßt sich bei Dreieckskonstruktionen anwenden.

Beispiel:

Gegeben: $c=4$, $h_a=3$, $h_b=3{,}5$.
Konstruktionsgang in Stichworten.

1. lc zeichnen.
2. Halbkreis lk über lc.
3. Kreis mit $r=h_a$ um A.
4. Kreis mit $r=h_b$ um B.
5. Strahl von B durch $lh_a \cap lk$.
6. Strahl von A durch $lh_b \cap lk$.
7. Durchschnitt der Strahlen ergibt Punkt C.

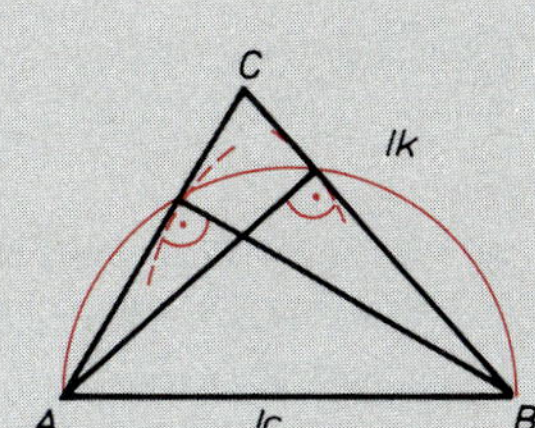

Betrachtet man in dem Bild auf Seite 67 oben die Strecken BC und $A'A''$, dann gilt für diese infolge Spiegelungen und Drehungen des Dreiecks ABC:

a) $AB = BA'$ sowie $AC = A''C$ b) $BC = A'A''$ c) $BC = \frac{A'A''}{2}$

Das bedeutet, im rechtwinkligen Dreieck ist die Verbindungslinie von Hypotenuse und Kathete (die sogenannte Mittelparallele) parallel zur anderen Kathete und halb so groß wie diese.

Dieser Sachverhalt läßt sich auf allgemeine Dreiecke erweitern, denn jedes Dreieck läßt sich auf verschiedene Arten aus zwei rechtwinkligen Dreiecken zusammensetzen.

Beispiel:

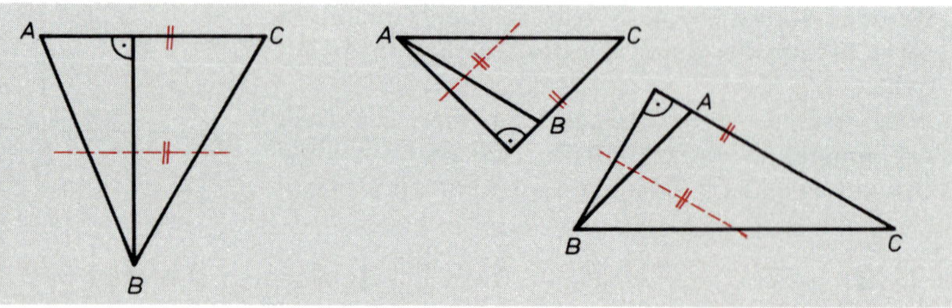

❸ **S** Für jedes Dreieck gilt: Eine Mittelparallele lp im Dreieck ist der dritten Dreiecksseite parallel und halb so groß wie diese.

Beispiele:

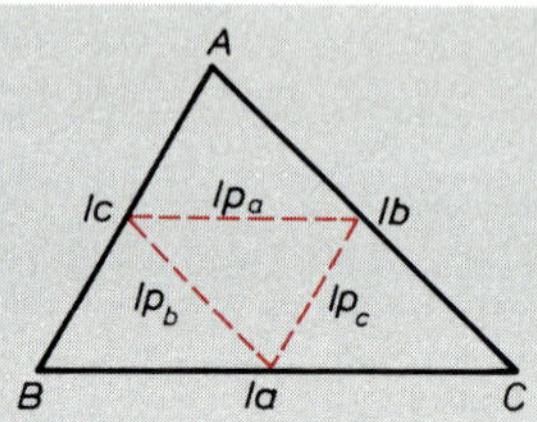

$lp_a \parallel la$, $lp_b \parallel lb$, $lp_c \parallel lc$

$p_a = \frac{a}{2}$; $p_b = \frac{b}{2}$; $p_c = \frac{c}{2}$

Übungen zu 5.4

1. Was ist richtig, was ist falsch?

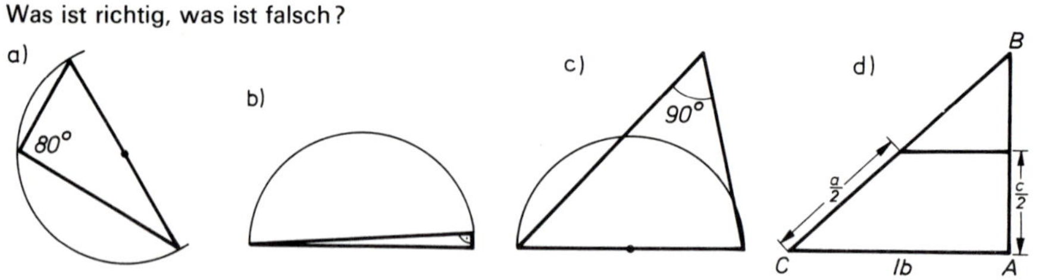

e) Bei jedem beliebigen Dreieck läßt sich um die Mitte der längsten Seite ein Kreis zeichnen, der durch alle drei Eckpunkte geht. (Anleitung: ausprobieren.)

2. Zeichne die Dreiecke.

a) Verwende dabei den „Satz des Thales".

b) Mache die Konstruktion möglichst ohne den „Thalessatz". Geht das immer?

a) $a=5, \quad h_c=4{,}5, \quad \gamma=70°$
b) $a=4{,}5, \quad h_c=1{,}5, \quad \gamma=30°$
c) $b=6, \quad h_c=5, \quad c=7$
d) $b=4{,}8, \quad h_a=0{,}8, \quad a=6{,}5$
e) $c=7, \quad h_c=3, \quad h_a=3{,}5$
f) $a=7, \quad h_b=4, \quad h_c=4$
g) $a=7, \quad h_b=4, \quad h_c=3$
h) $b=5, \quad h_b=2, \quad \alpha=120°$

3. Zeichne die Dreiecke
a) $P_a=3, \quad b=5, \quad c=6$
b) $P_b=2, \quad h_c=3, \quad \beta=65°$
c) $P_a=1{,}4, \quad h_b=1{,}9, \quad \alpha=95°$
d) $P_c=1{,}8, \quad h_c=3, \quad h_b=4$
e) $P_c=3, \quad h_a=5, \quad h_b=4$
f) $P_c=2, \quad h_a=2, \quad a=2$
Sind alle Konstruktionen durchführbar?

4. Zeichne den Kreis mit $r=4$. Konstruiere die Tangenten an den Kreis, die durch einen Punkt A gehen, der 10 von M entfernt ist. (Tangente = Gerade, die einen Kreis nur berührt, d.h., $\mathbb{k} \cap \mathbb{g}$ = Menge mit nur einem Element.) Beachte, daß der Berührungspunkt konstruiert werden muß. Einfaches Anlegen eines Lineals an $\mathbb{k}$ ist nicht exakt.

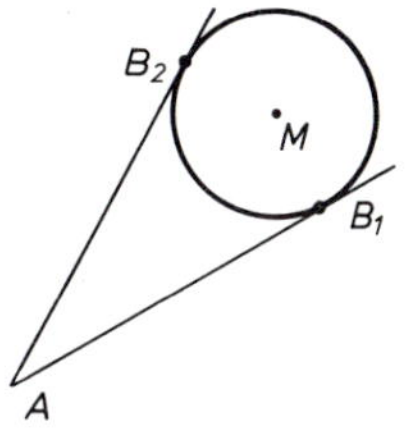

5. Gegeben sind im Gitternetz die Punkte $A(4|5)$ und $B(7|6)$ sowie eine Gerade, die durch $(1|1)$ und $(3|7)$ geht. Ermittle durch Konstruktion diejenigen Elemente von $\mathbb{g}$, von denen aus man die Punkte A und B unter einem rechten Winkel sieht.

6. Beweise den Satz ❷ aus diesem Kapitel mit Hilfe von ❶ aus Kap. 1.6, sowie ❶ und ❷ aus Kap. 5.2, ferner mit ❶ aus Kap. 1.9 anhand nebenstehender Skizze.

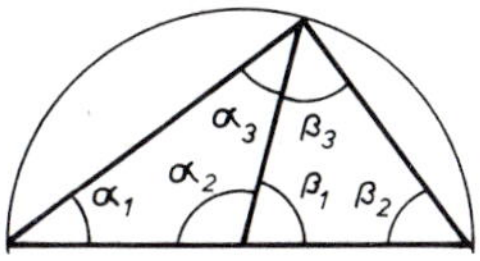

5.5 Mittelsenkrechte, Höhen, Seitenhalbierende, Winkelhalbierende des Dreiecks

Bei vielen Dreieckskonstruktionen treten Hilfslinien auf. Die wichtigsten von ihnen sollen hier zusammenfassend behandelt werden.

❶ **D** Die Strecke, die auf der Mitte einer Dreiecksseite senkrecht steht und auf einer anderen endet, nennt man **Mittelsenkrechte** $\mathbb{m}_s$. Vergleiche ❷ aus Kapitel 1.6.

Die drei Mittelsenkrechten eines jeden Dreiecks stehen in einem Zusammenhang. Um diesen zu erkennen, sollen drei beliebige Punkte der Ebene als Eckpunkte eines Dreiecks vorgegeben werden. Die Aufgabe ist nun, diejenige Menge von Punkten zu bestimmen, die von diesen gegebenen Punkten gleichen Abstand haben. Die Aufgabe wird nach Kapitel 1.6 mit Hilfe der Mittelsenkrechten gelöst. Die gesuchte Punktmenge hat **nur ein** Element, den Mittelpunkt M des Kreises, der durch A, B, C geht.

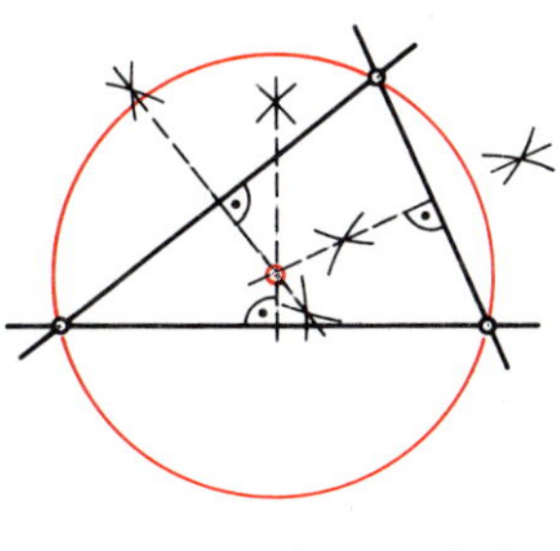

❷ **S** Die Mittelsenkrechten eines Dreiecks (oder ihre Verlängerungen) schneiden sich in einem Punkt, dem **Mittelpunkt *M* des Umkreises.**

Beispiele:

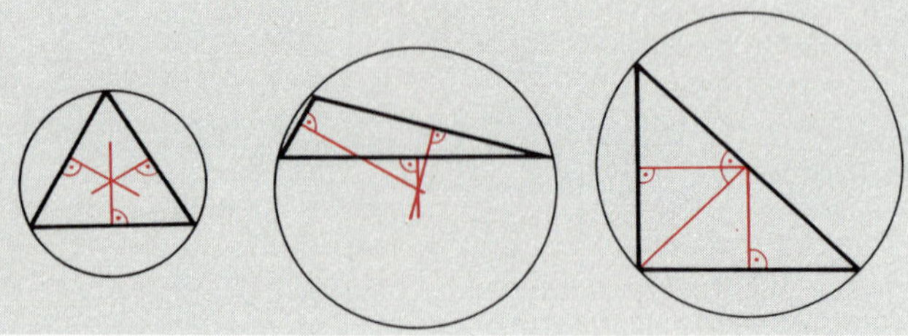

Siehe auch Kapitel 3.4 (Satz des Thales).

Eine besonders häufig gebrauchte Hilfslinie ist die Höhe.

❸ **D** Die Strecke, die auf einer Dreiecksseite (oder ihrer Verlängerung) senkrecht steht und in der gegenüberliegenden Ecke endet, nennt man **Höhe lh**.

Beispiele:

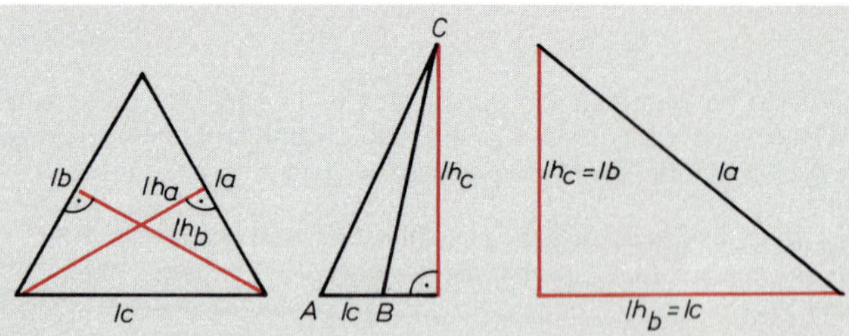

Sonderfall: Im rechtwinkligen Dreieck fallen zwei Höhen mit Dreiecksseiten zusammen.

Beispiel für eine Dreieckskonstruktion mit einer Höhe. Gegeben $c=4$, $h_c=3$, $\alpha=40°$.

1. lc zeichnen.
2. Parallele zu lc im Abstand von $h_c=3$.
3. α in A an lc antragen.
4. Durchschnitt vom freien Schenkel von α und Parallele ist Punkt C.

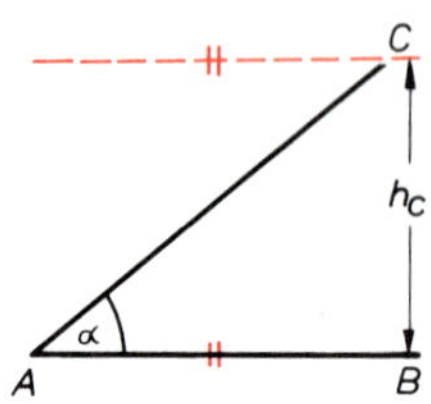

Für die Höhen eines Dreiecks gilt ein Zusammenhang:
Man gibt ein Dreieck *DEF* vor und errichtet auf seinen Seiten die Mittelsenkrechten, die sich in einem Punkt *H* schneiden. Zeichnet man nun die Mittelparallelen im Dreieck *DEF* und bezeichnet sie mit la, lb, lc, dann bilden diese das Dreieck *ABC* und sind parallel zu den Seiten des großen Dreiecks (nach ❸ aus Kapitel 5.4). Die Mittelsenkrechten des großen Dreiecks enthalten also jeweils als Teilmengen die Höhen des kleinen Dreiecks.

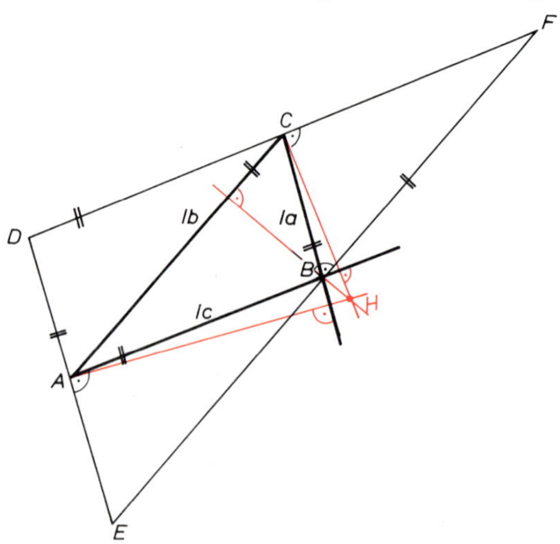

❹ **S** Die Höhen eines Dreiecks (oder ihre Verlängerungen) schneiden sich in einem Punkt, dem Höhenschnittpunkt H.

Beispiele:

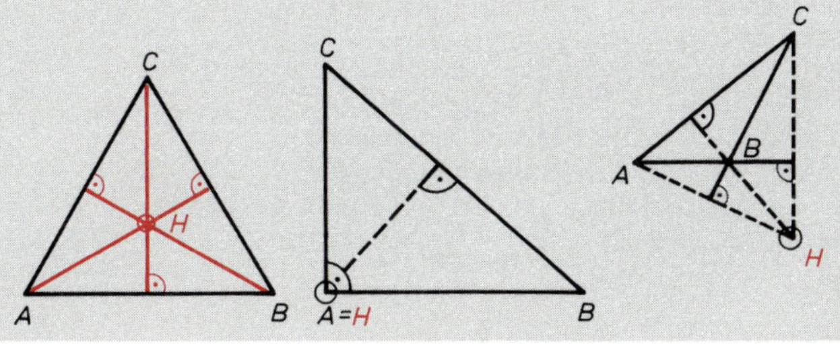

❺ **D** Die Strecke, die die Mitte einer Seite mit der gegenüberliegenden Ecke verbindet, nennt man **Seitenhalbierende** $\mathbb{S}$.

Beispiele:

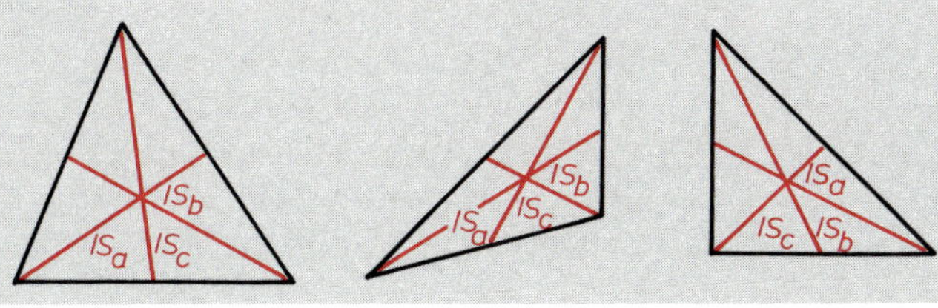

Die drei Seitenhalbierenden schneiden sich in einem Punkt, wie gezeigt werden soll:

Die Seitenhalbierenden $\overline{AE}$ und $\overline{BD}$ sind eingezeichnet und schneiden sich in S.
$\overline{DE} = \frac{\overline{AB}}{2}$ (Mittelparallele) nach Satz ❸ aus Kapitel 5.4.
Man dreht das Dreieck EDS um 180°.
$\overline{E'D'}$ ist jetzt Mittelparallele im Dreieck ABS nach Satz ❸ aus Kapitel 5.4.
Also:

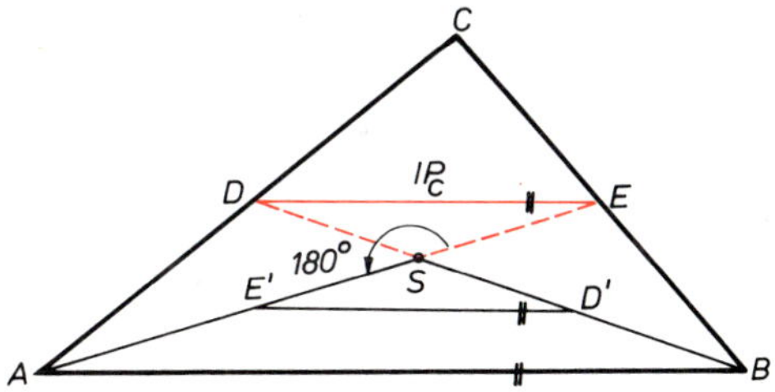

$$AE' = E'S = ES \quad \text{oder} \quad AE' + E'S = 2 \cdot ES$$

in Worten: Der Schnittpunkt S der Seitenhalbierenden $\mathbb{S}_a$ und $\mathbb{S}_b$ teilt $\mathbb{S}_a$ im Verhältnis 2:1. Entsprechende Überlegungen gelten auch, wenn man $\mathbb{S}_a$ und $\mathbb{S}_b$ oder $\mathbb{S}_b$ und $\mathbb{S}_c$ einzeichnet.

❻ **S** Die drei Seitenhalbierenden teilen sich im Verhältnis 2:1 und treffen sich in einem Punkt, **dem Schwerpunkt** S*.

* Der Schwerpunkt S ist der Punkt, an dem man ein aus Papier ausgeschnittenes Dreieck auf einer Nadelspitze „balancieren" kann. Der Schwerpunkt hat in der Physik und in der Technik eine große Bedeutung.

Beispiel für eine Dreieckskonstruktion mit Seitenhalbierenden:

Gegeben: $c=4$, $s_a=3$, $s_b=4{,}2$.

1. ıc zeichnen.
2. ıs_a und ıs_b im Verhältnis 2:1 teilen (geometrische Teilmethoden siehe Kapitel 8.3).
3. Kreis lk_1 mit ı$r_1=\frac{2}{3}s_a$ um A und Kreis lk_2 mit ı$r_2=\frac{2}{3}s_b$ um B.
4. l$k_1 \cap$ l$k_2=\{S\}$ festlegen.
5. ıs_a von A ausgehend durch S zeichnen (Endpunkt E).
6. ıs_b von B ausgehend durch S zeichnen (Endpunkt D).
7. Strahl von A durch D zeichnen und Strahl von B durch E zeichnen.
8. Durchschnitt der Strahlen ist $\{C\}$.
9. ABC ist das gesuchte Dreieck.

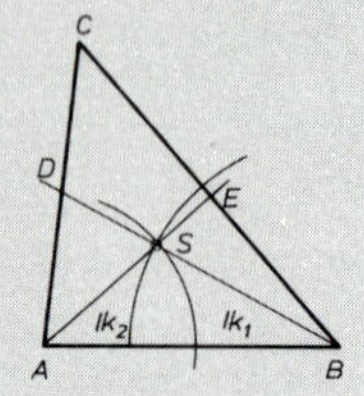

❼ **D** Die Strecke, die einen Dreieckswinkel halbiert und auf der gegenüberliegenden Dreiecksseite endet, nennt man **Winkelhalbierende.**

Beispiele:

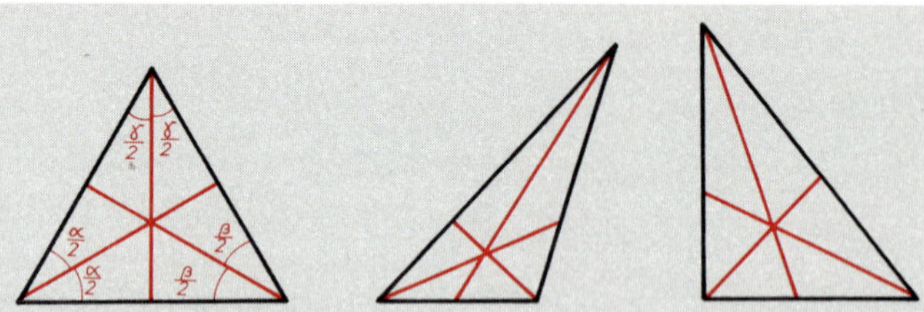

Die drei Winkelhalbierenden schneiden sich in einem Punkt, wie gezeigt werden soll:

Jeder Punkt von ıw_α hat von ıc und lb jeweils den gleichen Abstand. Jeder Punkt von ıw_β hat von ıc und ıa den gleichen Abstand ı$w_\alpha \cap$ ı$w_\beta=\{W\}$. Da W von ıa wie von lb wie von ıc gleich weit entfernt ist, muß W auch Element von ıw_γ sein. Daß heißt, ıw_γ geht ebenfalls durch den Punkt W. Damit ist W Mittelpunkt desjenigen Kreises, der die Dreiecksseiten **berührt.**

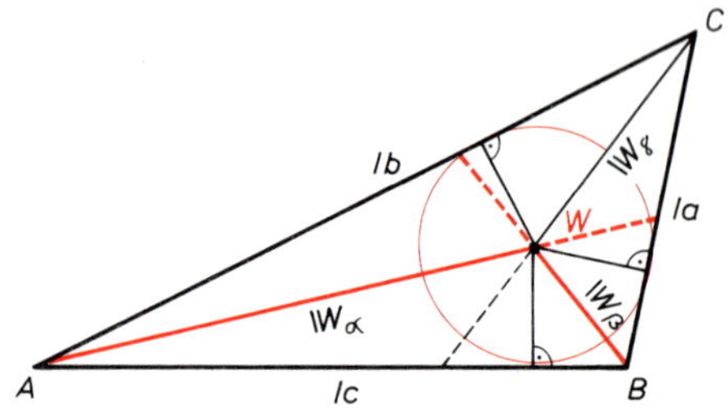

❽ **S** Die drei Winkelhalbierenden eines Dreiecks schneiden sich in einem Punkt, dem Mittelpunkt des **Inkreises** W.

Beispiele:

a)

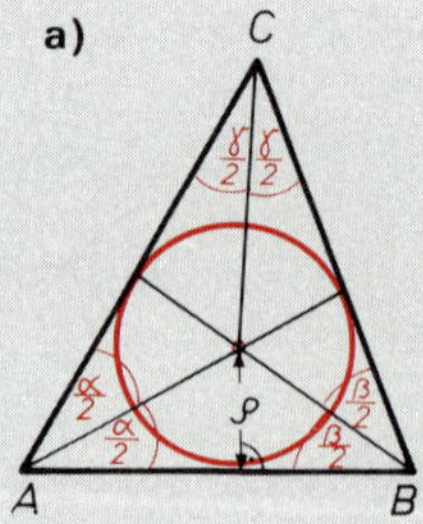

b)

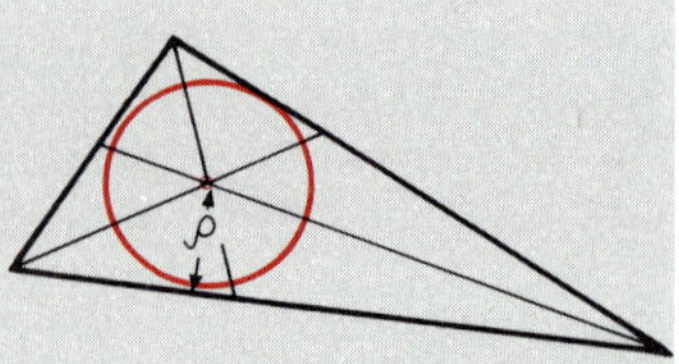

Übungen zu 5.5

1. Was ist richtig, was ist falsch? Berichtige.

a) Der Schnittpunkt der Mittelsenkrechten liegt immer innerhalb des Dreiecks.
b) Der Schnittpunkt der Mittelsenkrechten ist der Schwerpunkt.
c) Höhen eines Dreiecks fallen nie mit den Dreiecksseiten zusammen.
d) Der Höhenschnittpunkt ist der Mittelpunkt des Umkreises.
e) Der Höhenschnittpunkt im gleichseitigen Dreieck fällt mit dem Umkreismittelpunkt zusammen.
f) Seitenhalbierende enden im gegenüberliegenden Eckpunkt.
g) Die Seitenhalbierenden schneiden sich niemals im Inkreismittelpunkt.
h) Winkelhalbierende enden immer auf der Mitte der gegenüberliegenden Seite.
i) Der Inkreis ist stets kleiner als der Umkreis.
k) Der Inkreis berührt stets nur eine Dreiecksseite.

2. Konstruiere und gib den Konstruktionsgang an (r = Radius des Umkreises)

a) $c=5, \quad r=3, \quad \alpha=30°$
b) $a=4{,}3, \quad c=1{,}5, \quad r=2{,}5$
c) $c=4, \quad h_c=3, \quad r=2{,}8$
d) $b=6{,}4, \quad h_a=4, \quad r=4$

Bei welchen Konstruktionen entstehen kongruente Dreiecke.

3. Konstruiere (benutze auch den Satz des Thales):

a) $a=2{,}6, \quad c=4{,}5, \quad h_c=2{,}2$
b) $c=4{,}5, \quad h_a=3{,}2, \quad \alpha=70°$
c) $h_a=4{,}8, \quad \alpha=97°, \quad \beta=45°$
d) $c=5, \quad h_c=4, \quad h_a=4{,}5$
e) $a=3{,}9, \quad h_b=3{,}2 \quad \beta=58°$

4. Konstruiere rechtwinklige Dreiecke (Hypotenuse ist a)

a) $c=5{,}2, \quad h_a=4{,}5$
b) $h_a=3{,}7, \quad \beta=38°$
c) $h_a=2{,}2, \quad \gamma=45°$

5. Konstruiere gleichschenklige Dreiecke (Basis ist c)

a) $h_c=3{,}2, \quad \gamma=77°$
b) $h_b=4{,}4, \quad \beta=55°$
c) $c=4{,}8, \quad h_b=3{,}9$
d) $h_c=4, \quad \alpha=36°$

6. Konstruiere Dreiecke

a) $c=4{,}5, \quad s_c=4, \quad \beta=75°$
b) $a=6, \quad s_b=6{,}5, \quad \gamma=70°$
c) $a=3{,}3, \quad s_a=3, \quad \beta=35°$
d) $a=4{,}3, \quad s_a=3{,}5, \quad b=4{,}2$
e) $c=3, \quad s_a=3, \quad s_b=4{,}5$
f) $b=3{,}7, \quad s_c=3{,}2, \quad \alpha=55°$

7. Konstruiere Dreiecke

a) $b=3{,}8, \quad \alpha=34°, \quad w_\alpha=4{,}1$
b) $c=4{,}5, \quad w_\beta=3{,}6, \quad \alpha=50°$
c) $w_\alpha=3{,}7, \quad \alpha=34°, \quad \gamma=60°$
d) $w_\gamma=4{,}6, \quad \alpha=50°, \quad \beta=85°$
e) $a=5{,}5, \quad w_\beta=5, \quad \gamma=40°$

8. Konstruiere Dreiecke

a) $c=3{,}5, \quad h_c=4, \quad s_c=4{,}9$
b) $c=5{,}1, \quad h_b=3{,}6, \quad s_b=4$
c) $s_a=3{,}5, \quad h_a=3, \quad \beta=45°$
d) $h_a=4{,}8, \quad s_b=4{,}2, \quad \gamma=67°$
e) $c=5{,}8, \quad s_c=6, \quad s_a=3{,}6$
f) $h_b=4{,}5, \quad s_a=3{,}6, \quad s_c=3{,}3$
g) $h_c=2{,}9, \quad r=4{,}4, \quad \gamma=104°$
h) $h_b=3, \quad r=3{,}7, \quad \alpha=40°$
i) $b=4{,}9, \quad \rho=1{,}6, \quad \alpha=65°$
k) $h_b=4, \quad \rho=1{,}5, \quad \alpha=70°$
l) $\rho=2, \quad \beta=60°, \quad \gamma=50°$ (Zeichne zuerst ein beliebig großes Dreieck mit β und γ)
m) $h_a=5{,}1, \quad \rho=2, \quad w_\alpha=5{,}4$

9. Verbinde in einem gleichschenkligen Dreieck die Punkte M, H, S und W. Was gilt für sie?

10. Welche Besonderheiten gelten bezüglich der Punkte M, H, S, W beim gleichseitigen Dreieck. Zeichne ein solches Dreieck und sprich den Sachverhalt in einem Satz aus.

11. Wo liegt der Punkt H im rechtwinkligen Dreieck?

12. Wo liegt der Punkt M im rechtwinkligen Dreieck? Nach welchem Lehrsatz ist dies zu erwarten?

6. KONGRUENZABBILDUNGEN BEI VIERECKEN

6.1 Menge der Vierecke

Zeichnet man vier Geraden in der Ebene, dann können sie miteinander Vierecke bilden.

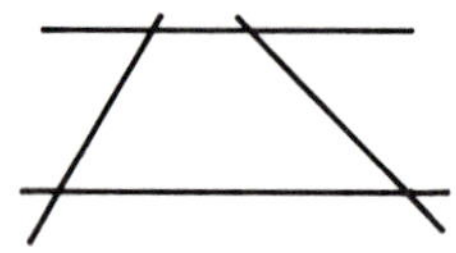

❶ **D** Ein Viereck ist eine von vier geraden Linien – den Seiten – begrenzte Figur. Die vier Eckpunkte werden im mathematisch positiven Drehsinn mit *A, B, C, D* bezeichnet. Die Seite mit den Endpunkten *A, B* heißt la usw. Die Winkel werden mit griechischen Kleinbuchstaben bezeichnet*.

Beispiele:

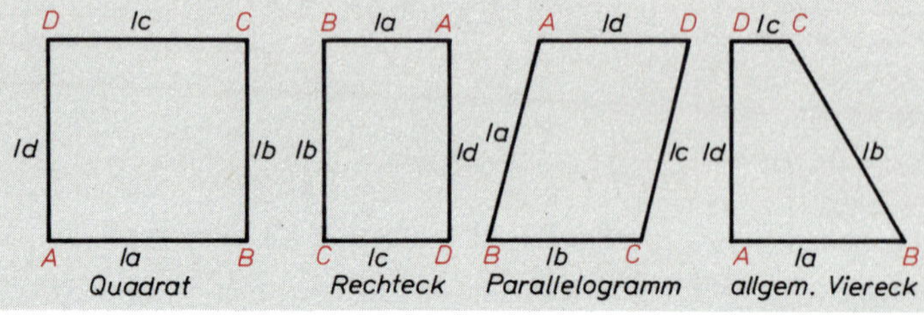

Jedes Viereck läßt sich in zwei Dreiecke zerlegen, indem man die Strecke zwischen zwei nicht benachbarten Eckpunkten zeichnet (Diagonale). Hieraus ergibt sich die Winkelsumme von $2 \cdot 180° = 360°$.

❷ **S** Die Summe der Innenwinkel im Viereck ist 360°.

Beispiel:

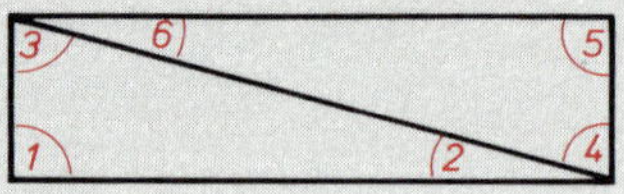

Für Vierecke besonderer Form hat man spezielle Namen eingeführt.

❸ **D** Ein Viereck mit vier gleich langen Seiten, dessen Innenwinkel rechte Winkel sind, nennt man Quadrat.

---

* Normalerweise bezeichnet man nur dann Figuren mit vier Eckpunkten als Viereck, wenn alle Innenwinkel $< 180°$ sind.

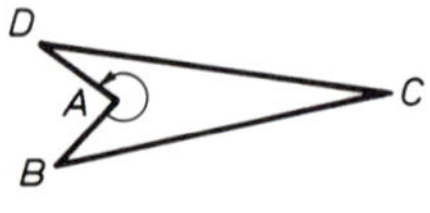

ABCD wäre demnach kein Viereck.

Beispiele:

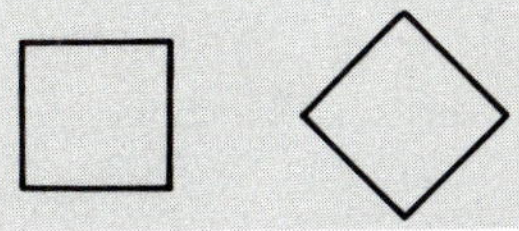

❹ **D** Ein Viereck mit vier gleich langen Seiten, dessen gegenüberliegende Innenwinkel gleich groß sind, nennt man Rhombus oder Raute.

Beispiele:

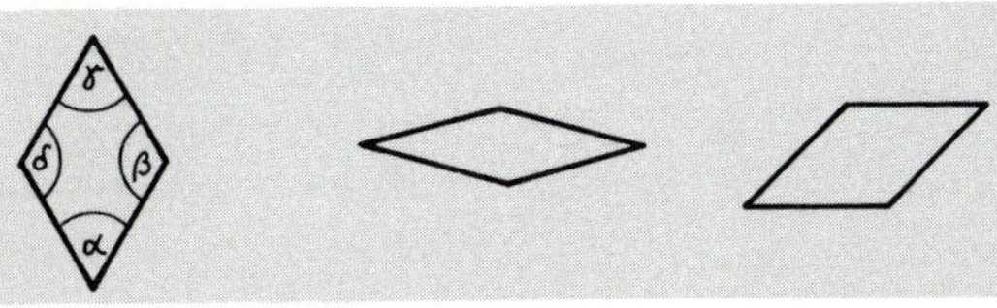

❺ **D** Ein Viereck, dessen vier Innenwinkel rechte und dessen gegenüberliegende Seiten gleich lang sind, nennt man Rechteck.

Beispiele:

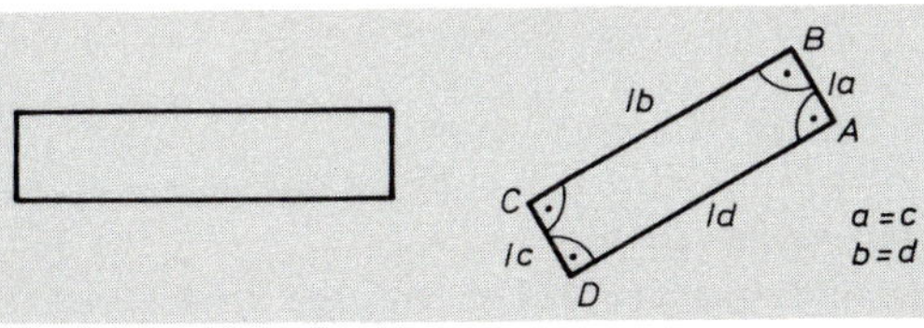

❻a) **D** Ein Viereck, dessen gegenüberliegende Seiten parallel sind, nennt man Parallelogramm.

b) **S** Gegenüberliegende Seiten im Parallelogramm sind gleich groß.

c) **S** Gegenüberliegende Winkel im Parallelogramm sind gleich groß.

Beispiele:

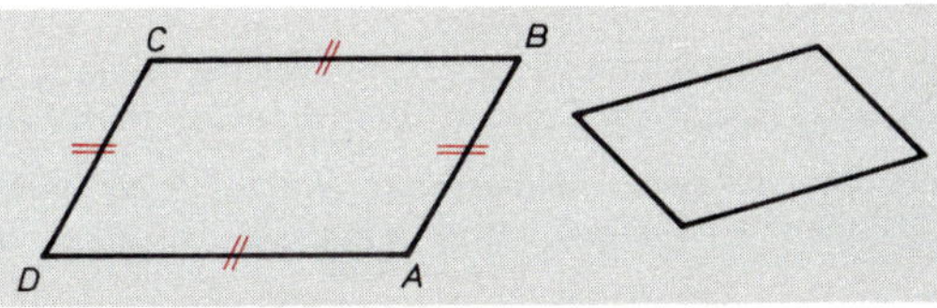

❼ **D** Ein Viereck, bei dem zwei gegenüberliegende Seiten parallel sind, nennt man Trapez.

Beispiele:

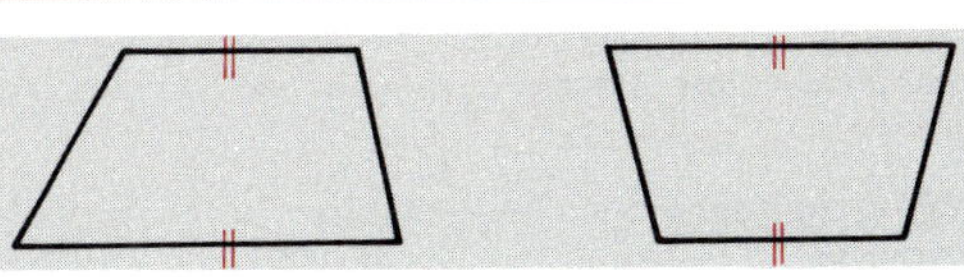

Betrachtet man die Menge der allgemeinen Vierecke, dann ist die Menge der Trapeze eine echte Teilmenge davon. Ebenfalls ist die Menge aller Rechtecke echte Teilmenge der Menge der allgemeinen Vierecke usw.

❽ **S** Die Menge der Quadrate, der Rhomben, der Rechtecke, der Parallelogramme ist jeweils echte Teilmenge der Menge der allgemeinen Vierecke.

Übungen zu 6.1

1. Was ist richtig, was ist falsch bezeichnet? Berichtige.

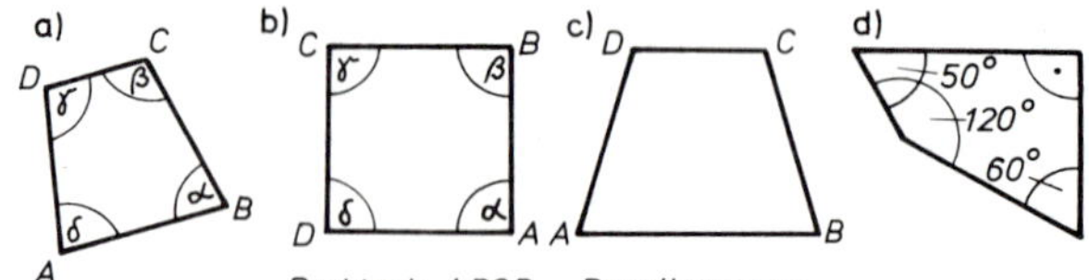

Rechteck ABCD *Parallogramm*

2. Konstruiere ein Viereck aus:

a) $b=4{,}5$, $c=5$, $\alpha=90°$, $\gamma=75°$, $\delta=120°$

b) $a=5$, $b=3$, $c=4$, $\beta=65°$, $\gamma=103°$

c) $a=4$, $b=6{,}2$, $d=5$, $c=4{,}5$, $\alpha=40°$

d) $b=3$, $d=2$, $\alpha=80°$, $\beta=90°$, $\gamma=50°$

3. Konstruiere ein

a) Rechteck aus $a=4$, $b=3$,

b) Rechteck aus $a=1{,}3$; $b=4{,}2$

c) Rhombus aus $a=3{,}4$; $\beta=124°$

d) Parallelogramm aus $a=5$, $b=4$, $\alpha=72°$

e) Parallelogramm aus $a=3{,}5$; $b=6{,}5$; $\beta=120°$

f) Trapez aus $a=5$, $b=3$, $\alpha=80°$, $\beta=110°$

g) Trapez aus $a=2{,}5$; $b=4$, $d=3$, $\alpha=30°$

h) Trapez aus $c=5$, $d=3{,}5$; $\gamma=80°$, $\alpha=120°$

4. Laß ein Quadrat durch Drehung aus einem gleichschenklig rechtwinkligen Dreieck entstehen. Was ist der Drehpunkt, was der Drehwinkel?

5. Laß einen Rhombus durch Drehung aus einem gleichschenkligen Dreieck entstehen. Ist die Angabe in ❹ „dessen gegenüberliegende Innenwinkel gleich groß sind" zur Kennzeichnung unbedingt nötig? Begründung!

6. Ergibt die Angabe „alle vier Innenwinkel müssen Rechte sein" immer ein Rechteck? Erkläre den Sachverhalt durch Drehung eines rechtwinkligen Dreiecks.

7. Ist die Angabe „drei Innenwinkel sind rechte Winkel und zwei Seiten sind gleich lang" zur Kennzeichnung eines Quadrats ausreichend? Würde der Zusatz „zwei **benachbarte** Seiten" genügen? Begründung!

8. Gibt es ein Trapez mit vier gleich langen Seiten? Um welches Viereck handelt es sich dabei? Kann ein Trapez im Sonderfall auch ein Quadrat (ein Rhombus sein)? Begründung!

9. Warum sind im Parallelogramm gegenüberliegende Winkel gleich groß? Begründe mit Hilfe von „Winkeln an geschnittenen Parallelen" bzw. mit Hilfe der 180°-Drehung!

10. Bezeichne die Menge der Parallelogramme ℙ durch einen Mengenkreis, die der Rechtecke ℝ ebenfalls durch einen Mengenkreis und zeichne das Mengenschaubild, das den Zusammenhang zwischen ℙ und ℝ deutlich macht.

11. Zeige den Zusammenhang zwischen der Menge der Rhomben ℝh, der Rechtecke ℝ und der Parallelogramme ℙ durch ein Mengenschaubild mit drei Kreisen. Was ist $\mathbb{R}h \cap \mathbb{R}$? Wie könnte man die Menge der „schiefwinkligen Parallelogramme" kennzeichnen? Gehören alle Rhomben zu dieser Menge?

12. Zeige den Zusammenhang zwischen allen Vierecksarten durch ein Mengendiagramm mit fünf ineinanderliegenden Kreisen. Bezeichne dabei: ℚ = Menge der Quadrate, ℙ = Menge der Parallelogramme, ℝh = Menge der Rhomben, ℝ = Menge der Rechtecke, 𝕋 = Menge der Trapeze.

13. Zeige mit Hilfe der 180°-Drehung eines beliebigen Dreiecks um den Mittelpunkt einer Seite, daß als Gesamtfigur ein Parallelogramm entsteht. Was gilt für die gegenüberliegende Seite?

14. Beweise mit Hilfe einer Parallelogrammdiagonalen, den Winkelsätzen an geschnittenen Parallelen und dem Kongruenzsatz *WSW*, daß in jedem Parallelogramm die gegenüberliegenden Seiten gleich lang sind.

6.2 Diagonalen und Mittelparallelen im Viereck

Manchmal benötigt man bei geometrischen Konstruktionen die Verbindung zweier nicht benachbarter Eckpunkte eines Vierecks.

❶ **D** Die gerade Linie, die gegenüberliegende Eckpunkte eines Vierecks verbindet, nennt man Diagonale.

Beispiele:

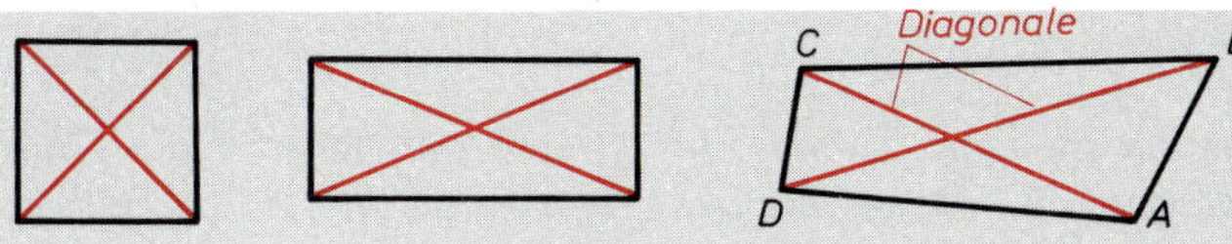

Für die Diagonalen im Rechteck kann man besondere Aussagen machen, die man aus der nebenstehenden Abbildung ersehen kann.

a) Man zeichnet in ein rechtwinkliges Dreieck ABC die Seitenhalbierende S der Hypotenuse. Diese ist halb so lang wie die Hypotenuse (nach ❷ aus Kapitel 5.4) („Satz des Thales").
b) Man dreht das Dreieck ABC um 180° um die Mitte der Hypotenuse. Die Strecke $\overline{AA'}$ ist eine Gerade (nach ❻ aus Kapitel 1.4) und bildet eine Diagonale im Rechteck $ABA'C$.

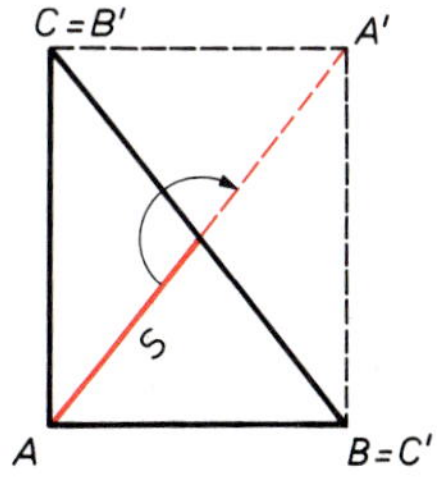

❷ **S** Die Diagonalen im Rechteck sind gleich lang und halbieren einander.

Beispiel:

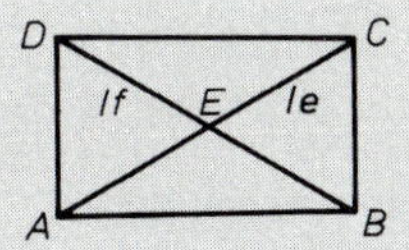

$$e = f$$
$$AE = CE = \frac{e}{2}$$
$$BE = DE = \frac{f}{2}$$

Für die Diagonalen in einem Parallelogramm kann man durch eine entsprechende Konstruktion (man geht von einem beliebigen Dreieck aus) folgende Aussagen machen:

❸ **S** Die Diagonalen im Parallelogramm halbieren einander (vgl. Aufgabe 10).

Beispiel:

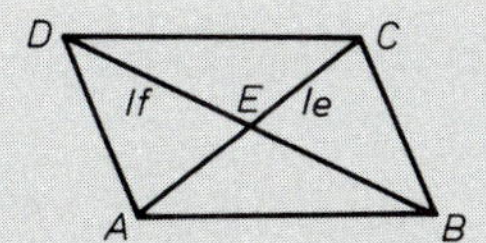

$$AE = CE = \frac{e}{2}$$
$$BE = DE = \frac{f}{2}$$

Allgemein gilt:

$$P = \frac{e}{2} + c = \frac{e+2c}{2} = \frac{(e+c)+c}{2} = \frac{a+c}{2}$$

Beim Trapez kann eine ähnliche Gesetzmäßigkeit für die Diagonalen erst im Kapitel 8 (Ähnlichkeit) aufgezeigt werden. Es gibt jedoch eine Aussage über die Mittelparallele, d. h. die Verbindungslinie der Mitten derjenigen zwei Seiten, die parallel zueinander verlaufen. Die nebenstehende Abbildung zeigt den Zusammenhang zwischen „Grundseite" und „Kopfseite" des Parallelogramms.

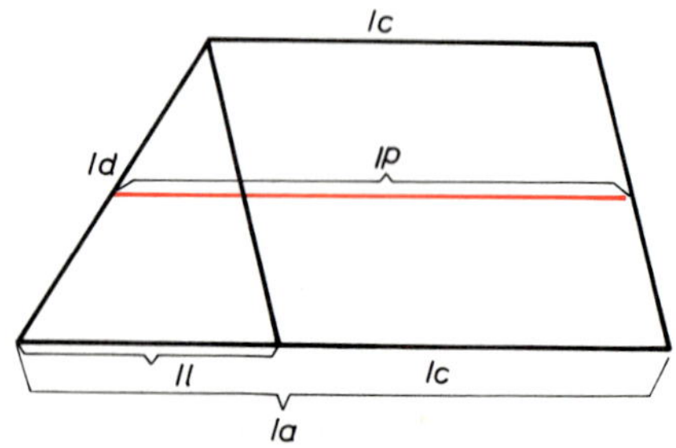

❹ **S** Verbindet man die Mitten zweier nicht paralleler Seiten eines Trapezes, dann erhält man die Mittelparallele. Die Länge dieser „Mittelparallele" ist gleich der Hälfte der Summe aus „Grundseite" und „Kopfseite".

Beispiel:

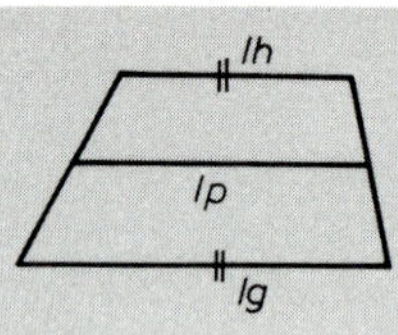

geg. $g=5,\ h=3,\ \alpha=60°,\ \beta=80°$

$$p=\frac{g+h}{2}=\frac{5+3}{2}=4$$

Übungen zu 6.2

1. Was ist richtig, was ist falsch?
- **a)** Die Diagonalen im Rechteck schneiden sich unter einem rechten Winkel.
- **b)** Die Diagonale verbindet zwei benachbarte Punkte eines Vierecks.
- **c)** Eine Diagonale ist stets länger als die längste Seite im Viereck.
- **d)** Die Diagonalen im Parallelogramm sind gleich lang.
- **e)** Die Mittelparallele im Trapez ist kleiner als die Grundseite ıg und größer als die Kopfseite lh, wenn ıg > lk ist.

2. Konstruiere ein Parallelogramm aus:

a) $a=3{,}7$,	$e=6{,}2$,	$\beta=84°$	**e)** $a=3{,}4$,	$e=3$,	∢(ıe, lf) $=150°$
b) $a=4$,	$f=7{,}5$,	$\beta=135°$	**f)** $a=5$,	$e=6$,	$f=7$
c) $a=3{,}9$,	$\beta=125°$,	∢(ıa, ıe) $=35°$	**g)** $a=6$,	∢(ıa, ıe) $=31°$,	∢(ıe, lf) $=105°$
d) $e=5{,}4$,	∢(ıa, ıe) $=72°$,	∢(lb, ıe) $=41°$	**h)** $a=3{,}4$,	$b=5$,	$h_a=2{,}5$

3. Konstruiere ein Rechteck aus:

a) $a=4,\ d=3,\ e=5$	**d)** $a=4,\ d=5,\ e=6$
b) $b=4,\ f=5$	**e)** $b=1,\ f=2{,}6$
c) $a=8,\ e=10$	**f)** $c=6,\ e=6{,}5$

Sind alle Rechteckkonstruktionen durchführbar?

Zeige, daß jedes Rechteck, bei dem die Diagonalen senkrecht aufeinander stehen, ein Quadrat ist. (Anleitung: Man lasse das Rechteck durch 180°-Drehung eines rechtwinkligen Dreiecks entstehen.)

4. Zeige: Ein Parallelogramm, dessen Diagonalen senkrecht aufeinander stehen, ist ein Rhombus.

5. Zeige an Beispielen:
a) Die Verbindungen der Seitenmitten eines Quadrats ergeben wieder ein Quadrat.
b) Die Verbindungen der Seitenmitten eines Rhombus ergeben ein Rechteck.
c) Die Verbindungen der Seitenmitten eines Parallelogramms ergeben wieder ein Parallelogramm.

6. Zeige, daß die Verbindungen der Seitenmitten eines allgemeinen Vierecks immer ein Parallelogramm ergeben. Warum ist dies so? Begründe mit Hilfe eines Satzes aus der Dreieckslehre!

7. Gegeben sind zwei Parallelen, ɪg_1 und ɪg_2 und ein Punkt $P \notin \text{ɪg}_1, \text{ɪg}_2$. Zeichne eine Strecke $\overline{AB}$ so durch P, daß $A \in \text{ɪg}_1 \wedge B \in \text{ɪg}_2$ ist. Wann ist die Aufgabe nicht lösbar?

8. Ein gleichschenkliges Trapez ist eine achsensymmetrische Figur. Wie liegt die Symmetrieachse? Zeige durch Spiegelung, daß folgende Sätze gelten:
a) benachbarte Winkel sind gleich oder ergänzen sich zu 180°
b) die Diagonalen sind gleich lang
c) die Diagonalen zerlegen ein gleichschenkliges Trapez in vier Dreiecke, von denen zwei kongruent und zwei gleichschenklig sind.

9. Konstruiere ein Trapez mit:
a) $d=4{,}5$, $e=5{,}8$, $f=6{,}1$, $\alpha=47°$
b) $a=7$, $b=3{,}5$, $c=3{,}5$, $d=4$
c) $a=6$, $c=3{,}8$, $d=3$, $\beta=71°$
d) $a=4$, $c=2{,}5$, $d=3{,}5$, $h=3$
e) $h=2{,}6$, $e=5{,}1$, $f=4{,}8$, $\alpha=71°$

10. Beweise mit Hilfe von ❻ aus Kap. 6.1 sowie ❻ aus Kap. 1.4 und den Sätzen über 180°-Drehung (Kap. 3.3), daß die Diagonalen im Parallelogramm einander halbieren.

11. Zeichne die Dreiecke mit Hilfe eines Parallelogramms, indem die gegebene Seitenhalbierende die Hälfte einer Diagonalen ist.
a) $b=5$; $c=4$; $s_a=4{,}2$
b) $a=3{,}5$; $c=4{,}5$; $s_b=3{,}4$
c) $b=2$; $h_b=1{,}5$; $s_a=1{,}2$
d) $a=5$; $h_a=2{,}5$; $s_c=3{,}6$
e) $b=4$; $h_b=2$; $s_a=3{,}3$
f) $a=5$; $h_b=4$; $s_c=4{,}6$
g) $b=4$; $s_c=4{,}3$; $\gamma=69°$
h) $c=4{,}5$; $\beta=64°$; $s_b=3{,}4$

7. KONGRUENZABBILDUNGEN BEI KREISEN

Im Kapitel 1.6 wurde der Kreis als Menge aller Punkte erklärt, die von einem Punkt, dem Kreismittelpunkt, den gleichen Abstand haben. Diese besondere Eigenschaft der Kreispunkte ist der Grund, daß Kreise in vielen geometrischen Konstruktionen als Hilfslinien auftreten.
Hier soll der Zusammenhang zwischen Kreisen und geraden Linien untersucht werden.

7.1 Tangenten, Sekanten und Sehnen

Eine Gerade kann zu einem Kreis prinzipiell drei verschiedene Lagen haben:
a) Kreis und Gerade haben **keinen** Punkt gemeinsam.
b) Kreis und Gerade haben **einen** Punkt gemeinsam.
c) Kreis und Gerade haben **zwei** Punkte gemeinsam.
Der Fall a) interessiert hier nicht weiter, jedoch sind die Geraden zu den Fällen b) und c) wichtig und erhalten deshalb besondere Bezeichnungen.

❶ **D** Hat der Durchschnitt einer Geraden und eines Kreises nur ein Element, dann nennt man diese Gerade **Tangente** lt **des Kreises** lk.
Hat der Durchschnitt einer Geraden und eines Kreises zwei Elemente, dann nennt man diese Gerade **Sekante** ls_k **des Kreises** lk.

Beispiele:

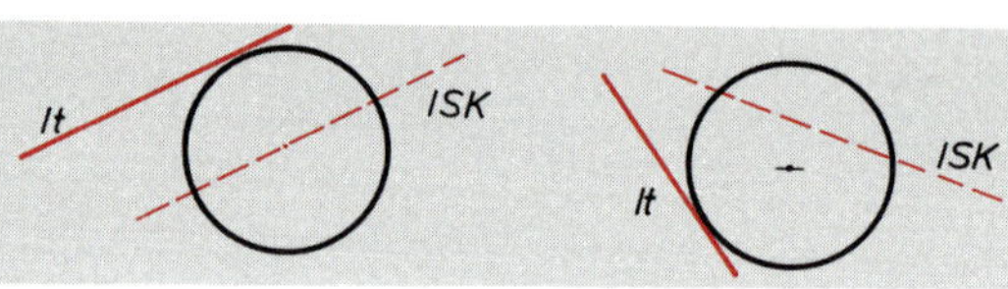

Für das Sekantenstück, das **innerhalb** der Kreisfläche liegt, gilt:

❷ **D** Die Strecke zwischen den beiden Durchschnittselementen aus $\text{ls}_k \cap$ lk (Endpunkte eingeschlossen) nennt man **Sehne ls.** Der Durchmesser ld ist die längste Sehne des Kreises. Er geht immer durch den Mittelpunkt.

Beispiele:

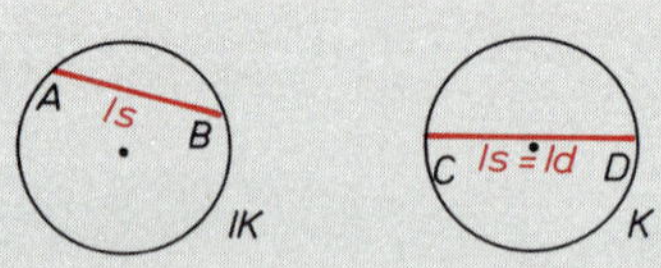

Für jede Tangente jedes Kreises gilt:

❸ **S** Die Tangente steht senkrecht auf dem Radius lr, dessen Endpunkt Element von lt $\cap$ lk ist.

Beispiele:

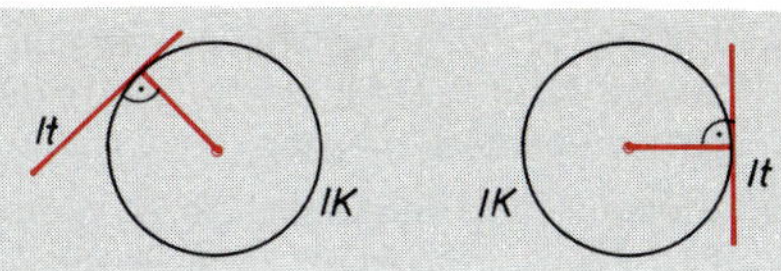

Siehe auch Aufgabe 11.

Zeichnet man von einem Punkt außerhalb eines Kreises die beiden Tangenten, dann gilt: $\triangle ABC$ ist an $\overline{AB}$ gespiegelt. C' ist Element von lk, denn $\overline{AC} = \overline{A'C'} = r$. Die Strecken BC und $B'C'$ sind gleich (vergleiche ❺ aus 3.4).

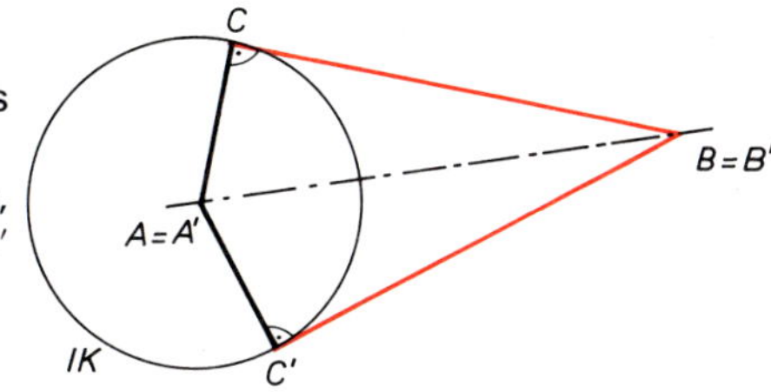

❹ **S** Die Tangentenabschnitte zweier sich schneidender Tangenten haben gleiche Länge.

Übungen zu 7.1

1. Was ist richtig, was falsch bezeichnet?

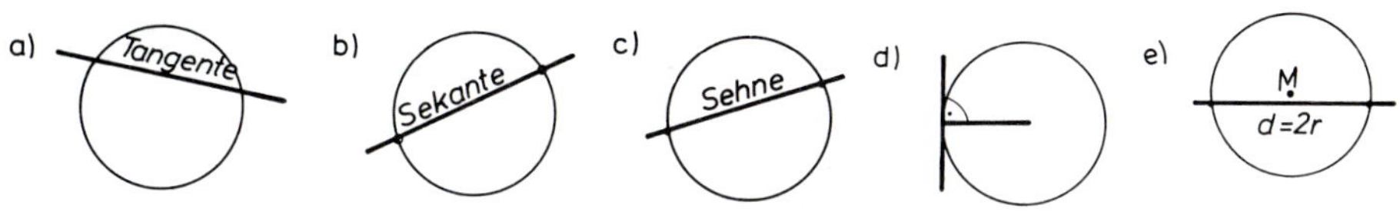

f) Eine Tangente läßt sich von einem Punkt innerhalb eines Kreises an den Kreis zeichnen.

2. a) Konstruiere von einem Punkt P die Tangente lt_1 an einen Kreis lk mit $r=4$. P ist dabei 5 von $lt_1 \cap$ lk entfernt. Konstruiere die zweite Tangente lt_2 durch P. Versuche für lt_2 zwei Konstruktionsmöglichkeiten zu finden.

b) Gegeben ist der Kreis lk und der Punkt P:
a) auf lk b) innerhalb der Kreisfläche c) außerhalb der Kreisfläche.
Zeichne durch P mehrere Sekanten und fälle vom Kreismittelpunkt M auf jede das Lot. Wo liegen die Fußpunkte der Lote?

3. Konstruiere mit Hilfe des Satzes von Thales die Tangenten durch P an den Kreis mit $r=3$ (4; 5), wobei der Abstand $MP=5$ ist. Ist die Konstruktion für alle Angaben des Kreisradius möglich?

4. Konstruiere die Tangenten an die beiden Kreise mit $r_1=4$ und $r_2=2{,}5$. $M_1M_2=8$ (siehe Skizze).
Anleitung: Konstruiere zunächst die Hilfstangente durch M_2 an lk_3 mit $r_3=r_1-r_2$ und $M_3=M_1$. Beachte Aufgabe 3! Wie erhält man die 3. und 4. Tangente?

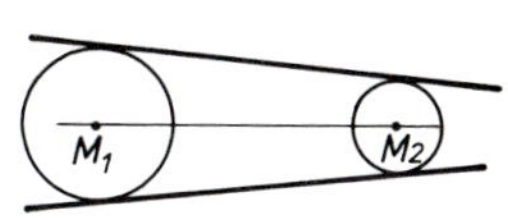

5. Konstruiere diejenige Tangente an den äußeren Kreis, die der vorgegebenen Tangente an den inneren Kreis parallel ist.

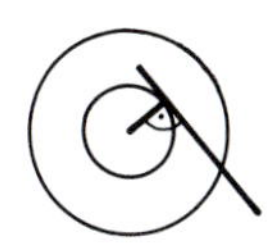

6. Zeichne in den Kreis mit $r=3$ zwei Sehnen $s_1=s_2=6$. Was gilt für jede mögliche Lage von ls_1 und ls_2 für $ls_1 \cap ls_2$? Gilt das auch für beliebige Sehnen?

7. Zeichne ein gleichschenkliges Trapez. Läßt sich immer ein Kreis zeichnen, so daß die Trapezpunkte $A, B, C, D \in k$ sind? Wie findet man seinen Mittelpunkt? Ist diese Konstruktion auch für ein Rechteck möglich?

8. Zeige für das Dreieck der Skizze (durch Nachmessen), daß gilt: $a+x=b+y$. Warum gilt dies für alle Dreiecke? Beweise.

9. Zeichne zu dem Dreieck $a=4$, $b=3$, $\gamma=40°$ denjenigen Kreis, der durch alle Eckpunkte des Dreiecks geht. Was sind in diesem Kreis die Dreiecksseiten?

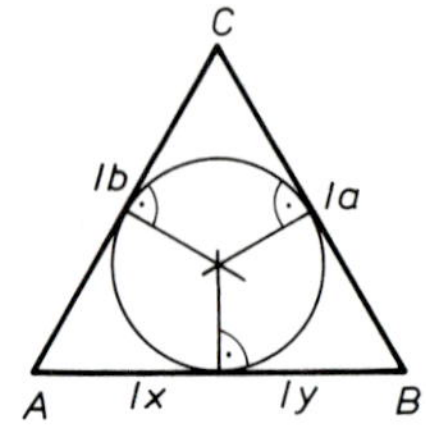

10. Wie kann man aus einem Viertelkreis einen Vollkreis entstehen lassen? Wende dabei Kongruenzabbildungen an. Läßt sich hier die Parallelverschiebung benutzen?

11. Man zeige, daß es zu jeder Sekanten einen Durchmesser gibt, der auf ihr senkrecht steht. Man veranschauliche sich, daß eine Sekante zur Tangente wird, wenn P_1 und P_2 beliebig nah aufeinander zu rücken.

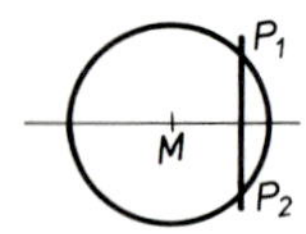

7.2 Umfangswinkel und Mittelpunktswinkel

Zwei gegebene rechtwinklige Dreiecke ABC und $A_1B_1C_1$ liegen so, daß die Hypotenusen zusammenfallen. Jetzt wird Dreieck ABC an $\overline{AB}$, Dreieck $A_1B_1C_1$ an $\overline{A_1B_1}$ gespiegelt. Es entstehen die Eckpunkte C' und C_1'. Durch C, C', C_1' läßt sich ein Kreis zeichnen, dessen Mittelpunkt B ist (denn $CB=C'B=C_1'B$ sind die Radien dieses Kreises). Der Winkel $C'BC_1'$ ist $2\gamma+2\gamma_1=2(\gamma+\gamma_1)$, denn Dreieck BCC' sowie Dreieck BCC_1' sind gleichschenklig und 2γ bzw. $2\gamma_1$ sind die Außenwinkel dieser Dreiecke. Mithin ist der Winkel am Mittelpunkt des Kreises doppelt so groß wie der Winkel am Umfang.

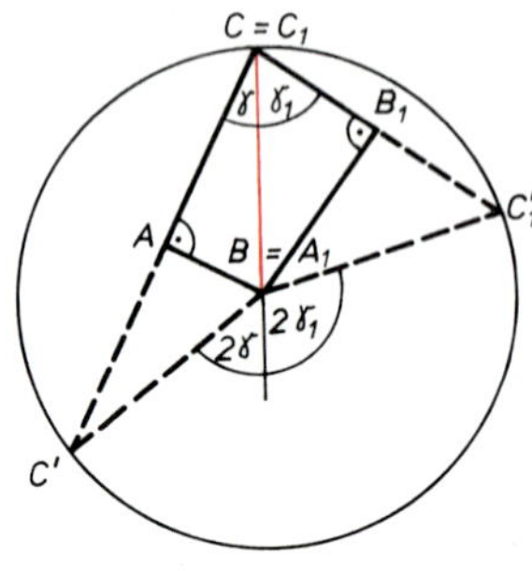

● **S** In jedem Kreis ist der Winkel zwischen zwei Radien doppelt so groß wie der Winkel zwischen zwei Sehnen, die sich auf der Kreislinie treffen und ihre Endpunkte mit den Radien gemeinsam haben.
Kurz: Der Mittelpunktswinkel über einem Kreisbogen ist doppelt so groß wie alle Umfangswinkel über demselben Bogen.

Beispiele:

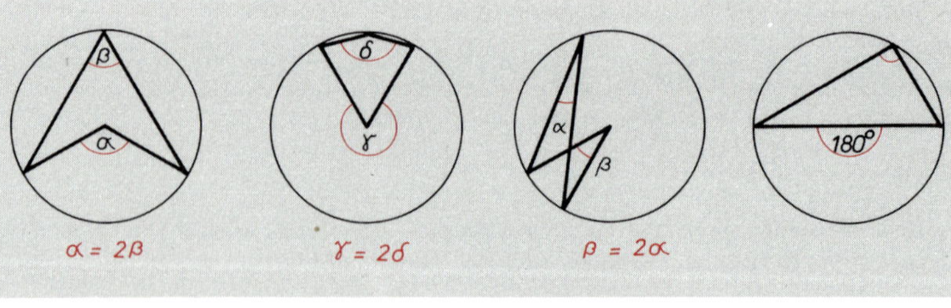

Übungen zu 7.2

1. Zeichne zu den Mittelpunktswinkeln von 30° (90°, 180°, 270°) jeweils Umfangswinkel in verschiedenen Lagen.

2. Zeige, daß Umfangswinkel auf verschiedenen Seiten einer Sehne sich zu 180° ergänzen.

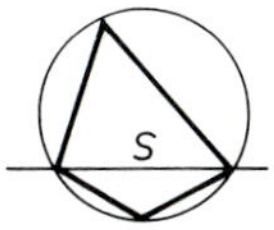

3. Zeichne in einem Kreis drei Umfangswinkel über demselben Bogen. Verdoppele jeden dieser Winkel so, daß ein Schenkel erhalten bleibt. Was gilt für den Schnittpunkt der anderen Schenkel? Warum muß das sein?

4. Zeige, daß die Winkelhalbierenden aller Umfangswinkel über demselben Bogen sich in einem Punkt schneiden. (Anleitung: Beachte Aufgabe 3.)

5. Wie groß ist der Umfangswinkel über einem
   a) Halbkreis **b)** Viertelkreis **c)** Drittelkreis **d)** Zehntelkreis?

6. Ein Schenkel des Mittelpunktwinkels fällt auf einen Schenkel des Umfangswinkels. Welche geometrische Figur entsteht durch die Verbindung der Punkte auf der Kreislinie?

7. Konstruiere die Dreiecke:
   a) $a=6{,}1,\ h_a=3{,}2,\ \alpha=75°$
   b) $c=3{,}6,\ s_c=3{,}8,\ \gamma=49°$
   c) $c=5,\ h_a=3{,}6,\ \gamma=60°$
   d) $a=4{,}5,\ h_b=3{,}5,\ \alpha=53°$
   e) $r=6,\ c=10,\ \beta=117°$
   f) $r=3,\ a=2{,}5,\ s_a=3{,}5$

8. Beweise anhand unten stehender Skizzen, daß Mittelpunktswinkel doppelt so groß wie die zugehörigen Umfangswinkel sind.

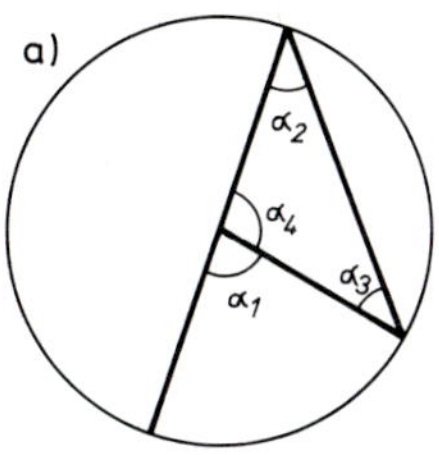

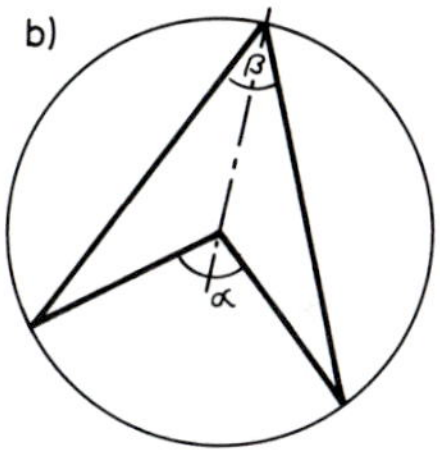

Benutze dabei die Sätze ❶ und ❷ aus Kapitel 1.9, ❶ aus Kapitel 1.6, ❷ aus Kapitel 5.2.

7.3 Sehnen- und Tangentenvierecke

Gegeben ist ein Kreis k mit dem Radius r. In diesen Kreis kann man Vierecke zeichnen, deren Eckpunkte A, B, C, D Elemente von k sind. Daß heißt, die Seiten des Vierecks sind Sehnen im Kreis. Bei einem solchen „Sehnenviereck" stehen gegenüberliegende Viereckswinkel in einem bestimmten Zusammenhang. Aus der Skizze erkennt man nämlich, daß infolge des Satzes ❶ aus Kapitel 7.2 (Mittelpunkts- und Umfangswinkel) der dem Winkel α gegenüberliegende Winkel gleich $180° - \alpha$ ist.

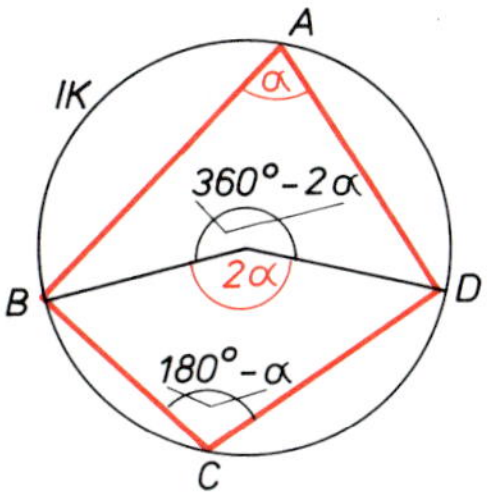

❶a) D Ein Viereck, dessen vier Eckpunkte auf einer Kreislinie liegen, nennt man ein **„Sehnenviereck"**.

b) S Im Sehnenviereck ergänzen sich gegenüberliegende Winkel zu 180°.

Formeln: $\alpha+\gamma=180°$; $\beta+\delta=180°$

Beispiel:

Gegeben ist: $a=4$
$b=3$
$d=5$
$\alpha=80°$

Gesucht ist: Sehnenviereck $ABCD$.

Anleitung:
1) Dreieck ABD zeichnen.
2) Umkreis k_1 um Dreieck ABD konstruieren.
3) Kreis k_2 mit $b=3$ um B zeichnen.
4) $k_1 \cap k_2=\{C, X\}$, $x\notin \square ABCD$.

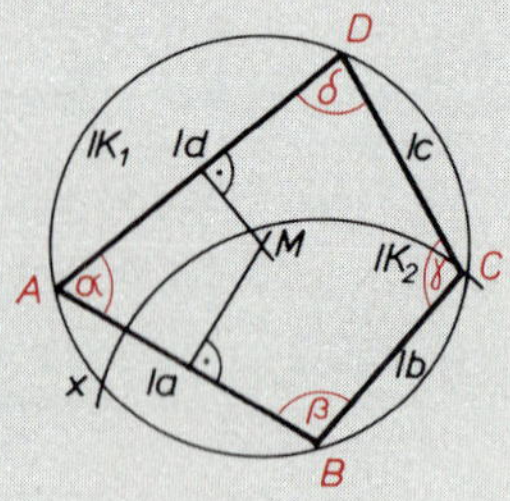

Man kann ein Viereck auch so zeichnen, daß alle Vierecksseiten Tangenten eines Kreises sind. Bei einem solchen „Tangentenviereck" besteht ein bestimmter Zusammenhang zwischen den vier Seiten. Nach Satz ❹ aus Kapitel 7.1 sind Tangentenabschnitte jeweils gleich lang. Es gilt daher:

$$a+c=(u+v)+(w+x)=u+v+w+x$$
$$b+d=(v+w)+(u+x)=u+v+w+x$$

Also gilt auch: $a+c=b+d$.

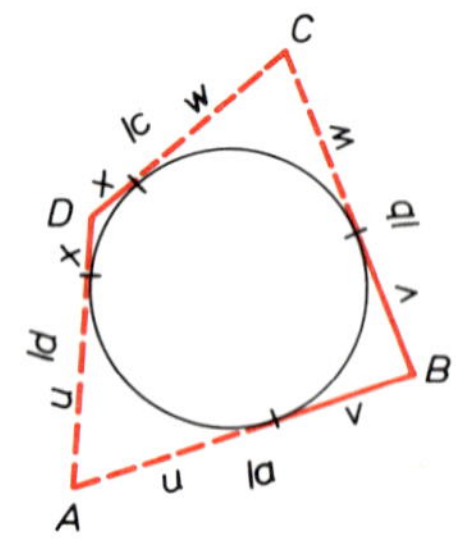

❷a) D Ein Viereck, dessen Seiten Tangenten eines Kreises sind, nennt man **Tangentenviereck.**

b) S Im Tangentenviereck ist die Summe zweier gegenüberliegender Seiten gleich der Summe der anderen beiden Gegenseiten.

Formel: $a+c=b+d$

Beispiel:

Gegeben ist $a=4$, $b=3$, $d=2$, $\alpha=50°$.
Gesucht ist das Tangentenviereck $ABCD$.

Anleitung:
1) c errechnen $b+d=a+c$
$c=b+d-a$
$c=3+2-4$
$=1$
2) Dreieck ABD zeichnen.
3) Kreise k_1 und k_2 um B bzw. D mit $r_1=b$ und $r_2=c$
4) $k_1 \cap k_2=\{X, C\}$.

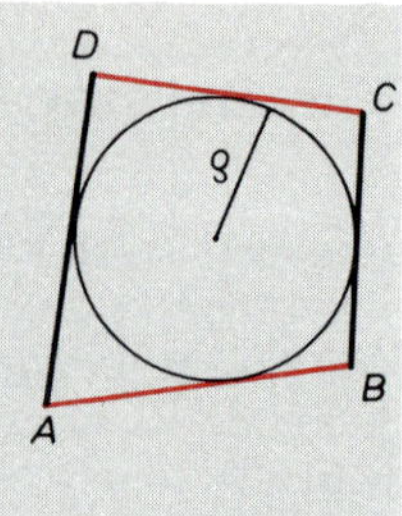

Den Kreismittelpunkt, dessen Tangenten die Vierecksseiten sind, findet man durch Zeichnen der Winkelhalbierenden.

Übungen zu 7.3

1. Was ist richtig, was ist falsch? Berichtige!
a) In jedem Viereck ergänzen sich die Winkel zu 360°.
b) In jedem Viereck ergänzen sich gegenüberliegende Winkel zu 180°.
c) Beim Sehnenviereck schneiden sich die Diagonalen im Mittelpunkt des Umkreises.
d) Im Tangentenviereck schneiden sich die Winkelhalbierenden im Mittelpunkt des Inkreises.

2. Konstruiere ein Sehnenviereck aus:
a) $b=3{,}5$, $r=3$, $\beta=110°$, $\gamma=60°$
b) $a=5{,}5$, $b=2{,}5$, $c=7{,}5$, $r=4{,}1$
c) $c=2{,}5$, $f=4$, $r=2{,}5$, $\beta=101°$
d) $a=2{,}2$, $d=1{,}1$, $e=5$, $r=3{,}1$
e) $a=2{,}4$, $b=3{,}9$, $c=2{,}5$, $\beta=61°$
f) $a=3{,}5$, $b=5{,}4$, $f=5$, $\delta=105°$
g) $a=4{,}7$, $c=7{,}6$, $\alpha=115°$, $\beta=101°$

3. Konstruiere Tangentenvierecke:
a) $a=4{,}5$, $b=3{,}9$, $c=2{,}9$, $\beta=76°$
b) $a=5{,}1$, $e=8$, $\rho=2{,}3$, $\beta=105°$
c) $a=6{,}1$, $b=4{,}4$, $c=4{,}2$, $e=8{,}5$
d) $a=5{,}3$, $\beta=115°$, $\delta=100°$, $\gamma=80°$
e) $a=3{,}2$, $b=4{,}5$, $\alpha=90°$, $\beta=120°$,
f) $a=4{,}1$, $e=7$, $\rho=2{,}3$, $\alpha=103°$

4. Gib an, ob Quadrat, Rechteck, Rhombus und Parallelogramm Sehnen- oder/und Tangentenvierecke sind.

5. Läßt sich die Aussage von ❶b) auch umkehren? Überprüfe es an Beispielen. Führe den allgemeinen Beweis.

6. Zeige an Beispielen, daß jedes Trapez, welches sich in einen Kreis einbeschreiben läßt, ein gleichschenkliges Trapez ist. Gilt auch die Umkehrung? (Vergleiche Aufgabe 8 aus Kapitel 6.2.) Führe den Beweis mit Hilfe bekannter Kongruenzabbildungen.

7. Konstruiere bei einem beliebigen Viereck die vier Winkelhalbierenden. Betrachte die Schnittpunkte jeweils benachbarter als Punkte eines neuen Vierecks. Warum ist dieses Viereck immer ein Sehnenviereck? Zeige durch Nachmessen, daß gegenüberliegende Winkel sich zu 180° ergänzen. Begründe den Sachverhalt durch Sätze über Außenwinkel von Dreieck und Winkelsummen im Viereck und beweise dadurch den Sachverhalt.

8. Zeichne ein gleichschenkliges Tangententrapez mit $a=5$ cm und $\rho=3$ cm. Gibt es einen Zusammenhang zwischen Mittelparallele und Schenkel?

8. ÄHNLICHKEITSABBILDUNGEN IN DER EBENE

Bei den bisher behandelten Abbildungen (Parallelverschiebung, Drehung, Spiegelung) waren Urbild und Bild stets **kongruent,** d.h. in Form und Größe gleich. Jetzt soll eine Abbildung behandelt werden, die nur die Form unverändert läßt.

8.1 Zentrische Streckung

In der nebenstehenden Abbildung ist jeder Punkt des Urbildes einzeln für sich verschoben worden. Dabei gehen alle Geraden, die durch einander entsprechende Urbild- und Bildpunkte gezeichnet sind, durch einen gemeinsamen Festpunkt Z.

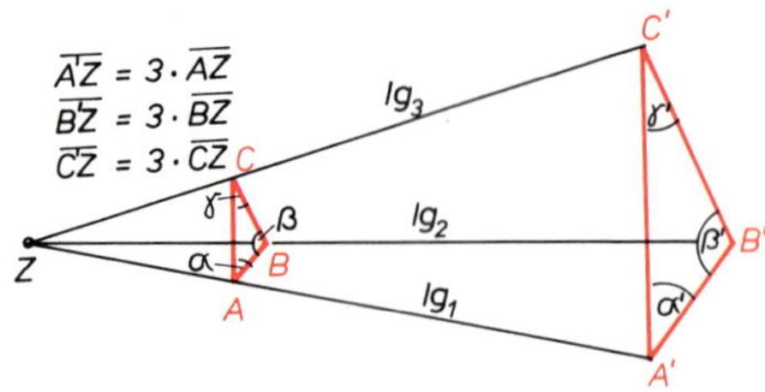

$$g_1 \cap g_2 \cap g_3 = \{Z\}$$

Alle Bildpunkte sind dabei hier dreimal so weit von Z entfernt wie die entsprechenden Urbildpunkte.

❶ **D** Entstehen bei einer Abbildung die Bildpunkte P' so, daß sie auf Strahlen liegen, die von einem Festpunkt Z aus durch die entsprechenden Urbildpunkte P gehen, und ist ferner der Abstand ZP' n-mal so groß wie der Abstand ZP, dann nennt man diese Abbildung zentrische **Streckung.**

Beispiele:

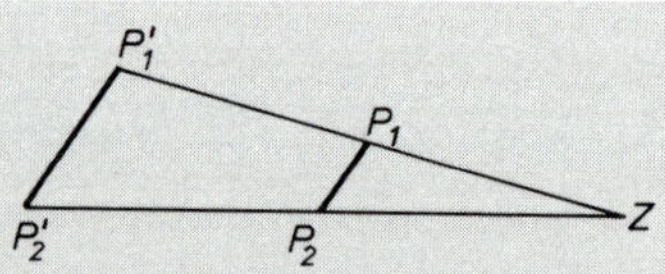

Zentrische Streckung mit $n=2$

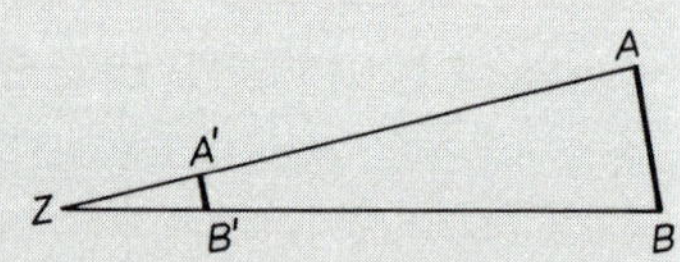

Zentrische Streckung mit $n=\frac{1}{4}$

Bei dieser Abbildung kann man das Bild größer oder kleiner machen als das Urbild.

❷ **D** Die Zahl $n \in \mathbb{Q}^+$, mit der die Streckung durchgeführt wird, nennt man **Streckungszahl** oder **Streckungsfaktor.** Sie ist eine Maßzahl für die Vergrößerung, wenn $n>1$ ist, und für die Verkleinerung, wenn $n<1$ ist.

Beispiele:

$n=5$ macht das Bild fünfmal **größer** als das Urbild.
$n=\frac{1}{5}$ macht das Bild fünfmal **kleiner** als das Urbild.

Für die Streckung gilt, daß entsprechende Urbild- und Bildstrecken über den Faktor n in Beziehung stehen:

❸ **S** Die Bildstrecken vergrößern (verkleinern) sich gegenüber den Urbildstrecken um den Streckenfaktor n. Also:

$a' = n \cdot a, \quad b' = n \cdot b, \quad c' = n \cdot c$

Anders formuliert: Das Verhältnis entsprechender Bild- und Urbildstrecken ist jeweils gleich dem Streckungsfaktor n. Also: $\frac{a'}{a} = \frac{b'}{b} = \frac{c'}{c} = n$

Beispiele:

1. Gegeben ist $n=7$ und ein Urbilddreieck mit $a=5$ (cm), $b=3$ (cm), $c=6$ (cm). Dann hat das Bilddreieck die Seitenlängen:
   $a'=7 \cdot 5$ (cm), $b'=7 \cdot 3$ (cm), $c'=7 \cdot 6$ (cm)
   $=35$ (cm), $=21$ (cm), $=42$ (cm)
2. Gegeben ist $n=3{,}4$ und ein Urbildquadrat mit $a=4$ (cm). Dann hat das Bildquadrat die Seitenlänge $a'=3{,}4 \cdot 4$ (cm) $=13{,}6$ (cm).
3. Gegeben ist ein Urbildkreis mit $r=2{,}83$ (cm) und es ist $n=0{,}1$. Dann hat der Bildkreis den Radius $r'=0{,}283$ (cm).

Für die Streckung gilt weiterhin, daß Winkel zwischen einander entsprechenden Strecken gleich sind:

❹ **S** Bei der zentrischen Streckung bleibt die **Form** und damit alle Winkel unverändert. Man nennt sie deshalb auch winkeltreue Abbildung.

Beispiele:

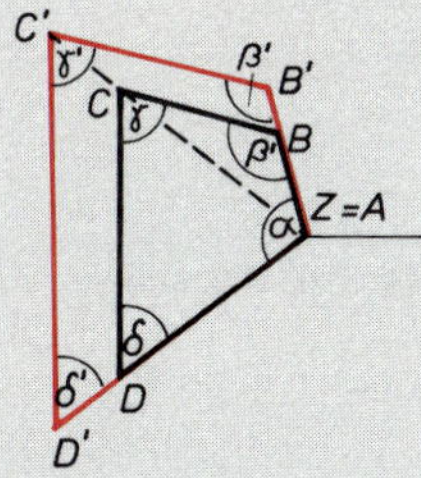

Vergrößerung mit $n=1{,}5$; $\alpha=\alpha'$; $\gamma=\gamma'$

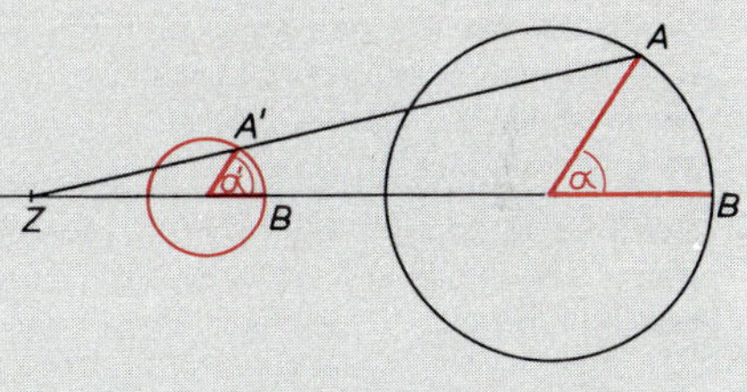

Verkleinerung mit $n=\frac{1}{3}$; $\alpha=\alpha'=45°$

Die Gleichheit entsprechender Winkel sowie die Konstanz des Verhältnisses entsprechender Strecken kann man sich veranschaulichen, wenn m eine rationale Zahl ist. Hierzu „legt" man die bei der Streckung entstehende Gesamtfigur $ZP''Q''$ durch kongruente Teildreiecke „aus". In der Skizze ist dies für die Streckungsfaktoren $n=2(P \rightarrow P')$; $n=3(P \rightarrow P'')$ und $n=1{,}5(P' \rightarrow P'')$ dargelegt.
Aus der Kongruenz der Teildreiecke wird sofort ablesbar, daß beispielsweise $ZQ=\frac{1}{2}ZQ'=\frac{1}{3}ZQ''$ oder $PQ=\frac{1}{2}P'Q'=\frac{1}{3}P''Q''$ ist.

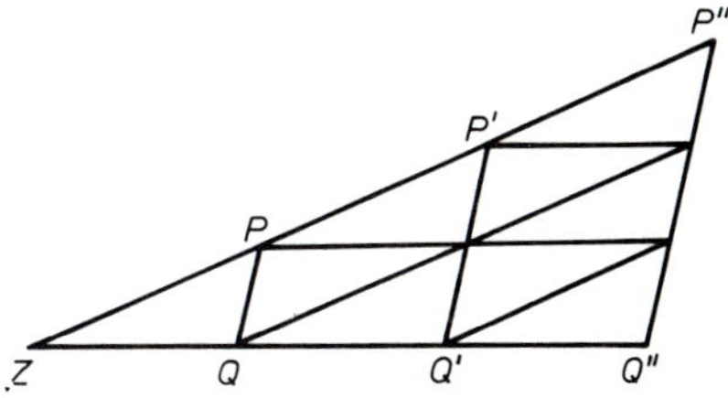

Übungen zu 8.1

1. Stellen die Konstruktionen zentrische Streckungen dar? Bestimme gegebenenfalls n durch Nachmessen.

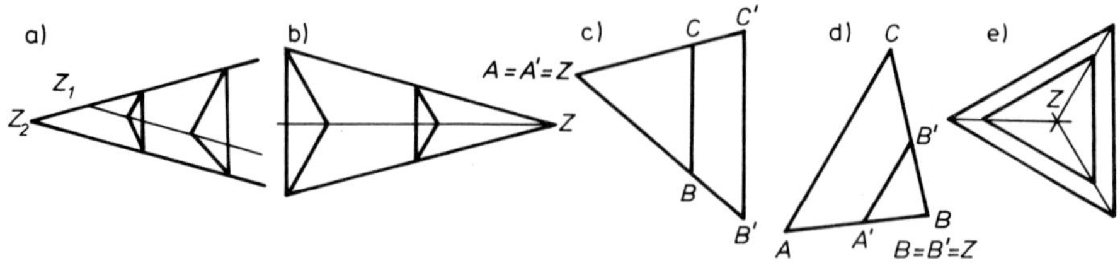

2. Kann es sich bei den folgenden Skizzen um zentrische Streckungen handeln? Welche Kriterien müßten dann erfüllt sein?

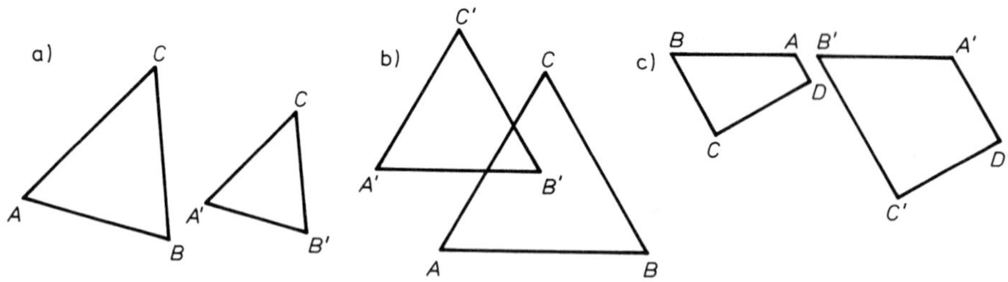

3. Gegeben ist ein Dreieck mit $A(3|5)$, $B(4|5)$, $C(3|6)$ im Gitternetz, wobei
a) $Z(1|1)$ und $n=2$
b) $Z(3|2)$ und $n=1{,}5$
c) $Z(3|4)$ und $n=3$
d) $Z(4|4)$ und $n=2{,}5$
e) $Z(1|2)$ und $n=\frac{1}{2}$
f) $Z(2|3)$ und $n=0{,}3$
Zeichne die Bilder.

4. Führe mit einem
a) Quadrat
b) beliebigen Fünfeck
c) regelmäßigen Sechseck
zentrische Streckungen mit $n=2{,}5$ ($n=\frac{1}{4}$) durch. Das Zentrum Z liege
a) auf einem Eckpunkt des Urbildes,
b) auf einer Seite des Urbildes,
c) innerhalb des Urbildes.

5. Der Kreis lk mit $r=1$ soll mit $n=3$ abgebildet werden. Dabei liege Z
a) außerhalb des Kreises (z. B. $\overline{MZ}=3{,}5$),
b) auf dem Kreisumfang.
Was gilt jeweils für lk $\cap$ lk'? Lege Tangenten durch Z an lk. Wie verhalten sich diese zu lk'?

6. In einem gegebenen Rechteck mit $a=3$, $b=4$ soll durch zentrische Streckung ein Bildrechteck so abgebildet werden, daß $a'=2$ ist und la' $\subset$ la ist (siehe Skizze). Wo liegt Z? Gibt es nur eine Möglichkeit? Wie lang ist b'? Kann auch lb' $\subset$ lb sein?

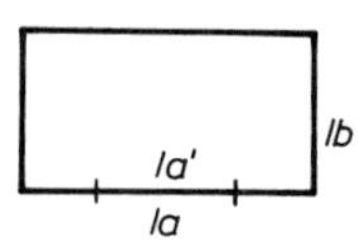

7. Durch welche Streckung ist das innere Dreieck aus dem äußeren entstanden? Wo liegt Z? Wie groß ist n? ($c=7$, $c'=2$)

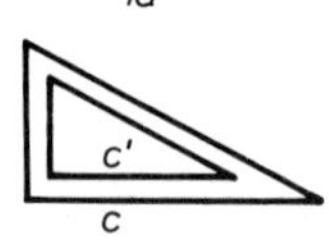

8. Bilde das Quadrat durch Streckung so ab, daß $\overline{D'E'}$ auf $\overline{AB}$ fällt, d. h. l$\overline{D'E'} \subset \overline{AB}$. Lege Z in C. Wo liegt A', wo B'?

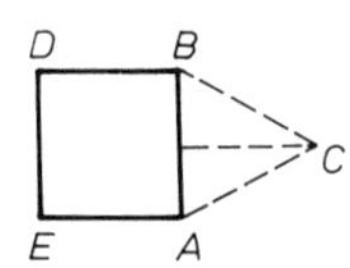

9. Gegeben sind Urbildkreis mit $r=5$ und Bildkreis mit $r'=1{,}5$, ferner $\overline{MM'}=7$. Ermittle Z.

8.2 Ähnliche Figuren

Gegeben ist ein Dreieck ABC und ein Dreieck gleicher Form $A_1B_1C_1$. Diese befinden sich in beliebig gedrehter (Bild a) oder gespiegelter (Bild b) Lage zueinander.

Durch Rückdrehung bzw. Rückspiegelung lassen sie sich in **Parallellage** bringen.

a)

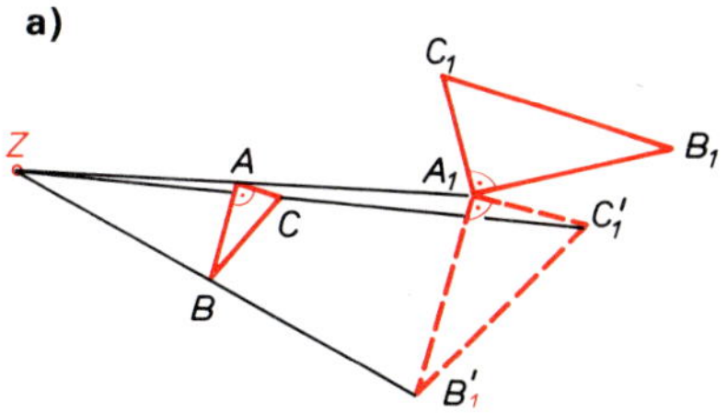

b)

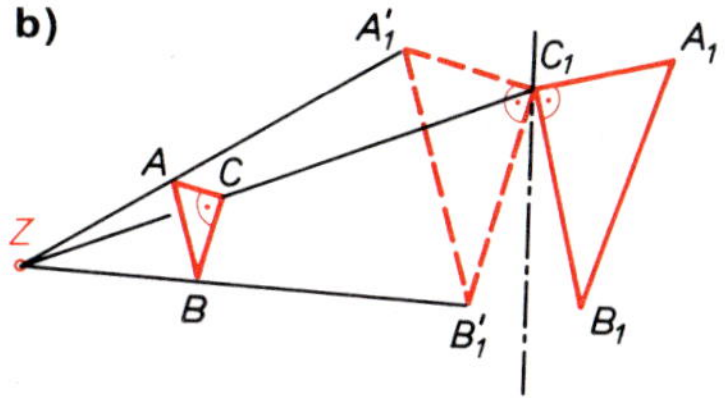

Man erkennt dann, daß die Dreiecke ABC und $A_1'B_1'C_1'$ als Urbild und Bild einer zentrischen Streckung angesehen werden können, d.h., alle Dreiecke gleicher Form kann man durch Kongruenzabbildungen und zentrische Streckung aufeinander abbilden. Dies gilt entsprechend auch für andere Figuren (Vierecke, Fünfecke usw.).

❶ **a) D** Figuren gleicher Form nennt man ähnliche Figuren. Die Ähnlichkeit wird durch ~ bezeichnet (lies: ähnlich).

b) S Ähnliche Figuren entstehen durch Kongruenzabbildung und zentrische Streckung.

Beispiel:

$ABCD \sim A''B''C''D''$

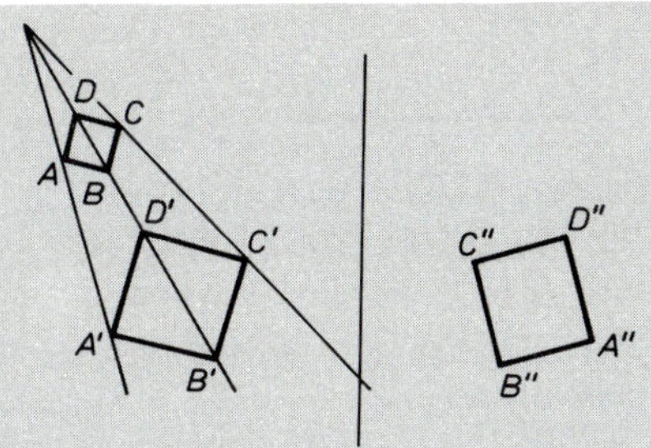

Für ähnliche Figuren gelten die Eigenschaften, die sich aus der zentrischen Streckung ergeben.

❷ **S** Bei ähnlichen Figuren sind die entsprechenden Winkel gleich und die entsprechenden Strecken stehen im gleichen Verhältnis n.

Formeln: $\alpha=\alpha'$; $\beta=\beta'$; $\gamma=\gamma'$

$$\frac{a'}{a}=\frac{b'}{b}=\frac{c'}{c}=\frac{h_a'}{h_a}=\dots=n$$

Beispiele:

1. Gegeben ist ein Dreieck mit $a=5$, $\alpha=30°$, $\beta=100°$.
Gesucht sind Winkelmaße und Seitenlängen des ähnlichen Dreiecks mit $a'=15$.
Es gilt dann: $\alpha'=30°$; $\beta'=100°$; $\gamma'=50°$; $b'=3b$; $c'=3c$.

2. Gegeben ist ein Dreieck mit $a=4$, $b=5$, $c=6$
Gesucht sind die Seitenlängen des ähnlichen Dreiecks mit $h_c'=3{,}5 \cdot h_c$.
Es gilt dann: $a'=3{,}5 \cdot a=14$, $b'=3{,}5 \cdot b=17$, $c'=3{,}5 \cdot c=21$.

Übungen zu 8.2

1. Was ist richtig, was ist falsch?
a) Ähnliche Figuren sind immer in Parallellage.
b) Ähnliche Figuren stimmen in der Form überein.
c) Ähnliche Figuren mit dem Streckungsfaktor $n=1$ sind kongruent.
d) Ähnliche Figuren müssen auch kongruent sein.
e) Bei ähnlichen Figuren stehen die Winkel von Urbild und Bild im Verhältnis n zueinander.
f) Bei ähnlichen Figuren ist das Verhältnis entsprechender Urbild- und Bildstrecken gleich.

2. Gegeben sind ähnliche Dreiecke im Gitternetz, bilde sie so ab, daß sie jeweils in Parallellage sind.
a) $A(2|7)$, $B(6|3)$, $C(6|11)$, $A'(9|1)$, $B'(12|1)$, $C'(9|4)$
b) $A(2|11)$, $B(5|9)$, $C(5|13)$, $A'(12|9)$, $B'(6|13)$, $C'(6|5)$
c) $A(0|0)$, $B(3|0)$, $C(0|5)$, $A'(10|10)$, $B'(10|4)$, $C'(0|10)$
d) $A(2|8)$, $B(8|6)$, $C(5|9)$, $A'(4|1)$, $B'(0|13)$, $C'(6|7)$

3. Suche ähnliche Dreiecke:

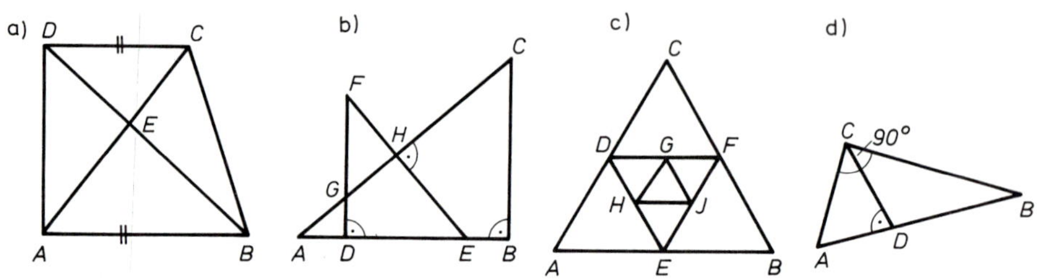

4. Ein DIN-A 4-Blatt hat die Form eines Rechtecks. Falte es so, daß bei jeder Faltung ähnliche Rechtecke entstehen. Wie heißen die entsprechenden Blattgrößen?

5. Unter welchen Bedingungen sind rechtwinklige Dreiecke ähnlich? Nenne zwei verschiedene Möglichkeiten!

6. Gegeben sei die Menge aller Kreise, die Menge aller Quadrate, die Menge aller Rechtecke, die Menge aller gleichseitigen Dreiecke, die Menge aller gleichschenkligen Dreiecke. Bei welchen Mengen sind alle Elemente einander ähnlich?

7. Zeige, daß alle regelmäßigen n-Ecke mit gleicher Eckenzahl einander ähnlich sind.

8. Auf einer im Maßstab 1:10000 gezeichneten Karte sind die Seiten eines viereckigen Grundstücks $a=1{,}2$ cm, $b=0{,}17$ cm, $c=0{,}87$ cm, $d=2{,}3$ cm. Welche Länge haben die Seiten in der Natur?

9. Die Seiten eines gegebenen Dreiecks sind $a=8{,}4$, $b=1{,}7$, $c=8$. Berechne die entsprechenden Seiten ähnlicher Dreiecke, wenn sie zum gegebenen Dreieck in folgenden Verhältnissen stehen:
a) 2:5
b) 6:1
c) 13,5:2,4

10. Konstruiere ein Dreieck mit $a=4$, $b=3$, $h_c=2$ und $\gamma>90°$. Zeichne eine Parallele zur kleinsten Seite so, daß ein ähnliches Dreieck entsteht, dessen größte Seite 1,7 lang ist. Wie lang sind die anderen Seiten? (nachmessen!)

11. Welche Dreiecke sind ähnlich?
a) $a=4{,}2$, $\beta=17°$, $\gamma=111°$
b) $a=8{,}4$, $\beta=17°$, $\gamma=97°$
c) $a=2{,}1$, $\alpha=52°$, $\gamma=111°$
d) $a=6{,}3$, $\alpha=52°$, $\alpha+\beta=69°$
e) $a=0{,}74$, $\gamma=111°$, $\beta+\gamma=126°$

12. Die Seiten eines Dreiecks sind 4; 3,2; 6,1. Berechne die Seiten eines ähnlichen Dreiecks, dessen Umfang 18 beträgt.

13. Zwei Dreiecke stimmen in den Verhältnissen zweier Seiten und einem Winkel überein. Sind sie ähnlich? Müssen noch Zusatzbedingungen erfüllt sein?

14. Zeige, daß sich im Trapez die Diagonalen im Verhältnis „Grundseite: Kopfseite" teilen.

8.3 Strahlensätze, Teilung von Strecken

Ähnliche Dreiecke kann man in eine spezielle Lage abbilden, die es erlaubt, Zusammenhänge zwischen Dreiecksseiten besonders einfach auszusprechen.

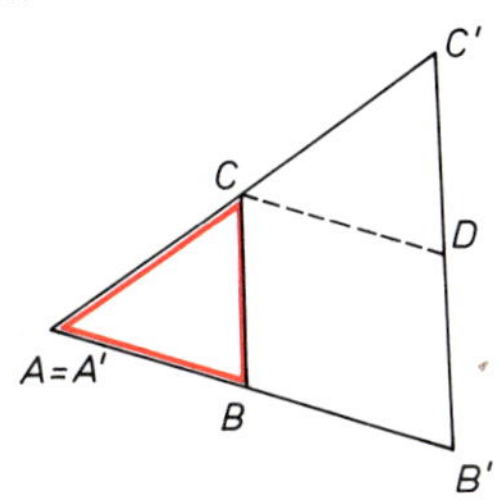

Im nebenstehenden Bild sind zwei ähnliche Dreiecke ABC und $A'B'C'$ so gelegt, daß das Streckungszentrum Z mit dem Punkt $A=A'$ zusammenfällt und entsprechende Seiten parallel sind. Zieht man nun noch die Parallele zu $\overline{A'B'}$ durch den Punkt C, dann gilt z. B.:

$$AC:CC'=AB:BB'$$

Denn:

$$\triangle ABC \sim \triangle A'B'C' \sim \triangle CDC' \quad \text{und} \quad CD=BB'$$

In verallgemeinerter Form kann man aussprechen:

❶ **S** Werden zwei oder mehrere Strahlen, die von einem Zentrum ausgehen, von Parallelen geschnitten, dann verhalten sich die Abschnitte auf einem Strahl wie die entsprechenden Abschnitte auf einem anderen Strahl (1. Strahlensatz).

Beispiele:

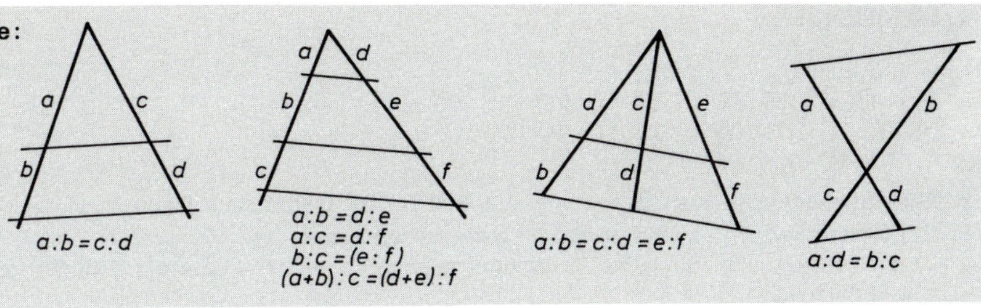

An dem Bild oben kann man auch andere Proportionen aufstellen, z. B.:

$$AC : AC' = BC : B'C'$$

In verallgemeinerter Form lautet dies:

❷ **S** Werden zwei oder mehrere Strahlen, die von einem Zentrum ausgehen, von Parallelen geschnitten, dann verhalten sich die Abschnitte auf den Parallelen wie die bis zum Zentrum gehenden Abschnitte auf einem Strahl (2. Strahlensatz).

Beispiele:

1.

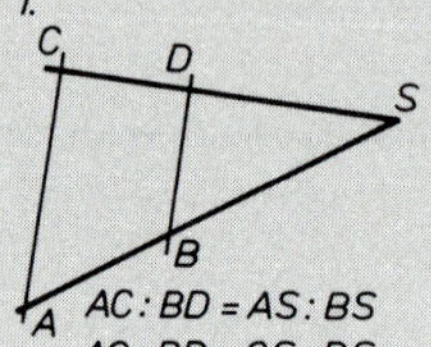

$AC : BD = AS : BS$
$AC : BD = CS : DS$

2.

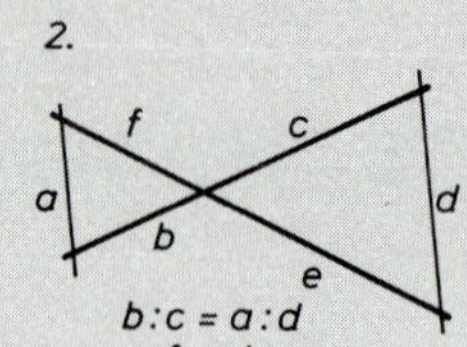

$b : c = a : d$
$e : f = d : a$

Die Strahlensätze kann man zur zeichnerischen Teilung einer Strecke benutzen.

a) Teilung in n gleiche Teile.
Beispiel: Die Strecke $a = 4{,}2$ soll in 5 gleiche Teile geteilt werden.
1) ıa zeichnen.
2) Strahl ıs von A ausgehend beliebig zeichnen.
3) Auf ıs 5 beliebig lange Teile abtragen.
4) 5. Teilpunkt P mit B verbinden.
5) Parallelen zu $\overline{PB}$ zeichnen.

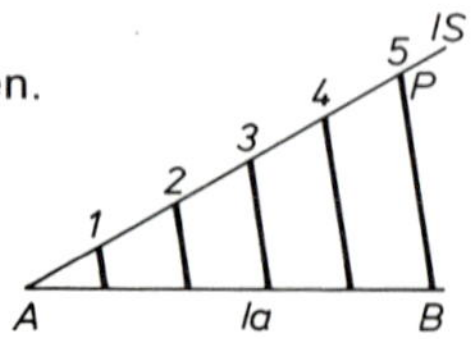

b) Teilung im Verhältnis $m : n$.
Beispiel: Die Strecke $a = 4{,}6$ soll im Verhältnis 3 : 2 geteilt werden.
1) ıa zeichnen.
2) Durch A und B Parallelen $ıg_1$ und $ıg_2$ zeichnen.
3) Auf $ıg_1$ nach oben 3 beliebig lange gleiche Teile abtragen, auf $ıg_2$ entsprechend 2 Teile nach unten abtragen.
4) P und Q miteinander verbinden.
$\overline{PQ}$ teilt a im Verhältnis 3 : 2.

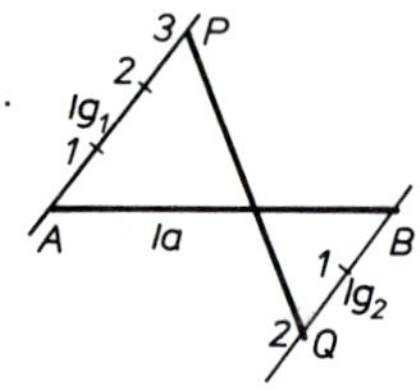

Übungen zu 8.3

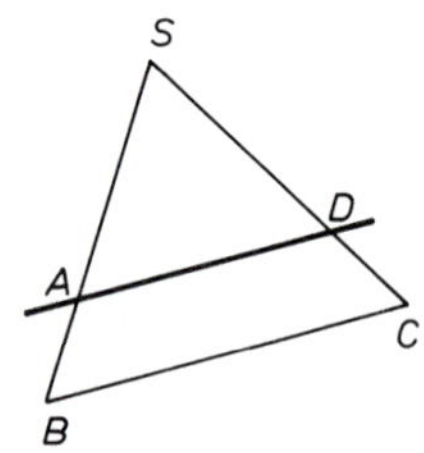

1. Was ist richtig, was ist falsch?
a) $AB : DC = AS : DS$
b) $AB : BC = DC : DS$
c) $BC : AD = AS : DS$
d) $AD : BC = AS : BS$
e) $BC : AD = DS : CS$

2. Zwei Strahlen schneiden sich in einem Punkt S. Auf dem ersten liegen zwei Punkte, die von S 3 cm und 4,5 cm entfernt sind. Auf dem zweiten liegen zwei Punkte, die von S 14 cm und 21 cm entfernt sind. Sind ihre Verbindungsstrecken parallel? (Löse die Aufgabe zeichnerisch und rechnerisch.)

3. Berechne die fehlenden Streckenlängen

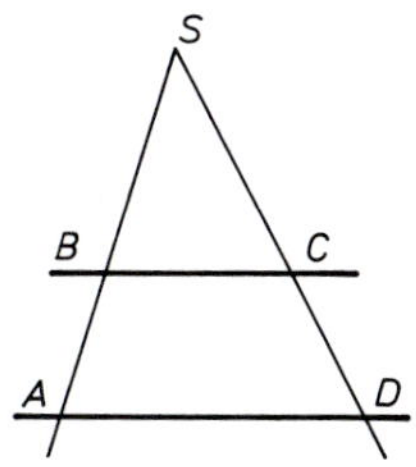

a) geg.: $BS=3$, $AS=5$, $DS=7$
ges.: CS

b) geg.: $AD=4{,}3$, $AS=5{,}2$, $BS=4{,}9$
ges.: BC

c) geg.: $BC=4$, $CD=2$, $DS=7{,}5$
ges.: AD

d) geg.: $AS=14{,}2$, $CD=3$, $CS=4{,}9$
ges.: BS

4. Zeichne die Parallelen so, daß die Abschnitte auf dem Strahl das Verhältnis

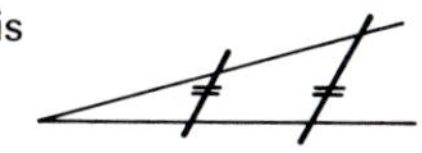

a) 3:2
b) 6:7
c) 5:8 haben.

5. Konstruiere mit Hilfe des 1. Strahlensatzes die Streckenlänge x, für die gilt:
a) $3:x=2:7$
b) $x:3=7:2$
c) $0{,}3:0{,}5=x:0{,}2$
d) $0{,}7:0{,}8=5:x$

6. Führe die Konstruktion der Aufgabe 5. mit Hilfe des 2. Strahlensatzes durch.

7. Gegeben sei ein Dreieck mit $c=4$ und $b=2$. Teile c in 5 gleiche Teile und zeichne durch die Teilpunkte Parallelen zu b. Wie groß sind die entstehenden 5 Parallelenabschnitte.

8. Konstruiere Dreiecke aus:
a) $a:b:c=4:3:2$, $b=5$
b) $b:c=2:3$, $\alpha=30°$, $a=4$
c) $b:c=3{,}5:2{,}5$, $\alpha=50°$, $h_a=2$
d) $a:b=3:5$, $a=4$, $h_c=3$
Anleitung: Zeichne bei den Aufgaben a), b) und c) zuerst Hilfsdreiecke, in denen die Seitenlängen gleich den gegebenen Verhältniszahlen sind.

9. Teile die Strecke $a=6$ in 7 (9; 5) gleiche Teile.

10. Teile die Strecke $a=10$ im Verhältnis 2:3 (3:4; 5:6; 8:2)

11. Unter Steigung (einer Straße) versteht man das Verhältnis von Höhendifferenz h zum waagerechten Fortschritt a.

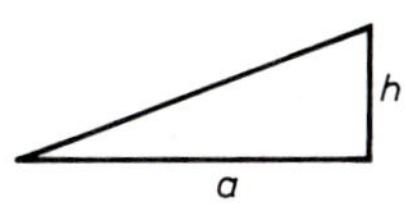

Die Steigung einer Strecke sei
a) 10:100 (≙10%)
b) 15:100 (≙15%)
c) 1:40
Wie groß ist die Höhe h, wenn $a=1$ km (1,4 km) ist?

8.4 Satzgruppe des Pythagoras

Mit Hilfe des Begriffs „Ähnlichkeit" läßt sich recht einfach der „Satz des Pythagoras" $a^2+b^2=c^2$ herleiten.
Hierzu zeigt man zunächst die Gültigkeit eines Hilfssatzes.

Gegeben ist ein **rechtwinkliges** Dreieck ABC. Durch Einsetzen der Höhe h_c lassen sich hierbei drei ähnliche Dreiecke herstellen.

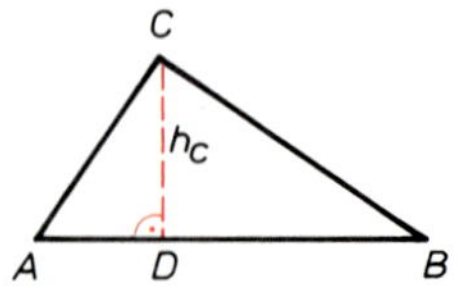

$\triangle ABC \sim \triangle ACD \sim \triangle BCD$ nach Satz ❷ aus Kap. 8.2

Deshalb gilt z. B.: $AC:AB = AD:AC$

von $\triangle ACD$ von $\triangle ABC$

Also: $(AC)^2 = AB \cdot AD$

Dies bedeutet in Worten:

❶ **S** Das Quadrat über einer Kathete ist flächengleich dem Rechteck, das gebildet ist aus Hypotenuse und dem zur Kathete gehörenden Hypotenusenabschnitt (Satz des Euklid).

Formel: $a^2 = c \cdot p$

Beispiele:

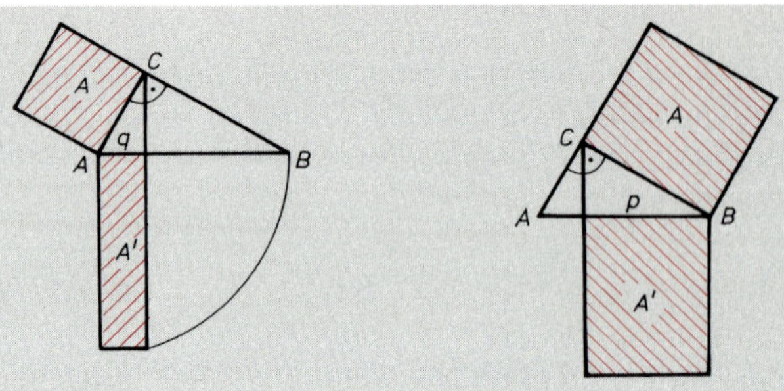

Wendet man Satz ❶ (Satz des Euklid) auf beide Katheten an, dann folgt:

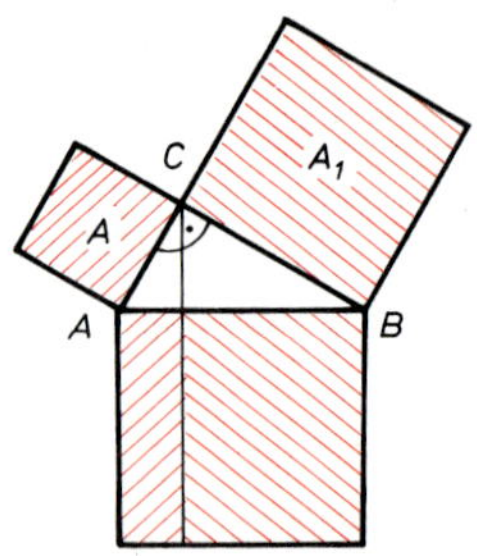

❷ **S** Die Summe der Kathetenquadrate ist gleich dem Hypotenusenquadrat (Satz des Pythagoras).

Formel: $a^2 + b^2 = c^2$

Beweis:

$a^2 = c \cdot p$	nach S. ❶	daraus folgt:	mit $p+q=c$ wird:
$b^2 = c \cdot q$	nach S. ❶	$a^2 + b^2 = c(p+q)$	$a^2 + b^2 = c^2$

Bezieht man bei dem Bild oben die Höhe h_c mit in die Überlegung ein, dann gilt: $CD:DB = AD:CD$, also: $(CD)^2 = DB \cdot AD$.

❸ **S** Das Quadrat über der Höhe eines rechtwinkligen Dreiecks ist gleich dem Rechteck, das aus den beiden Hypotenusenabschnitten gebildet wird (Höhensatz).

Formel: $h_c^2 = p \cdot q$

Beispiel:

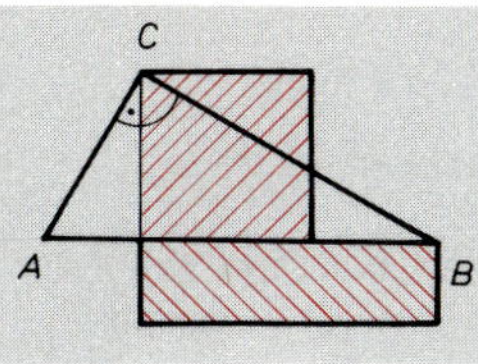

Übungen zu 8.4

1. Was ist richtig, was ist falsch?

a)

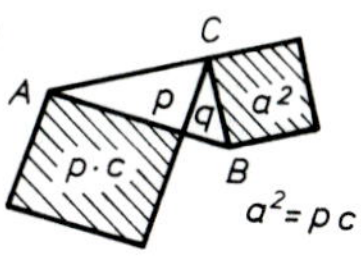

b)

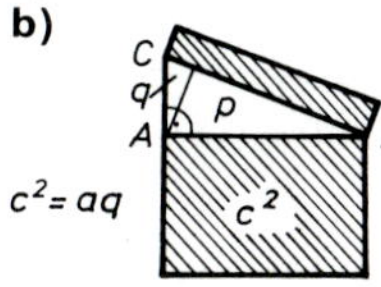

c)

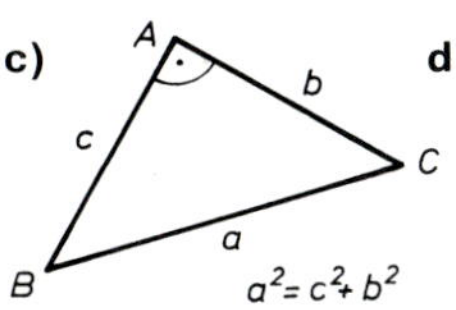

d)

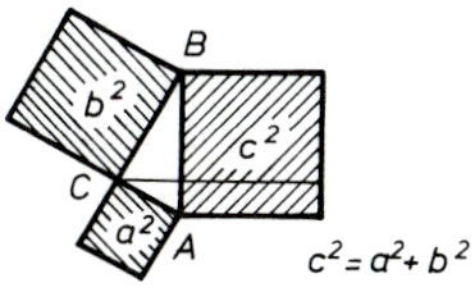

e) Im rechtwinkligen Dreieck ist das Quadrat über der Kathete flächengleich dem Rechteck gebildet aus den beiden Hypotenusenabschnitten.

f) Im nichtrechtwinkligen Dreieck ist das Quadrat über der längsten Kathete gleich der Summe der Quadrate der beiden anderen Seiten.

g) Im rechtwinkligen Dreieck ist die Länge der Hypotenuse gleich der Fläche der beiden Kathetenquadrate.

h)

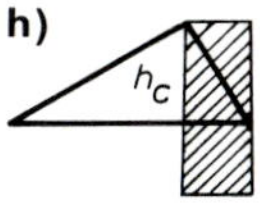

i)

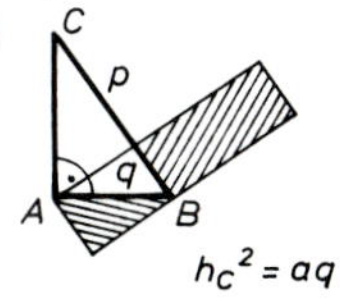

k) Das Rechteck gebildet aus den beiden Hypotenusenabschnitten ist flächengleich dem Quadrat einer beliebigen Höhe im Dreieck.

2. Berechne die fehlenden Seiten der rechtwinkligen Dreiecke und die Hypotenusenabschnitte. ($\gamma = 90°$).

a) $a=3$; $b=4$

b) $a=21$; $b=28$

c) $a=1{,}5$; $b=3{,}6$

d) $a=2{,}5$; $b=2$

e) $b=4$; $p=3$

f) $h_c=2$; $q=1{,}5$

g) $c=15$; $b=5$

h) $a=5$; $c-p=4$

i) $p=4$; $q=5$

3. Konstruiere ein Quadrat, das flächengleich

a) der Summe,

b) der Differenz zweier gegebener Quadrate ist.

4. Konstruiere zu einem gegebenen Quadrat ein Quadrat, das den zweifachen (drei-, vierfachen) Flächeninhalt des gegebenen Quadrates besitzt.

5. Berechne die Diagonale eines Rechtecks, wenn die Seiten 12 und 8 betragen.

6. Wie groß ist eine Rechteckseite, wenn die Diagonale 196 beträgt und eine Seite 144 lang ist?

7. Wie lang ist die Körperdiagonale eines Würfels,
a) dessen Kantenlänge 2 (4; 6) beträgt,
b) dessen Kantenlänge mit a angegeben ist?

8. **a)** Berechne die Hypotenusen a_1, a_2 und a_3 von nebenstehender Figur.
b) Läßt sich für die Berechnung der Hypotenuse ein Bildungsgesetz finden? Wenn ja, wie lang ist a_8?

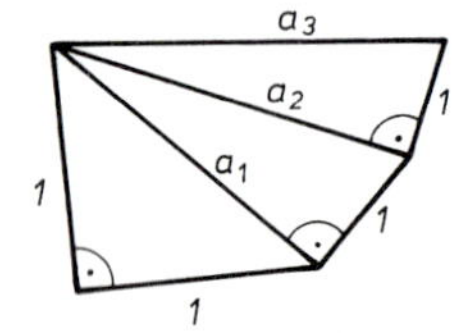

9. Verwandle ein Rechteck mit den Seitenlängen 8 und 3 (6 und 3) in ein flächengleiches Quadrat
a) nach dem Lehrsatz des Euklid
b) nach dem Höhensatz

10. Verwandle ein Quadrat mit der Kantenlänge $a=5$ in ein flächengleiches Rechteck. Ist die Aufgabe eindeutig lösbar?

11. Verwandle ein Quadrat der Seitenlänge 8 in ein Rechteck
a) mit einer Seitenlänge 6 **b)** mit einer Seitenlänge 10

12. Im rechtwinkligen Dreieck ist
a) die Hypotenuse 58, eine Kathete 40,
b) die Hypotenuse 175, eine Kathete 105,
c) die Hypotenuse 10, eine Kathete 50.
Welche Länge hat jeweils die andere Kathete?
Sind alle drei Aufgaben lösbar?

13. Zeige, daß im gleichseitigen Dreieck mit der Seitenlänge a die Höhe $h=\frac{a\sqrt{3}}{2}$ ist.

14. In einem Kreis mit dem Radius 6 ist eine Sehne im Abstand 2 vom Kreismittelpunkt eingezeichnet.
a) Berechne die Länge der Sehne.
b) Wie lautet die Gleichung, die die Abhängigkeit der Sehnenlänge vom Abstand des Mittelpunktes ausdrückt?

15. Berechne die Höhe in einem gleichschenkligen Dreieck, dessen Eckpunkte die drei Kreismittelpunkte sind, wobei $r_1=r_2$ und $r_3>r_1$ ist.

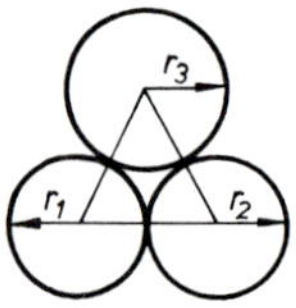

16. Wie lang ist in einem Rechteck mit $a=6$ und $b=8$ das Lot von einem Eckpunkt auf die Diagonale?

17. Berechne die Entfernung der Gitterpunkte im Gitternetz.
a) $P_1(4|3)$, $P_2(1|2)$
b) $P_1(8|4)$, $P_2(4|0)$
c) $P_1(2|3)$, $P_2(10|7)$
d) $P_1(8|8)$, $P_2(28|3)$
e) $P_1(2|5)$, $P_2(10|5)$

18. Wie groß sind jeweils die Abstände der Punkte P_1 bzw. P_2 aus Aufgabe 17 zum Punkt $P(0|0)$ des Gitternetzes?

19. Berechne den Radius r des Kreisbogens, wenn h und s gegeben sind.

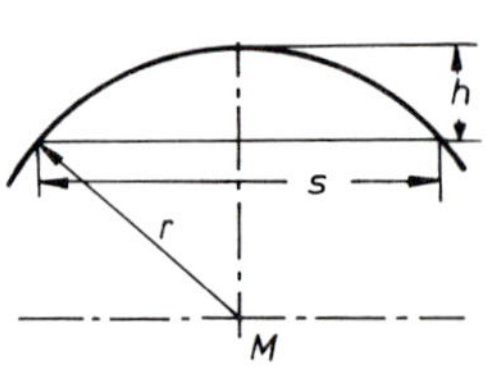

20. Ein Antennenmast ist durch zwei gleich lange Seile nach entgegengesetzten Seiten abgespannt. (Seile und Mast liegen in einer Ebene.) Wie hoch ist der Mast, wenn die Seile am Erdboden 132 m voneinander entfernt sind und die Seile an der Mastspitze einen rechten Winkel bilden?

9. TRIGONOMETRIE IM ZUSAMMENHANG MIT DEM VEKTORBEGRIFF

9.1 Darstellung von Vektoren, Begriff des Einheitsvektors

In Kap. 3.2 wurde der Verschiebepfeil zur Kennzeichnung von Betrag und Richtung einer Parallelverschiebung eingeführt. Dort wurde auch verdeutlicht, daß alle Verschiebepfeile, die gleichen Betrag und gleiche Richtung haben, die gleiche Parallelverschiebung kennzeichnen. Man faßt deshalb die Menge aller Pfeile gleichen Betrags und gleicher Richtung zu einer Klasse zusammen, die man **,,Vektorklasse"** oder kurz **,,Vektor"** nennt.

Hier soll untersucht werden, wie man einen Vektor kennzeichnen kann. Die nebenstehende Abbildung zeigt eine Möglichkeit auf, die man Darstellung in Polarkoordinaten* nennt.

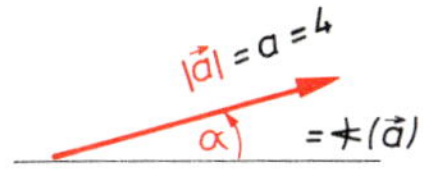

❶ **D** Ein Vektor $\vec{a}$ wird in Polarkoordinaten dargestellt, indem

a) die Länge (der Betrag) von $\vec{a}$ angegeben wird und

b) der Winkel zwischen $\vec{a}$ und Horizontalachse h angegeben wird.

Beispiele:

1.

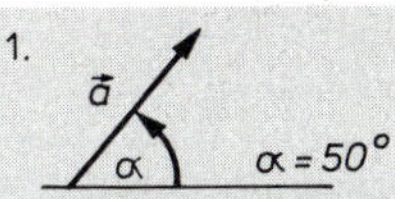

$\alpha = \sphericalangle(\vec{a}) = 50°$
$|\vec{a}| = a = 3$

2.

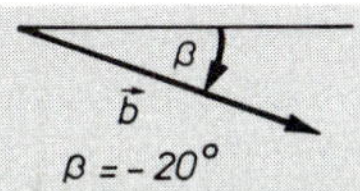

$\beta = \sphericalangle(\vec{b}) = -20°$
$|\vec{b}| = b = 2$

3.

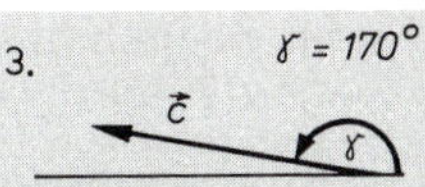

$\gamma = \sphericalangle(\vec{c}) = 170°$
$|\vec{c}| = c = 3{,}5$

Häufig benötigt man Vektoren, deren Betrag gleich 1 ist. Man bezeichnet sie als **Einheitsvektoren** oder **Einsvektoren**.

❷ **D** Ein Einheitsvektor $\mathfrak{e}$ (kleines deutsches ,,e") hat die Länge (den Betrag) 1. Seine Richtung kann beliebig sein.

Beispiele:

$\mathfrak{e}_1$ mit $\sphericalangle(\mathfrak{e}_1) = -170°$

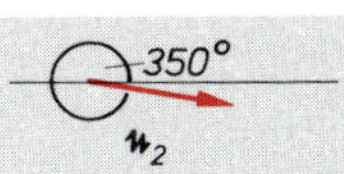

$\mathfrak{e}_2$ mit $\sphericalangle(\mathfrak{e}_2) = 350°$

Eine andere Möglichkeit der Darstellung von Vektoren bietet das kartesische Koordinatensystem.

---

* Polarkoordinaten = Von einem Punkt, dem sog. Pol, ausgehende Darstellungsmöglichkeit, die als Kenngrößen den Abstand vom Pol und den Winkel zwischen Polabstandslinie und einer beliebig gewählten Nullachse benutzt.

❸ **D** Das kartesische Koordinatensystem entsteht aus einem Gitternetz, indem man die Horizontal- und die Vertikalachse über den Nullpunkt nach links (neg. h-Achse) bzw. nach unten (neg. v-Achse) verlängert und auf den Achsen nicht nur natürliche Zahlen, sondern alle reellen Zahlen zuläßt.

Beispiel:

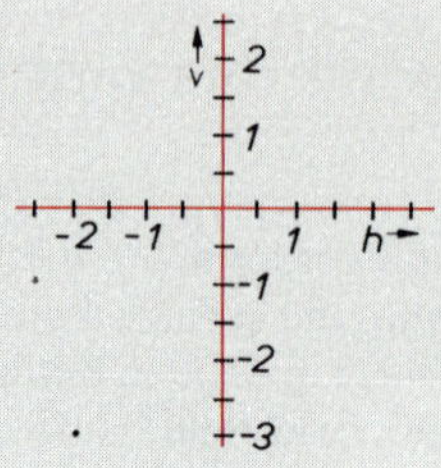

Es sind die Punkte eingetragen:
$P_1=(1{,}5|2{,}5)$
$P_2=(-2{,}5|1)$
$P_3=(-2|-3)$

Anmerkung:

Das hier skizzierte kartesische Koordinatensystem ist weitgehend identisch mit dem aus der Funktionenlehre bekannten Koordinatensystem. Es sind lediglich die Achsenbezeichnung x durch h und y durch v ersetzt.

Will man einen Vektor mit Hilfe dieses kartesischen Koordinatensystems angeben, dann wählt man aus der Vektorklasse denjenigen Pfeil aus, der im Nullpunkt des Systems beginnt.

❹ **D** Ein Vektor $\vec{a}$ wird im kartesischen Koordinatensystem dargestellt, indem man
a) die h-Koordinate der Vektorspitze und
b) die v-Koordinate der Vektorspitze angibt.

Man sagt auch: Die Koordinaten des Vektors $\vec{a}$ sind a_h und a_v.
Formel: $\vec{a}=(a_h|a_v)$

Beispiele:

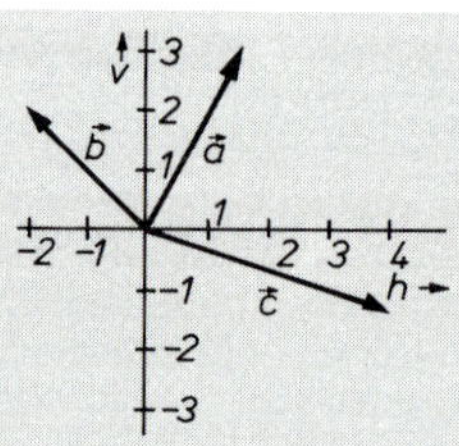

$\vec{a}=(1{,}5|3)$
$\vec{b}=(-2|2)$
$\vec{c}=(4|-1{,}3)$

Übungen zu 9.1

1. Was ist richtig, was ist falsch? Berichtige.

a)

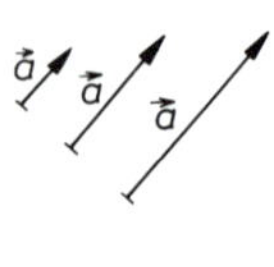

b)

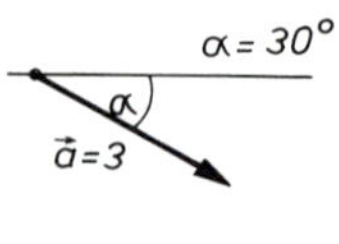

c)

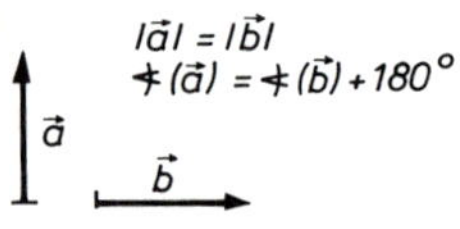

d) Einheitsvektoren haben alle dieselbe Richtung.
e) Es gibt verschiedene Einheitsvektoren.
f) Zur Kennzeichnung eines Vektors in kartesischen Koordinaten gibt man seinen Anfangspunkt an.

2. Zeichne die Vektoren, die in Polarkoordinaten gegeben sind
$a=3$, $\sphericalangle(\vec{a})=50°$; $b=5$, $\sphericalangle(\vec{b})=95°$; $c=4$, $\sphericalangle(\vec{c})=-90°$; $d=4$, $\sphericalangle(\vec{d})=0°$;
$e=2{,}3$, $\sphericalangle(\vec{e})=183°$; $f=1{,}8$, $\sphericalangle(\vec{f})=-315°$; $g=2{,}8$, $\sphericalangle(\vec{g})=400°$; $h=4{,}5$, $\sphericalangle(\vec{h})=-380°$
Welche Winkel können einfacher angegeben werden?

3. Zeichne die Einheitsvektoren, deren Winkel 17°, 38°, 60°, 95°, 135°, 180°, 250°, 320° betragen. Beschreibe in einem Satz, auf welcher geometrischen Linie ihre Spitzen liegen, wenn alle von demselben Ausgangspunkt gezeichnet werden.

4. Zeichne vier Einheitsvektoren der Richtung 20° in einer Reihe hintereinander. Welchen Betrag hat der Vektor, der sie ersetzen kann?

5. Fünf Einheitsvektoren haben die Winkel 35°, −90°, −325°, 90°, 270°. Welche sind gleich?

6. Was ist jeweils falsch?
a) $|\vec{a}|=7$, $\sphericalangle a=30$, **b)** $\vec{b}=3$, $\sphericalangle(\vec{b})=-7°$, **c)** $c=50°$, $\sphericalangle(\vec{c})=12$, **d)** $d=10$, $\sphericalangle e=50°$

7. Zeichne ein Koordinatensystem mit Horizontalachse h und Vertikalachse v und trage die Vektoren ein.
$\vec{a}=(1{,}7|4)$, $\vec{b}=(2{,}2|7)$, $\vec{c}=(3{,}3|-2)$, $\vec{d}=(-2|-4)$, $\vec{e}=(-1|0)$,
$\vec{f}=(4{,}2|-1{,}2)$, $\vec{g}=(0|-1)$, $\vec{h}=(0|0)$, $\vec{k}=(5|0)$, $\vec{l}=(0|3)$.
Welche Vektoren liegen auf den Achsen? Welche sind Einheitsvektoren? Gibt es einen Vektor mit dem Betrag 0?

8. Berechne mit Hilfe des Satzes von Pythagoras die Beträge:
$\vec{a}=(4|3)$, $\vec{b}=(6|8)$, $\vec{c}=(1|3)$, $\vec{d}=(-3|4)$, $\vec{e}=(-4{,}2|5)$, $\vec{f}=(-2|-3{,}5)$.

9. Warum haben die beiden Vektoren $\vec{a}=(2|3)$ und $\vec{b}=(6|9)$ die gleiche Richtung? (Begründe mit Hilfe der Strahlensätze.) Wie verhalten sich ihre Beträge?

10. Was muß für die h- und die v-Koordinaten eines Vektors gelten, damit er in Richtung 45°, 135°, 225°, −45° zeigt?

11. Welchen Betrag und welche Richtung haben die Vektoren, die gegeben sind durch:

a)	Anfangspunkt $P_1(2|3)$	Endpunkt $P_2(4|6)$
b)	$P_1(4|6)$	$P_2(2|3)$
c)	$P_1(2|0)$	$P_2(-4|5)$
d)	$P_1(-1|-2)$	$P_2(2|2)$

12. Unter welchen Winkeln schneiden sich die Vektoren in (0|0)?
a) $\vec{a}=(2|2)$, $\vec{b}=(0|2)$ **b)** $\vec{a}=(-3|-3)$, $\vec{b}=(2|0)$
c) $\vec{a}=(1|2)$, $\vec{b}$ geht von $P_1(1|-2)$ aus und endet bei $P_2(-1|2)$

13. Wie lauten die Vektoren, die um 90° (180°, 135°) zu den Vektoren aus Aufgabe 7 gedreht sind und gleichen Betrag haben?

9.2 Definition von Sinus und Kosinus am Einheitskreis

Ist ein Vektor in Polarkoordinaten gegeben, dann ist es im allgemeinen nicht möglich, seine kartesischen Koordinaten mit elementaren algebraischen Methoden zu ermitteln. Man benötigt zu diesem Zweck neu definierte mathematische Begriffe.
Dazu sollen zunächst Einheitsvektoren betrachtet werden.

Die Spitze eines Einheitsvektors liegt auf einem Kreis mit dem Radius $r=1$ um den Nullpunkt eines Koordinatensystems, deshalb gilt:

❶ **D** Die Koordinaten eines Einheitsvektors sind die Koordinaten von Punkten des Einheitskreises.

Beispiele:

$\mathfrak{n}_1=(-1|0)\hat{=}P_1(-1|0)$
$\mathfrak{n}_2=\ (0|1)\hat{=}P_2(0|1)$

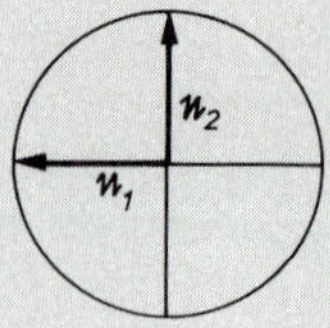

Liegt ein Einheitsvektor **nicht auf den Achsen** des Koordinatensystems, dann liegt seine Spitze nicht auf einem Gitterpunkt. Zur Ermittlung der Komponenten solcher Einheitsvektoren kann man aber geeignete Definitionen angeben.

Definition des Sinus* eines Winkels (Bestimmung der Vertikalkomponente)

❷ **D** Die v-Koordinate e_v eines Einheitsvektors $\mathfrak{n}$ nennt man **Sinus*** des Winkels zwischen $\mathfrak{n}$ und der pos. h-Achse.

Formel: $e_v \stackrel{\text{def}}{=} \sin\alpha = \sin \sphericalangle(\mathfrak{n})$ (lies: Sinus α bzw. Sinus Winkel e)

Beispiele:

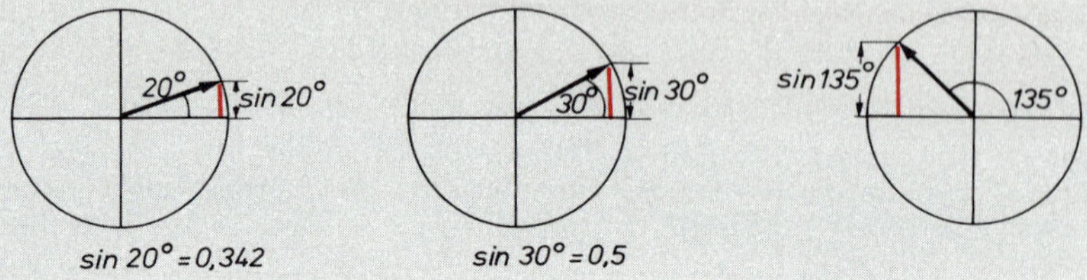

Die Sinuswerte sind in einem Tabellenwerk oder auf dem Rechenschieber abzulesen**. (Siehe auch Tabellen Seite 156 ff.)
Besonders wichtige Sinuswerte:

$\sin 0°=0$	$\sin 90°=1$	$\sin 45°\approx 0{,}707$	$\sin 270°=-1$
$\sin 30°=0{,}5$	$\sin 180°=0$	$\sin 60°\approx 0{,}866$	$\sin 360°=0$

❸ **S** Für die Zusammenhänge zwischen Sinuswerten von Winkeln unter 90° mit Winkeln über 90° ergibt sich:

a) für $90°<\alpha<180°$ gilt: $\sin\alpha=\sin(180°-\alpha)$

b) für $180°<\alpha<270°$ gilt: $\sin\alpha=-\sin(\alpha-180°)$

c) für $270°<\alpha<360°$ gilt: $\sin\alpha=-\sin(360°-\alpha)$

* Der lat. Ausdruck „Sinus", der wörtlich etwa Bogen oder Rundung bedeutet, wird anschaulich in Kap. 9.10, wenn man das Bild der „Sinusfunktion" betrachtet.

** Die Sinuswerte kann man aus Reihenuntersuchungen mit jeder beliebigen Genauigkeit errechnen, z. B.

$$\sin x=\frac{x}{1}-\frac{x^3}{1\cdot 2\cdot 3}+\frac{x^5}{1\cdot 2\cdot 3\cdot 4\cdot 5}-\cdots$$

Beispiele:

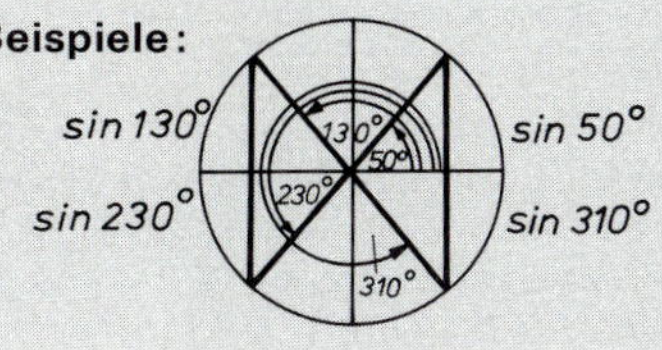

Hinweis: Die Formeln des Satzes ❸ braucht man nicht unbedingt auswendig zu wissen, man kann sie sich selber am Einheitskreis herleiten.

Definition des Kosinus eines Winkels

❹ **D** Die h-Koordinate e_h eines Einheitsvektors $\mathfrak{n}$ nennt man Kosinus des Winkels zwischen $\mathfrak{n}$ und der pos. h-Achse.

Formel: $e_h \overset{\text{def}}{=} \cos\alpha = \cos \sphericalangle(\mathfrak{n})$ (lies: Kosinus α bzw. Kosinus Winkel e)

Beispiele:

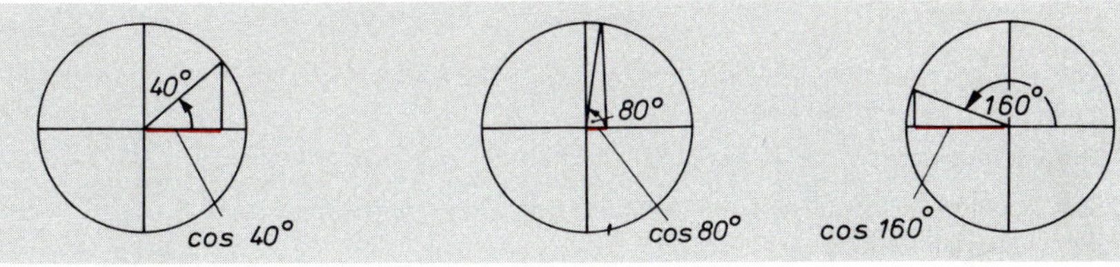

Die Kosinuswerte sind in den gleichen Tabellen abzulesen, wie die Sinuswerte. (Siehe auch Tabellen Seite 156ff.).

Besonders wichtige Kosinuswerte:

$\cos 0° = 1$	$\cos 90° = 0$
$\cos 30° \approx 0{,}866$	$\cos 180° = -1$
$\cos 45° \approx 0{,}707$	$\cos 270° = 0$
$\cos 60° = 0{,}5$	$\cos 360° = 1$

❺ **S** Für die Zusammenhänge zwischen Kosinuswerten von Winkeln unter 90° mit Winkeln über 90° ergibt sich:

a) für $90° < \alpha < 180°$ gilt: $\cos\alpha = -\cos(180° - \alpha)$

b) für $180° < \alpha < 270°$ gilt: $\cos\alpha = -\cos(\alpha - 180°)$

c) für $270° < \alpha < 360°$ gilt: $\cos\alpha = \cos(360° - \alpha)$

Übungen zu 9.2

1. Was ist richtig, was ist falsch? Berichtige.

a) Die Spitzen eines Einheitsvektors liegen auf den Achsen des Koordinatensystems.
b) Der Sinus gibt die Länge eines Vektors an.
c) Der Kosinus gibt die h-Koordinate eines Einheitsvektors an.
d) Sinuswerte gibt es nur für Winkel bis 90°. **e)** Ein Kosinuswert kann auch größer als 1 sein.
f) $\sin\alpha = -\sin(180° - \alpha)$ für $\alpha > 90° \wedge \alpha < 180°$. **g)** $\cos\alpha = -\cos(180° - \alpha)$ für $\alpha > 90° \wedge \alpha < 180°$.

2. Zeichne die Einheitsvektoren mit dem Anfangspunkt im Punkt (0|0) eines kartesischen Koordinatensystems und miß jeweils e_v und e_h. (Wähle auf den Achsen die Einheit $1 \mathrel{\hat{=}} 10$ cm.) Vergleiche mit den Tabellenwerten für Sinus und Kosinus.
$\sphericalangle(\mathfrak{n}_1) = 30°$, $\sphericalangle(\mathfrak{n}_2) = 60°$, $\sphericalangle(\mathfrak{n}_3) = 135°$, $\sphericalangle(\mathfrak{n}_4) = -45°$, $\sphericalangle(\mathfrak{n}_5) = 200°$.

3. Lies aus der Tabelle S. 156 ff. ab. Schätze gegebenenfalls Zwischenwerte (Interpoliere):
$\sin 31°$; $\sin 12°$; $\sin 3°$; $\sin 87°$; $\sin 14{,}5°$; $\sin 30{,}5°$; $\sin 49{,}5°$;
$\cos 13°$; $\cos 60°$; $\cos 4°$; $\cos 19°$; $\cos 28{,}5°$; $\cos 22{,}5°$; $\cos 18{,}5°$.

4. Bestimme aus der Tabelle S. 156 ff. die Winkel α. Eventuell nächstgelegenen Winkelwert nehmen ($0° \leq \alpha \leq 90°$).
$\sin\alpha \approx 0{,}174$; $\sin\alpha \approx 0{,}359$; $\sin\alpha \approx 0{,}875$; $\sin\alpha \approx 0{,}407$; $\sin\alpha \approx 0{,}681$; $\sin\alpha \approx 0{,}990$;
$\sin\alpha \approx 0{,}864$; $\sin\alpha \approx 0{,}243$; $\sin\alpha \approx 0{,}018$; $\sin\alpha \approx 0{,}088$; $\sin\alpha \approx 0{,}784$; $\cos\alpha \approx 0{,}934$;
$\cos\alpha \approx 0{,}866$; $\cos\alpha \approx 0{,}707$; $\cos\alpha \approx 0{,}643$; $\cos\alpha \approx 0{,}528$; $\cos\alpha \approx 0{,}351$; $\cos\alpha \approx 0{,}485$;
$\cos\alpha \approx 0{,}644$; $\cos\alpha \approx 0{,}231$.

5. Ermittle mit Hilfe von Satz ❸ die Sinuswerte:
$\sin 135°$; $\sin 213°$; $\sin 101°$; $\sin 261°$; $\sin 110°$; $\sin 94°$; $\sin 229°$; $\sin 172°$; $\sin 337°$; $\sin 298°$;
$\sin(-20°)$; $\sin(-92°)$; $\sin 96{,}5°$; $\sin 336{,}5°$; $\sin 271{,}5°$; $\sin 99{,}5°$; $\sin(-17{,}5°)$; $\sin(6330{,}5°)$.

6. Ermittle mit Hilfe von Satz ❺ die Kosinuswerte:
$\cos 120°$; $\cos 211°$; $\cos 98°$; $\cos 253°$; $\cos 115°$; $\cos 91°$; $\cos 179{,}5°$; $\cos 112{,}5°$; $\cos 90{,}5°$;
$\cos 94{,}5°$; $\cos 270°$; $\cos 310{,}5°$; $\cos(-100{,}5°)$; $\cos(-336°)$; $\cos(-90{,}5°)$; $\cos(-179°)$;
$\cos(-180{,}5°)$.

7. Der Sinuswert eines Winkels wird mit 0,5 angegeben. Ist der Winkel eindeutig bestimmbar, wenn $0 \leq \alpha \leq 360°$ sein kann?

8. Ein Kosinuswert sei ca. $-0{,}875$. Wie heißen die zugehörigen Winkel?

9. Gib die kartesischen Koordinaten der folgenden Einheitsvektoren mit Hilfe der Sinus- und Kosinustabelle an.
Beispiel: geg. $\sphericalangle(\mathfrak{e}) = 30°$, ges.: e_v und e_h.
$e_v = \sin 30° = 0{,}5$, $e_h = \cos 30° = 0{,}866$.
$\sphericalangle(\mathfrak{e}_1) = 17{,}5°$; $\sphericalangle(\mathfrak{e}_2) = 85{,}5°$; $\sphericalangle(\mathfrak{e}_3) = 120°$; $\sphericalangle(\mathfrak{e}_4) = 194°$; $\sphericalangle(\mathfrak{e}_5) = -12°$;
$\sphericalangle(\mathfrak{e}_6) = -95°$; $\sphericalangle(\mathfrak{e}_7) = 186{,}5°$; $\sphericalangle(\mathfrak{e}_8) = 2{,}5°$; $\sphericalangle(\mathfrak{e}_9) = 213°$; $\sphericalangle(\mathfrak{e}_{10}) = -157°$.

9.3 Definition des Tangens am Einheitskreis

Ist ein Einheitsvektor in kartesischen Koordinaten gegeben, dann kann man mit Hilfe des Begriffs des Sinus und des Kosinus seinen Winkel bestimmen.

Beispiel:

Gegeben ist $\mathfrak{e} = (0{,}5 \mid -0{,}866)$, gesucht ist $\sphericalangle(\mathfrak{e})$.
Die Sinuswerte sind: $0{,}5 = \sin 30° \vee 0{,}5 = \sin 150°$.
Die Kosinuswerte sind: $-0{,}866 = \cos 150° \vee -0{,}866 = \cos 210°$.
Nur der Winkel 150° erfüllt beide Bedingungen ($\sin 150° = 0{,}5$ **und** $\cos 150° = -0{,}866$), also ist $\sphericalangle(\mathfrak{e}) = 150°$.

Wesentlich einfacher wird die Umrechnung, wenn man folgende Definition benutzt:

❶ **D** Den Quotienten aus Sinus und Kosinus des Winkels zwischen $\mathfrak{e}$ und der positiven h-Achse nennt man **Tangens** des Winkels.

Formel: $\frac{\sin\alpha}{\cos\alpha} \overset{\text{def}}{=} \tan\alpha = \tan\sphericalangle(\mathfrak{e})$ (lies: Tangens α, bzw. Tangens Winkel e)

Beispiel:

Gegeben ist $\mathfrak{n}=(0{,}940|0{,}342)$, gesucht ist $\sphericalangle(\mathfrak{n})$.

$$\tan\alpha=\frac{\sin\alpha}{\cos\alpha}=\frac{0{,}342}{0{,}940}=0{,}364$$

Aus der Tangenstabelle (Seite 156ff.) ersieht man für den Tangenswert 0,364 den Winkel 20°, denn sowohl Sinus als auch Kosinus sind positiv.

Wichtige Tangenswerte sind:

$$\tan 0° = 0$$
$$\tan 45° = 1$$
$$\tan 60° = 1{,}732$$

Der Tangens 90° ist nicht definiert, da $\tan 90° = \frac{\sin 90°}{\cos 90°} = \frac{1}{0}$.

❷ **S** Für die Zusammenhänge zwischen Tangenswerten von Winkeln unter 90° mit Winkeln über 90° ergibt sich:

a) für $90° < \alpha < 180°$ gilt: $\tan\alpha = -\tan(180° - \alpha)$

b) für $180° < \alpha < 270°$ gilt: $\tan\alpha = \tan(\alpha - 180°)$

c) für $270° < \alpha < 360°$ gilt: $\tan\alpha = -\tan(360° - \alpha)$

Da zur eindeutigen Kennzeichnung des Winkels aus den Koordinaten des Einheitsvektors die Kenntnis der Vorzeichen von Sinus, Kosinus und Tangens gehört, sind diese hier zusammenfassend graphisch dargestellt.

Beispiele:

1. sin 170° ist positiv, cos 170° ist negativ, tan 170° ist negativ.
2. sin 300° ist negativ, cos 300° ist positiv, tan 300° ist negativ.

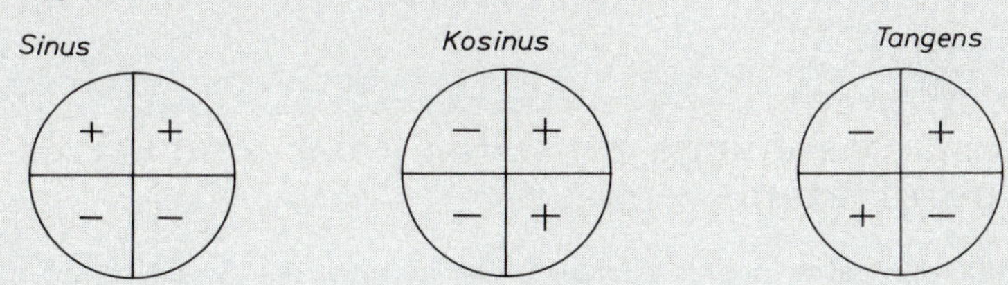

Übungen zu 9.3

1. Was ist richtig, was ist falsch? Berichtige.

a) Der Tangens ist der Quotient, der entsteht, wenn man einen Kosinuswert durch einen Sinuswert teilt.

b) Der Tangens ist ein Winkelwert.

c) Der Tangens kann größere Werte als 1 annehmen.

d) Der Tangens von 90° ist gleich Null.

e) Der Tangens gibt den Betrag eines Vektors an.

f) Der Tangens von 30° ist größer als 1.

g) Der Tangens von 135° ist gleich −1.

2. Bestimme die Tangenswerte:
$\tan 17°$; $\tan 82{,}5°$; $\tan 94°$; $\tan 134°$; $\tan 179°$; $\tan 210°$; $\tan 254{,}5°$; $\tan 269{,}5°$; $\tan 273°$; $\tan 299{,}5°$; $\tan 315°$; $\tan 340°$; $\tan(-182°)$; $\tan(-17°)$; $\tan(-212°)$; $\tan(-341°)$; $\tan 560°$; $\tan(-372°)$.

3. Gib den Winkel des jeweiligen Einheitsvektors an. Benutze dazu die Tangenstafel und kontrolliere mit Sinus- und Kosinustafel. Welche Vektoren sind keine Einheitsvektoren?
a) $\mathfrak{n}=(1|0)$
b) $\mathfrak{n}=(0{,}5|0{,}866)$
c) $\mathfrak{n}=(0{,}707|0{,}707)$
d) $\mathfrak{n}=(0{,}639|0{,}707)$
e) $\mathfrak{n}=(0{,}985|0{,}176)$
f) $\mathfrak{n}=(0{,}292|0{,}951)$
g) $\mathfrak{n}=(0{,}174|0{,}985)$

4. Warum sind die Tangenswerte von 0° und 180° gleich Null und die von 90° und 270° nicht definiert?

5. Zeichne die Einheitsvektoren $\mathfrak{n}$, wenn bekannt ist:
a) $\tan\alpha=0{,}194$
b) $\tan\alpha=1{,}119$
c) $\tan\alpha=-0{,}194$
d) $\tan\alpha=-1{,}19$
Sind die Lösungen eindeutig, wenn $0\leq\alpha\leq 360°$ ist?

6. Die folgenden Einheitsvektoren sollen mit Hilfe eines Winkelmessers gezeichnet werden:
a) $\tan\alpha=0{,}577$ und v-Koordinate positiv
b) $\tan\alpha=0{,}577$ und h-Koordinate negativ
c) $\tan\alpha=5{,}671$ und sin negativ
d) $\tan\alpha=-2{,}050$ und sin positiv
e) $\tan\alpha=-0{,}364$ und cos positiv
f) $\tan\alpha=-2{,}747$ und cos negativ

7. Zeichne je einen Vektor mit $a=4$; $b=2{,}7$; $c=5{,}3$, wenn die in gleicher Richtung laufenden Einheitsvektoren folgende Tangenswerte haben:
$\tan\alpha=0{,}364$; $\tan\beta=6{,}314$; $\tan\gamma=-1{,}192$ und $0\leq\alpha\leq 180°$ ist.

8. Wie groß ist $\tan\alpha$, wenn
a) $\sin\alpha=0{,}5$
b) $\cos\alpha=0{,}688$
c) $\frac{1}{\sin\alpha}=\sqrt{2}$
d) $\frac{1}{\cos\alpha}=\frac{2}{\sqrt{3}}$ ist?
Sind die Lösungen eindeutig?

9.4 Zusammenhänge zwischen Polar- und kartesischen Koordinaten

Auf Grund der Lehre der ähnlichen Dreiecke oder der Strahlensätze (Kap. 8.2 und Kap. 8.3) lassen sich für einen beliebigen Vektor $\vec{a}$, der in Polarkoordinaten gegeben ist, die kartesischen Koordinaten finden.

Beispiel:

Gegeben ist $\vec{a}$ mit $a=2{,}5$ und $\sphericalangle(\vec{a})=30°$.

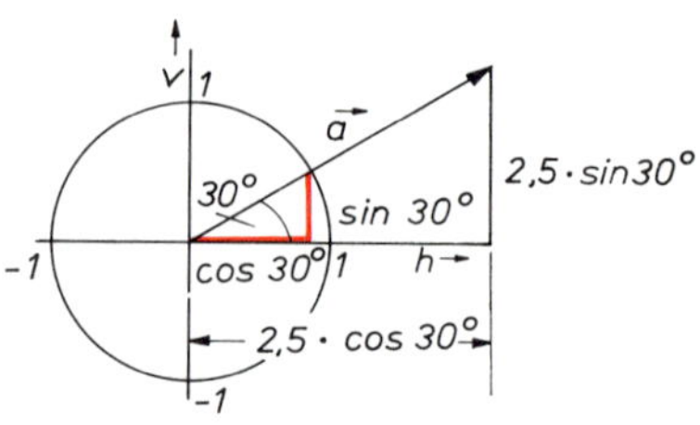

Allgemein gilt:

❶ **S a)** Die v-Koordinate a_v eines Vektors $\vec{a}$ ist das Produkt aus Betrag a und Sinus des Winkels α des Vektors.

Formel: $a_v = a \cdot \sin\alpha$

S b) Die h-Koordinate a_h eines Vektors $\vec{a}$ ist das Produkt aus Betrag a und Kosinus des Winkels α des Vektors.

Formel: $a_h = a \cdot \cos\alpha$

Beispiele:

1. Gegeben ist $a = 70$ und $\alpha = 45°$, gesucht ist a_v und a_h.

$a_v = a \cdot \sin\alpha \approx 70 \cdot 0{,}707 \approx 49{,}4$

$a_h = a \cdot \cos\alpha \approx 70 \cdot 0{,}707 \approx 49{,}4$

2. Gegeben ist $b = 0{,}03$ und $\beta = 170°$, gesucht ist b in kartesischen Koordinaten.

$b_v = b \cdot \sin\beta \approx 0{,}03 \cdot 0{,}174 \approx 0{,}00522$

$b_h = b \cdot \cos\beta \approx 0{,}03 \cdot (-0{,}985) \approx 0{,}0296$

also: $\vec{b} = (0{,}0296/0{,}00522)$

Die Definition des Tangens läßt sich ebenfalls auf beliebige Vektoren anwenden, denn es gilt:

❷ **S** Der Tangens eines Winkels zwischen $\vec{a}$ und der positiven h-Achse ist gleich dem Quotienten aus v-Koordinate und h-Koordinate des Vektors $\vec{a}$.

Formel: $\tan\alpha = \tan \sphericalangle(\vec{a}) = \frac{a_v}{a_h}$

Beispiel:

Gegeben ist $\vec{a} = (1{,}5 | 0{,}3)$, gesucht ist α und a.

$$\tan\alpha = \frac{0{,}3}{1{,}5} = 0{,}2$$

Die Tangenstabelle zeigt dafür den Winkel 11,3°. (Es muß ein Winkel unter 90° sein, da sowohl v- als auch h-Koordinate positiv sind.)
Die Berechnung von a kann bei Kenntnis des Winkels mit Hilfe des Sinus oder des Kosinus erfolgen, z. B. $a = \frac{a_v}{\sin\alpha} \approx \frac{0{,}3}{0{,}196} \approx 1{,}53$.

Der Tangens eines Winkels kann auch geometrisch am Einheitskreis als Tangentenabschnitt gedeutet werden, dies gilt jedoch nicht für das Vorzeichen.

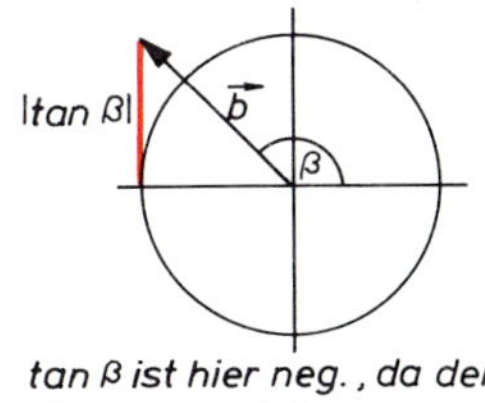

tan β ist hier neg., da der sin pos. und der cos neg. ist

Übungen zu 9.4

1. Was ist richtig, was ist falsch? Berichtige.

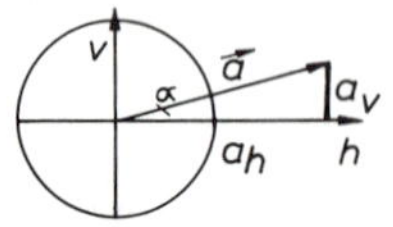

a) $a_v = a \cdot \sin\alpha$ **c)** $\frac{a_h}{a_v} = \tan\alpha$

b) $a_v = a \cdot \cos\alpha$ **d)** $a_v = a_h \tan\alpha$

2. Berechne zu den in Polarkoordinaten gegebenen Vektoren die kartesischen Koordinaten:
$a=4$; $\sphericalangle(\vec{a})=30°$; $b=14{,}2$; $\sphericalangle(\vec{b})=27°$; $c=0{,}74$; $\gamma=98{,}5°$;
$d=97{,}5$; $\delta=237°$; $e=821$; $\sphericalangle(\vec{e})=314°$; $f=0{,}043$; $\sphericalangle(\vec{f})=-27{,}5°$.

3. Berechne die Winkel mit Hilfe der Tangensdefinition:
$\vec{a}=(1|5{,}68)$, $\vec{b}=(-2|34{,}7)$, $\vec{c}=(2{,}05|0)$, $\vec{d}=(8|-8)$, $\vec{e}=(4|8)$, $\vec{f}=(4|0{,}8)$, $\vec{g}=(-3|-4)$.

4. Berechne die Polarkoordinaten der Vektoren von Aufgabe 3 mit Hilfe des Satzes von Pythagoras und der Sinus- oder Kosinusdefinition.

5. Warum läßt sich bei den folgenden Vektoren die Tangensdefinition nicht zur Ermittlung des Winkels anwenden? Um welche Winkel handelt es sich? Wie liegen die Vektoren?
$\vec{a}=(0|3{,}5)$, $\vec{b}=(0|-4{,}3)$.

6. Gegeben ist jeweils der Winkel des Vektors und die Vertikalkoordinate. Berechne den Betrag und die Horizontalkoordinate:

a) $\alpha=30°$; $a_v=6$ **c)** $\gamma=183{,}5°$; $c_v=-2{,}5$

b) $\beta=100°$; $b_v=6{,}89$ **d)** $\delta=312°$; $d_v=-0{,}74$

7. Bei einem Grundstück in Form eines rechtwinkligen Dreiecks sind bekannt $a=BC=73{,}5$ m; $\gamma=30°$. Bestimme AB und AC $\beta=90°$.

8. Berechne die fehlenden Seiten und Winkel eines rechtwinkligen Dreiecks (lt. Skizze zu Aufgabe 7), wenn gegeben sind:

a) $CA=4{,}5$; $AB=2{,}8$ **c)** $\beta=57°$; $AB=5{,}4$

b) $CA=3{,}1$; $a=5{,}2$ **d)** $BC=12{,}3$; $\gamma=17°$

9. Von einem rechtwinkligen Dreieck sind gegeben $\alpha=64°$ und $a+c=7$.
Berechne die Seitenlängen.

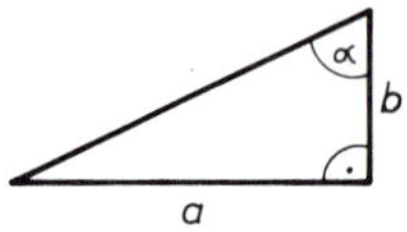

10. In einem Rechteck kreuzen sich die Diagonalen unter einem Winkel von 118°. Der Umfang beträgt 20 cm. Wie lang sind die Seiten?

9.5 Definition von Sinus, Kosinus und Tangens am rechtwinkligen Dreieck

In der Geometrie wurden bisher Seiten und Winkel z. B. von Dreiecken konstruiert. Mit Hilfe geeigneter Definitionen ist jedoch auch eine Berechnung möglich.

Bei den beiden Dreiecken ist $\alpha_1=\alpha_2$, also gilt nach 8.2 z. B.:
$a_1 : b_1 = 4{,}5 : 7{,}5 = 0{,}6$
$a_2 : b_2 = 3 : 5 = 0{,}6$

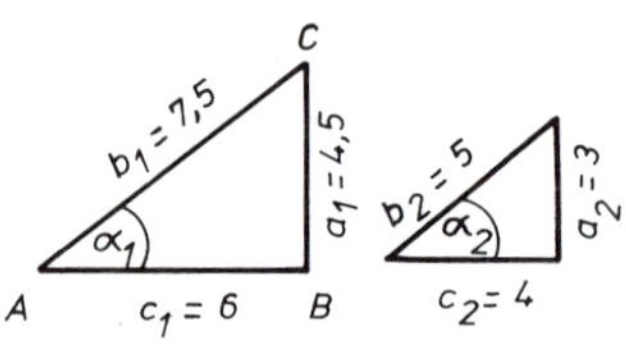

Bei den beiden folgenden Dreiecken ist $\alpha_3 = \alpha_4$,
also gilt hier z. B.:
$a_3 : b_3 = 12 : 13 \approx 0{,}923$
$a_4 : b_4 = \; 6 : 6{,}5 \approx 0{,}923$

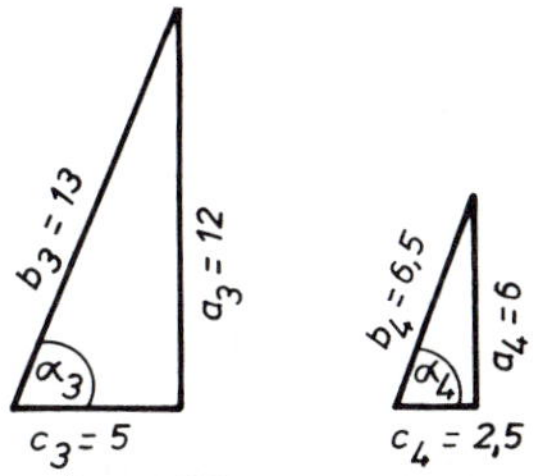

Das heißt, das Seitenverhältnis von Gegenkathete zu Hypothenuse ist größer geworden. Es besteht offensichtlich ein Zusammenhang zwischen Größe des Winkels (da $\alpha_3 > \alpha_1$) und Seitenverhältnis. Dieser läßt sich als eine Definition aussprechen, die auch die Bestimmung der Winkelgrößen ermöglicht.

❶ **D** Das Verhältnis von Gegenkathete zu Hypotenuse nennt man **Sinus.**

Kurz: $\text{Sinus} \mathrel{\hat{=}} \dfrac{\text{Gegenkathete}}{\text{Hypotenuse}}$ (Gegenkathete = dem Winkel gegenüberliegende Kathete. Siehe Bild zu 9.7)

Formel: $\sin\alpha \overset{\text{def}}{=} \dfrac{a}{b}$, wenn $\beta = 90°$ (lies: Sinus)

Beispiele:

$\sin 30° = 0{,}5$, d. h. $a : b = 1 : 2$
$\sin 45° = 0{,}707$, d. h. $a : b = 1 : \sqrt{2}$
$\sin 60° = 0{,}866$, d. h. $a : b = 1 : \dfrac{2}{\sqrt{3}}$

Die Winkel α der Bilder oben sind:
$\sin\alpha_1 = \sin\alpha_2 = 0{,}6$, d. h. $\alpha_1 = \alpha_2 \approx 37°$
$\sin\alpha_3 = \sin\alpha_4 = 0{,}923$, d. h. $\alpha_3 = \alpha_4 \approx 67{,}5°$ (s. Tabelle S. 156 ff.)

Auf entsprechende Weise definiert man das Verhältnis von Ankathete zu Gegenkathete.

❷ **D** Das Verhältnis von Ankathete zu Hypotenuse nennt man **Kosinus.**

Kurz: $\text{Kosinus} \mathrel{\hat{=}} \dfrac{\text{Ankathete}}{\text{Hypotenuse}}$

Formel: $\cos\alpha \mathrel{\hat{=}} \dfrac{c}{b}$, wenn $\beta = 90°$ (lies: Kosinus)

Beispiele:

$\cos 30° = 0{,}866$
$\cos 45° = 0{,}707$
$\cos 60° = 0{,}5$

Die Winkel der Bilder oben lassen sich auch mit Hilfe des Kosinus bestimmen:
$\cos\alpha_1 = \cos\alpha_2 = 4 : 5 = 0{,}8$, d. h. $\alpha_1 = \alpha_2 \approx 37°$ (s. Tabelle S. 156 ff.)
$\cos\alpha_3 = \cos\alpha_4 = 5 : 13 \approx 0{,}384$, d. h. $\alpha_3 = \alpha_4 \approx 67{,}5°$

Auch für das Verhältnis von Gegenkathete zu Ankathete kann man eine Definition angeben.

❸ **D** Das Verhältnis von Gegenkathete zu Ankathete nennt man **Tangens**.

Kurz: $\text{Tangens} \mathrel{\hat{=}} \dfrac{\text{Gegenkathete}}{\text{Ankathete}}$

Formel: $\tan\alpha = \dfrac{a}{b}$, wenn $\beta = 90°$ (lies: Tangens)

Beispiele:

$\tan 30° = 0{,}576$

$\tan 45° = 1$

$\tan 60° = 1{,}732$

Die Winkel der Bilder oben lassen sich auch mit Hilfe des Tangens bestimmen:

$\tan \alpha_1 = \tan \alpha_2 = 3:4 = 0{,}75$, d. h. $\alpha_1 = \alpha_2 \approx 37°$

$\tan \alpha_3 = \tan \alpha_4 = 12:5 = 2{,}4$, d. h. $\alpha_3 = \alpha_3 \approx 67{,}5°$

Übungen zu 9.5

1. Was ist richtig, was ist falsch? Berichtige.

a) Sinus $\hat{=} \dfrac{\text{Hypotenuse}}{\text{Hypotenuse}}$; Tangens $\hat{=} \dfrac{\text{Gegenkathete}}{\text{Hypotenuse}}$

Kosinus $\hat{=} \dfrac{\text{Ankathete}}{\text{Gegenkathete}}$; Sinus $\hat{=} \dfrac{\text{Gegenkathete}}{\text{Hypotenuse}}$

b) Wenn man den Quotienten aus Gegenkathete und Hypotenuse bildet, ist der ausgerechnete Wert ein Winkelmaß.

c) Die Formel $\cos \alpha = \dfrac{c}{b}$ gilt nur für $c = 1$.

d) Die Sinus-, Kosinus- und Tangensdefinition gilt für beliebige Dreiecke.

e) $\tan \alpha$ bedeutet $\tan \cdot \alpha$

2. Bestimme die Sinuswerte (Tabelle auf S. 156 ff.):
sin 10°, sin 20°, sin 30°, sin 40°, sin 50°, sin 60°, sin 70°, sin 80°, sin 90°, sin 8°, sin 14°, sin 28°, sin 34°, sin 44°, sin 57°, sin 88°, sin 65°, sin 72°, sin 77,5°, sin 15,5°, sin 22°30′, sin 77°30′, sin 48,5°, sin 89°30′

3. Bestimme die Kosinuswerte:
cos 10°, cos 20°, cos 30°, cos 40°, cos 50°, cos 60°, cos 70°, cos 80°, cos 90°, cos 46,5°, cos 88°30′, cos 4°, cos 71,5°, cos 22,5°, cos 0,5°, cos 0°, cos 88°30′, cos 16,5°, cos 2,5°, cos 89°30′, cos 29°, cos 8,5°

4. Bestimme den Winkel α. Nimm die nächstliegenden Werte (Interpoliere):
$\sin \alpha = 0{,}342$, $\sin \alpha = 0{,}51$, $\sin \alpha = 0{,}65$, $\sin \alpha = 0{,}705$, $\sin \alpha = 0{,}003$, $\sin \alpha = 0{,}102$,
$\sin \alpha = 0{,}804$, $\sin \alpha = 0{,}999$, $\sin \alpha = 0{,}052$, $\sin \alpha = 0{,}906$, $\sin \alpha = 0{,}25$, $\sin \alpha = 0{,}48$

5. Bestimme den Winkel α. Nimm die nächstliegenden Werte (Interpoliere):
$\cos \alpha = 0{,}5$, $\cos \alpha = 0{,}7$, $\cos \alpha = 0{,}866$, $\cos \alpha = 0{,}42$, $\cos \alpha = 0{,}067$, $\cos \alpha = 0{,}997$,
$\cos \alpha = 0{,}052$, $\cos \alpha = 0{,}576$, $\cos \alpha = 0{,}999$, $\cos \alpha = 1$, $\cos \alpha = 0$, $\cos \alpha = 0{,}667$

6. Bestimme die Tangenswerte:
tan 5°, tan 10°, tan 20°, tan 30°, tan 40°, tan 50°, tan 60°, tan 70°, tan 80°, tan 85°
tan 14°, tan 31°, tan 53,5°, tan 88°30′, tan 4,5°, tan 89°30′, tan 84°, tan 0,5°, tan 0°, tan 15,5°

7. Bestimme den Winkel α. Nimm die nächstliegenden Werte (Interpoliere):
$\tan \alpha = 0{,}6$; $\tan \alpha = 0{,}003$; $\tan \alpha = 0{,}371$; $\tan \alpha = 0{,}07$; $\tan \alpha = 3{,}69$; $\tan \alpha = 1$;
$\tan \alpha = 0$; $\tan \alpha = 49{,}1$; $\tan \alpha = 100$; $\tan \alpha = 1000$; $\tan \alpha = 5{,}67$; $\tan \alpha = 1{,}73$

8. Zeichne jeweils zwei ähnliche rechtwinklige Dreiecke (z. B. mit $a_1 = 3$, $a_2 = 1{,}7$, $\beta = 90°$)

$\sin \alpha = 0{,}707$	sin 25°	$\tan \alpha = 1$	tan 10°
$\sin \alpha = 0{,}5$	sin 75°	$\tan \alpha = 2$	tan 30°
$\sin \alpha = 0{,}906$	sin 50°	$\tan \alpha = 10$	tan 70°

9. Berechne Seite c, wenn $b = 4{,}5$ und $\beta = 90°$ ist:

a) $\cos \alpha = 0{,}707$

b) $\cos \alpha = 0{,}5$

c) $\cos \alpha = 0{,}906$

d) cos 25°

e) cos 75°

f) cos 50°

9.6 Herleitung der Sätze von „Euklid" und „Pythagoras" über den Kosinusbegriff

Legt man dasselbe rechtwinklige Dreieck ABC in zwei verschiedenen Lagen in ein Koordinatensystem, dann kann man folgende Beziehungen feststellen: $p = b \cdot \cos\alpha$ und $b = c \cdot \cos\alpha$.

Also gilt: $\frac{p}{b} = \frac{b}{c}$, woraus folgt: $b^2 = p \cdot c$

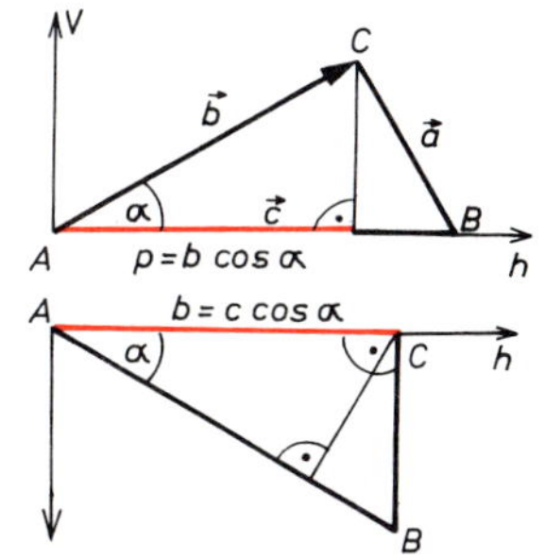

❶ **S** Das Quadrat über einer Kathete ist flächengleich dem Rechteck, das gebildet wird aus der Hypotenuse und dem unter der Kathete liegenden Hypotenusenabschnitt.

Formel: $a^2 = c \cdot q$ oder $b^2 = c \cdot p$ (Satz von Euklid)

Beispiel:

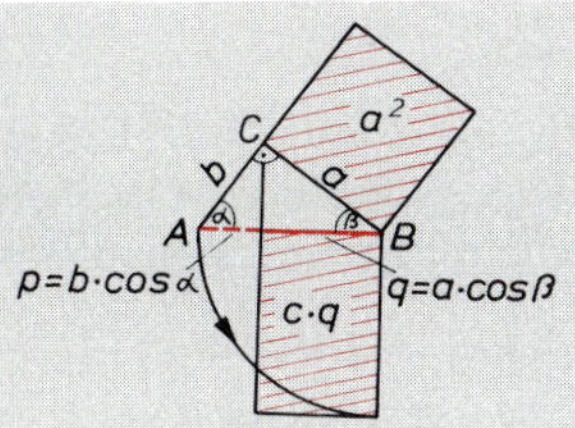

Zweimalige Anwendung des Satzes von Euklid ergibt den Satz von Pythagoras.

❷ **S** Die Summe der Kathetenquadrate ist gleich dem Hypotenusenquadrat.

Formel: $a^2 + b^2 = c^2$

Beispiel:

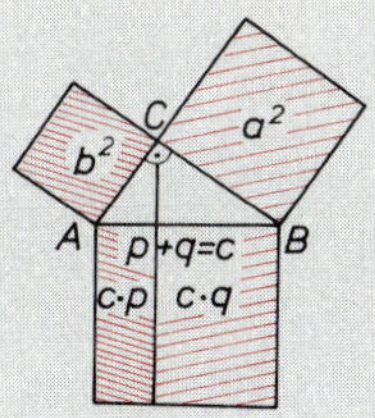

Übungen zu 9.6

Siehe Übungen zu 8.4

9.7 Berechnungen an rechtwinkligen Dreiecken

In Technik und Naturwissenschaft sind Berechnungen am rechtwinkligen Dreieck mit Hilfe trigonometrischer Beziehungen von großer Bedeutung. Es ist darum notwendig, die Definition der Winkelfunktionen von Sinus, Kosinus und Tangens auf Dreiecke zu übertragen.

Im nebenstehenden Dreieck wird ein rechtwinkliges Dreieck aus dem Vektor $\vec{a}$ und seinen Komponenten $\vec{a}_v$ und $\vec{a}_h$ gebildet. Für den Winkel γ läßt sich dann aufstellen:

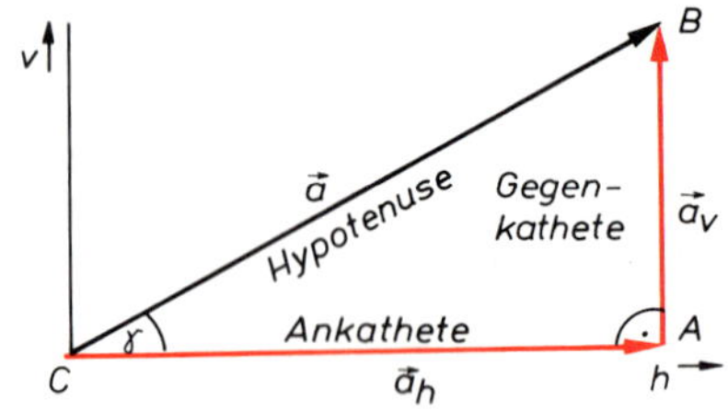

$$a_v = a \cdot \sin\gamma; \quad a_h = a \cdot \cos\gamma; \quad \frac{a_v}{a_h} = \tan\gamma$$

oder umgestellt:

$$\sin\gamma = \frac{a_v}{a} = \frac{c}{a} = \frac{\text{Gegenkathete}}{\text{Hypotenuse}} \qquad \tan\gamma = \frac{a_v}{a_h} = \frac{c}{b} = \frac{\text{Gegenkathete}}{\text{Ankathete}}$$

$$\cos\gamma = \frac{a_h}{a} = \frac{b}{a} = \frac{\text{Ankathete}}{\text{Hypotenuse}}$$

Allgemein gilt:

❶ **S** Der Sinus eines Winkels ist der Quotient von Gegenkathete und Hypotenuse. Der Kosinus eines Winkels ist der Quotient von Ankathete und Hypotenuse. Der Tangens eines Winkels ist der Quotient von Gegenkathete und Ankathete.

Kurz: $\text{Sinus} \mathrel{\hat{=}} \frac{\text{Gegenkathete}}{\text{Hypotenuse}}$; $\text{Kosinus} \mathrel{\hat{=}} \frac{\text{Ankathete}}{\text{Hypotenuse}}$; $\text{Tangens} \mathrel{\hat{=}} \frac{\text{Gegenkathete}}{\text{Ankathete}}$

Beispiele:

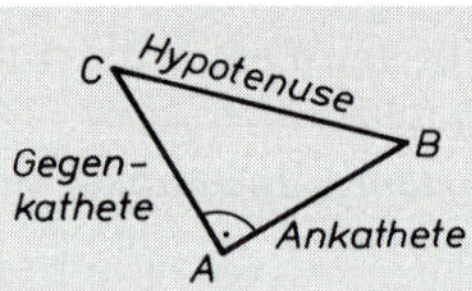

$\sin\alpha = \frac{a}{c}$

$\cos\alpha = \frac{b}{c}$

$\tan\alpha = \frac{a}{b}$

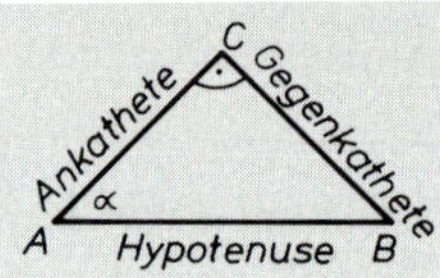

$\sin\beta = \frac{b}{a}$

$\cos\beta = \frac{c}{a}$

$\tan\beta = \frac{b}{c}$

Übungen zu 9.7

1. Was ist richtig, was ist falsch? Berichtige.

a)

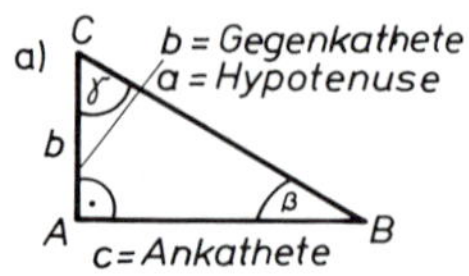

$\sin\beta = \frac{b}{a}$

$\cos\beta = \frac{c}{a}$

$\tan\beta = \frac{b}{c}$

b)

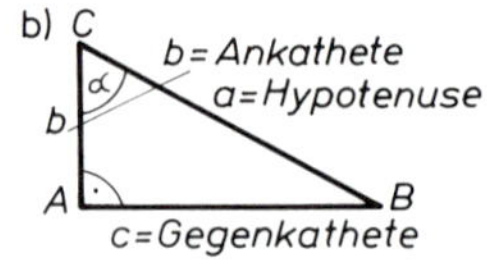

$\sin\alpha = \frac{c}{a}$

$\cos\alpha = \frac{b}{a}$

$\tan\alpha = \frac{c}{b}$

c) 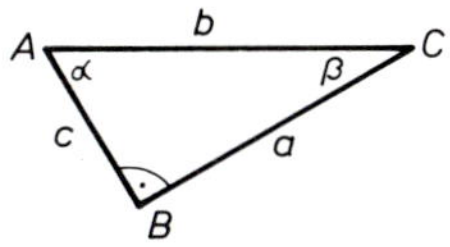

c ist Ankathete bezüglich des Winkels β
a ist Gegenkathete bezüglich des Winkels β
b ist Hypotenuse

d) 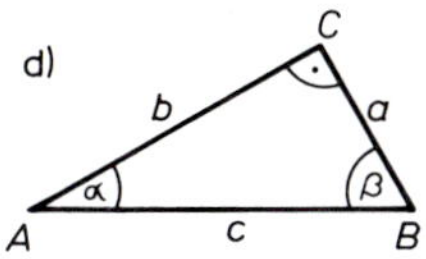

c ist Gegenkathete bezüglich des Winkels α
a ist Hypotenuse
b ist Gegenkathete bezüglich des Winkels α

e) 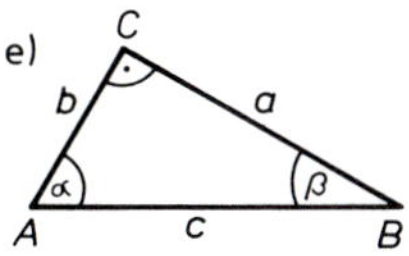

$\sin\alpha = \frac{a}{b}$; $\cos\alpha = \frac{c}{b}$

$\tan\alpha = \frac{b}{a}$; $\sin\gamma = \frac{a}{b}$

$\cos\gamma = \frac{c}{b}$; $\tan\gamma = \frac{b}{c}$

f) 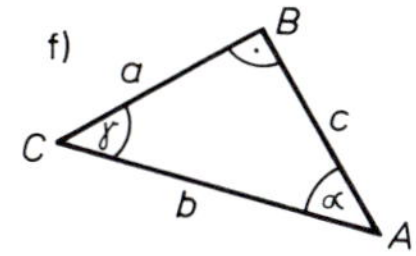

$\sin\alpha = \frac{a}{b}$; $\cos\alpha = \frac{c}{b}$

$\tan\alpha = \frac{b}{a}$; $\sin\gamma = \frac{a}{b}$

$\cos\gamma = \frac{c}{b}$; $\tan\gamma = \frac{b}{c}$

2. Bezeichne die Seiten und gib den Quotienten an für:

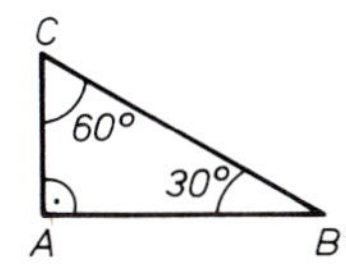

a) $\sin\beta$; $\sin\gamma$
b) $\cos\beta$; $\cos\gamma$
c) $\tan\beta$; $\tan\gamma$
d) Welchen Wert haben hier $\sin\alpha$, $\cos\alpha$, $\tan\alpha$, $\sin\beta$, $\cos\gamma$.

3. Berechne die fehlenden Winkel und Seiten, zeichne die Dreiecke und kontrolliere die Werte durch Zeichnung.

a) $a=4$, $b=3$, $\alpha=90°$
b) $a=8$, $b=10$, $\beta=90°$
c) $c=0{,}74$, $b=8{,}12$, $\beta=90°$
d) $a=2{,}4$, $b=30{,}4$, $\gamma=90°$

4. Berechne fehlende Seiten und Winkel (Winkel $\gamma=90°$).

a) $a=10{,}2$, $\alpha=70°$
b) $c=27{,}8$, $b=17{,}4$
c) $a=12{,}2$, $\beta=17{,}5°$
d) $a=102$, $b=1{,}43$
e) $a=0{,}48$, $\alpha=7°$
f) $b=8$, $\beta=3°30'$

5. Berechne zu den Dreiecken der Aufgabe 3 die Höhen und kontrolliere sie durch Nachmessen in der Zeichnung.

6. Berechne für die gleichschenkligen Dreiecke fehlende Seiten und fehlende Winkel (a = Basis).

a) $a=10$, $\beta=40°$
b) $b=c=4$, $\gamma=10°$
c) $h_a=11$, $\alpha=110°$
d) $h_b=6$, $\beta=26°$

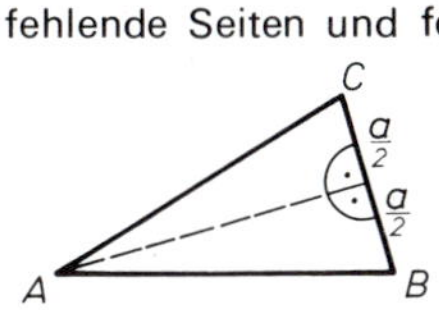

7. Berechne die fehlenden Winkel und Seiten eines rechtwinkligen Dreiecks (Seiten *a* und *b* sind Katheten, Seite *c* ist Hypotenuse.

a) $b=11$, $c=12$
b) $a=7$, $b=2{,}4$
c) $b=45{,}8$, $c=75$
d) $b=0{,}8$, $c=0{,}98$
e) $a=4{,}3$, $b=7{,}8$
f) $a=8{,}5$, $b=3{,}2$

8. Eine Straße hat eine Steigung von 10% (7%; 23%) und steigt auf eine Höhe *h* von 100 m (350 m; 70 m). Wie groß ist der waagerechte Fortschritt *b* und die Länge *l* der Straße? (Beachte: Steigerungszahl ≙ Tangens des Steigungswinkels; Beispiel: 20% ≙ $0{,}2=\tan\alpha$.)

9. Unter welchem Winkel zur Horizontalen steigt eine Böschung an, wenn die Steigung 100% beträgt?

10. Eine 12,5 m lange Feuerwehrleiter reicht bis zu einem Fenster, das sich in 9,7 m Höhe des Hauses befindet. Unter welchem Winkel ist die Leiter aufgestellt?

11. Berechne die Höhe des Turmes, wenn der Beobachter eine Augenhöhe von 1,7 m hat.

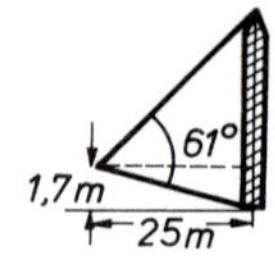

12. Berechne die Breite des Flusses.

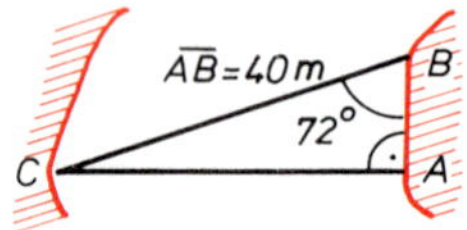

13. Wie lang sind die Seiten a, b und c eines rechtwinkligen Dreiecks, wenn der eine Hypotenusenabschnitt $q = 3$ und die Höhe $h_c = 5$ ist.

14. Berechne die Länge der Katheten a und b eines Dreiecks, dessen Hypotenusenabschnitte 4 und 5 sind.

15. Die Katheten eines rechtwinkligen Dreiecks stehen im Verhältnis $a : b$ wie $3 : 4$. Die Hypotenuse c ist 16 cm lang. Wie lang sind die Katheten?

16. Ein gleichschenkliges rechtwinkliges Dreieck hat eine Schenkellänge von $a = 1$ (2; 3; 4). Die Hypotenuse vom ersten Dreieck bildet den Schenkel des zweiten rechtwinkligen gleichschenkligen Dreiecks. Diese Dreiecksbildung wird fünfmal wiederholt. Wie groß ist die Hypotenuse des letzten Dreiecks?

17. Einem gleichschenkligen rechtwinkligen Dreieck mit $a = 8$ soll ein gleichseitiges Dreieck nach Skizze a) oder b) einbeschrieben werden. Welche Seitenlängen b haben jeweils die gleichseitigen Dreiecke?

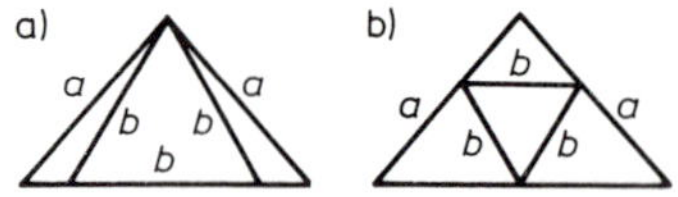

18. Für eine Lagerhalle wurden Dachbinder nach nebenstehendem Bild vorgesehen.
Gegeben: $g = 24$ m; $h = 8$ m.
Gesucht: Längen der Stäbe l_1, l_2 und l_3.

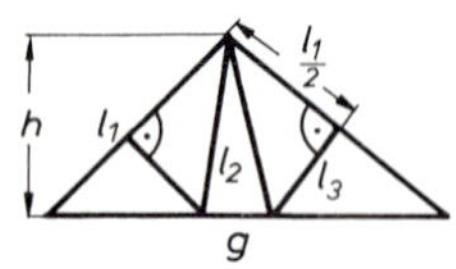

19. Berechne die Kantenlänge a einer Sechskantschraube mit der Schlüsselweite 19 mm.

9.8 Sinussatz und Kosinussatz

a) Der Sinussatz

Bisher wurden die Winkelfunktionen nur zu Berechnungen an rechtwinkligen Dreiecken benutzt. (Vgl. Kapitel 9.7.)

Der Sinussatz gestattet Berechnungen an schiefwinkligen Dreiecken mit Hilfe der Winkelfunktionen.

Beispiel: Von einem schiefwinkligen Dreieck sind α, β und a bekannt. Die fehlenden Seiten sind zu berechnen (α und β sollen spitze Winkel sein).

Wenn man das Dreieck ABC durch die Höhe h_c in zwei rechtwinklige Teildrecke ADC und DBC zerlegt, lassen sich auf diese Teildreiecke die Winkelfunktionen anwenden:

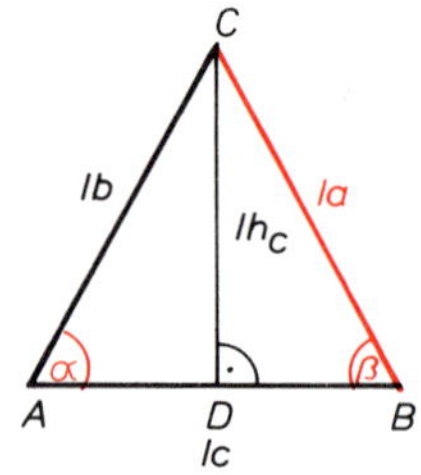

Für das Dreieck *ADC* gilt:

$$\sin\alpha = \frac{h_c}{b} \qquad h_c = b \cdot \sin\alpha$$

Für Dreieck *DBC* gilt:

$$\sin\beta = \frac{h_c}{a} \qquad h_c = a \cdot \sin\beta$$

Da die Höhe h_c für beide Teildreiecke gleich ist, gilt:

$$b \cdot \sin\alpha = a \cdot \sin\beta$$

Diese Produktgleichung läßt sich als Proportion schreiben

$$\sin\alpha : \sin\beta = a : b$$

An weiteren Beispielen läßt sich zeigen, daß entsprechende Proportionen für andere Winkel und Seiten aufgestellt werden können.

❶ **S** In jedem Dreieck verhalten sich die Sinuswerte der Winkel zueinander wie die Längen der entsprechenden Gegenseiten (Sinussatz).

Formeln: $\sin\alpha : \sin\beta = a : b$
$\sin\beta : \sin\gamma = b : c$
$\sin\alpha : \sin\gamma = a : c$

Beispiel:

Geg.: schiefwinkliges Dreieck mit $\alpha = 30°$, $\gamma = 45°$ und $c = 4$
Ges.: Seiten *a* und *b*
Lösung:

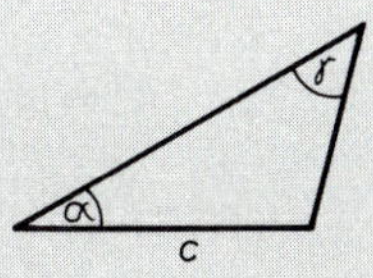

Zur Berechnung der Seite *a*:

$$\frac{\sin\alpha}{\sin\gamma} = \frac{a}{c}$$

$$a = c\,\frac{\sin\alpha}{\sin\gamma} = 4 \cdot \frac{\sin 30°}{\sin 45°} = 4 \cdot \frac{0{,}5}{1/\sqrt{2}} = 2\sqrt{2} \approx 2{,}83$$

Zur Berechnung der Seite *b*:

$$\frac{\sin\beta}{\sin\alpha} = \frac{b}{a}$$

$$b = a \cdot \frac{\sin\beta}{\sin\alpha} = 2 \cdot \sqrt{2}\,\frac{\sin(180° - [30° + 45°])}{\sin 30°} = 2\sqrt{2}\,\frac{\sin 105°}{0{,}5} = 2\sqrt{2}\,\frac{\sin 75°}{0{,}5} \approx 2\sqrt{2}\,\frac{0{,}966}{0{,}5} \approx 5{,}45$$

Aus den Formeln des Satzes ❶ wird der Anwendungsbereich für den Sinussatz deutlich:

❷ **S** Der Sinussatz kann auf beliebige Dreiecke angewendet werden, wenn a) zwei Seiten und ein gegenüberliegender Winkel bekannt sind (*SSW*) oder b), wenn zwei Winkel und eine Seite gegeben sind (*WSW*) bzw. (*WWS*).

Beispiele:

1. Geg.: a, b, β
   ges.: α

   $\sin\alpha : \sin\beta = a : b$

   $$\sin\alpha = \frac{a \cdot \sin\beta}{b}$$

2. Geg.: α, c, β
   ges.: γ, a

   $$\gamma = 180° - (\alpha + \beta)$$

   $\sin\alpha : \sin\gamma = a : c$

   $$a = \frac{c \cdot \sin\alpha}{\sin\gamma}$$

3. Geg.: β, γ, c
   ges.: c

   $\sin\beta : \sin\gamma = b$

   $$c = \frac{b \cdot \sin\gamma}{\sin\beta}$$

b) Der Kosinussatz

Mit Hilfe des Sinussatzes sind nicht alle Dreiecke zu berechnen.
Sind z. B. zwei Seiten und der eingeschlossene Winkel eines Dreiecks gegeben (*SWS*), so benutzt man den Kosinussatz.

Beispiel:

Von einem Dreieck sind die Seiten b und c und der Winkel α gegeben. Gesucht wird die Länge der Seite a. (α und β sind spitze Winkel.)
Vom Punkt C wird das Lot auf die Seite c gefällt. Man erhält wieder zwei rechtwinklige Teildreiecke ADC und DBC. Für das Dreieck DBC gilt nach dem Satz des Pythagoras:

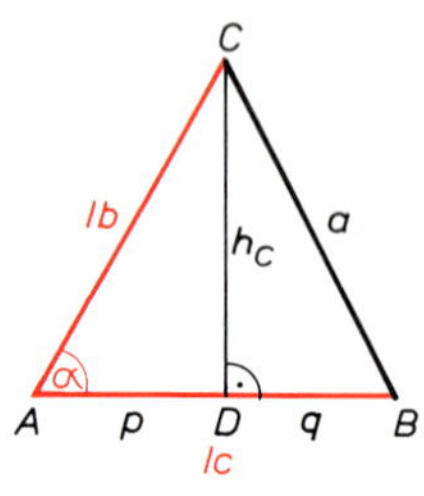

$$a^2 = h_c^2 + q^2 \quad \text{mit} \quad q = c - p$$
$$a^2 = h_c^2 + (c-p)^2$$
$$a^2 = h_c^2 + c^2 - 2cp + p^2$$

für Dreieck ADC gilt entsprechend:

$$h_c^2 = b^2 - p^2$$

Durch Ersetzen von h_c^2 in der vorletzten Gleichung erhält man:

$$a^2 = b^2 - p^2 + c^2 - 2cp + p^2$$
$$a^2 = b^2 + c^2 - 2cp$$

Nach den Winkelfunktionen gilt im rechtwinkligen Teildreieck ADC für p:

$$p = b \cdot \cos\alpha$$

Damit ergibt sich:

$$a^2 = b^2 + c^2 - 2bc\cos\alpha$$

Entsprechendes gilt auch für die Berechnung der Seiten b und c.

❸ **S** In einem beliebigen Dreieck ist das Quadrat einer gesuchten Seite gleich der der Summe der Quadrate der beiden anderen gegebenen Seiten, vermindert um das Doppelte des Produktes der beiden gegebenen Seiten und dem Kosinus des eingeschlossenen Winkels.

Formeln:

$$a^2=b^2+c^2-2bc\cos\alpha$$
$$b^2=a^2+c^2-2ac\cos\beta$$
$$c^2=a^2+b^2-2ab\cos\gamma$$

Beispiel:

Geg.: $a=4,\ b=5,\ c=3$
ges.: $\gamma,\ \alpha$

$$c^2=a^2+b^2-2ab\cos\gamma$$
$$\cos\gamma=\frac{a^2+b^2-c^2}{2ab}$$
$$=\frac{4^2+5^2-3^2}{2\cdot 4\cdot 5}=0{,}8$$
$$\gamma\approx 37°$$

$\beta=90°$, da das Verhältnis der Seiten 3 : 4 : 5

$\alpha\approx 90°-37°\approx 53°$

❹ **S** Der Kosinussatz ist auf beliebige Dreiecke anwendbar, wenn zwei Seiten und der eingeschlossene Winkel (*SWS*) oder die drei Seiten eines Dreiecks (*SSS*) gegeben sind.

Übungen zu 9.8

1. Was ist richtig, was ist falsch? Berichtige.

a) $a:b=\sin\alpha:\sin\beta$

b) $\frac{a}{c}=\sin\alpha:\sin\gamma$

c) $\frac{\sin\alpha}{\sin\beta}=\frac{b}{a}$

d) $b:a=\sin\alpha:\sin\beta$

e) $a:\sin\beta=c:\sin\alpha$

f) $a^2-b^2=c^2-2bc\cos\alpha$

g) $b^2=a^2+c^2+2ac\cos\beta$

h) $c^2+2ac\cos\gamma=a^2+b^2$

i) $\cos\alpha=\frac{b^2+c^2-a^2}{2bc}$

j) $\cos\gamma=\frac{c^2-a^2-b^2}{-2ab}$

2. Gegeben sind die folgenden Stücke eines Dreiecks. Gib an, welche der Aufgaben a) bis f) mit Hilfe des Sinussatzes behandelt werden können.

a) $a=3{,}4;\ c=7{,}3;\ \gamma=115°$

b) $c=5;\ \alpha=30{,}4°;\ \gamma=18{,}6°$

c) $b=6{,}3;\ c=2{,}6;\ \alpha=25°$

d) $a=18{,}6;\ b=9{,}4;\ \beta=94{,}5°$

e) $a=8{,}4;\ b=2{,}7;\ c=9$

f) $b=4;\ c=6{,}8;\ \alpha=90°$

3. Berechne die jeweils fehlenden Seiten und kontrolliere durch eine Zeichnung.

1. nach dem Sinussatz zu berechnen:

a) $b=7$; $\alpha=40°$; $\beta=60°$
b) $a=10$; $\alpha=35°$; $\beta=20°$
c) $c=5$; $\alpha=120°$; $\beta=10°$
d) $c=5$; $\beta=17°$; $\gamma=90°$
(ist für d) der Sinussatz notwendig?)

2. nach dem Kosinussatz zu berechnen:

e) $a=4$; $b=5$; $\gamma=60°$
f) $a=4$; $b=5$; $\gamma=130°$
g) $b=50$; $c=25$; $\alpha=100°$
h) $a=112$; $c=10$; $\beta=4°$

4. Berechne die fehlenden Winkel. Achte darauf, daß es z.T. zwei Lösungen gibt. Welche Aufgaben haben keine Lösung?

1. nach dem Sinussatz:

a) $a=5$; $c=4$; $\alpha=60°$
b) $a=4$; $c=5$; $\alpha=60°$
c) $a=4{,}5$; $b=6$; $\beta=40°$
d) $a=4{,}5$; $b=6{,}5$; $\alpha=40°$
e) $b=10$; $c=8$; $\beta=120°$
f) $b=8$; $c=10$; $\beta=135°$

2. nach dem Kosinussatz:

g) $a=4$; $b=6$; $c=7$
h) $a=100$; $b=110$; $c=105$
i) $b=10$; $c=4$; $\alpha=25°$
j) $a=3$; $b=4$; $c=5$ (Berechne zuerst γ)
k) $a=13$; $b=4{,}5$; $c=8$
l) $a=b=12$; $\gamma=65°$
(ist die Anwendung des Kosinussatzes notwendig?)

5. Die fehlenden Seiten und Winkel der Dreiecke sind zu berechnen:

a) $c=13$; $\beta=67°$; $\gamma=52°$
b) $a=7{,}5$; $\alpha=133°$; $\gamma=16°$
c) $a=8{,}7$; $c=5{,}4$; $\beta=25°$
d) $b=1{,}7$; $c=1{,}3$; $\alpha=38°$

6. Man leite den Sinussatz ab,

a) wenn α stumpfer Winkel ist,
b) wenn β stumpfer Winkel ist.

7. Bestimme die Höhe des Turmes

$\overline{AB}=21$ m
$\alpha=35°$
$\beta=121°$

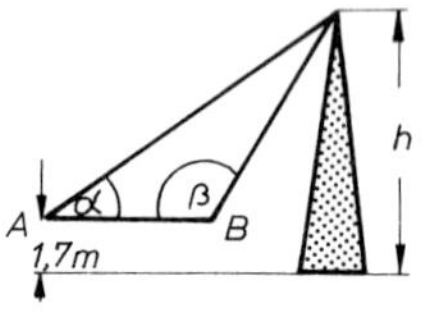

8. Vergleiche den Kosinussatz mit dem Satz des Pythagoras. Wieso kann man ihn als „allgemeine Form des Satzes des Pythagoras" bezeichnen?

9. Zwei geradlinige Straßen kreuzen sich unter einem Winkel von 46°. Von einer der Straßen geht 1,4 km von der Kreuzung entfernt eine Querstraße aus. Diese erreicht die zweite Straße und ist bis dahin 1,2 km lang. Wie groß ist das Stück, das die Querstraße von der zweiten Straße „abschneidet"? Ist die Aufgabe eindeutig lösbar?

10. Bestimme die Länge der Brücke über den Teich.

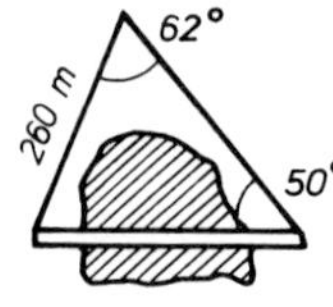

11. Berechne die Länge des Tunnels und die Winkel α und β.

$AC=850$ m
$BC=1166$ m
$\gamma=45°$
$x=100$ m
$y=81$ m

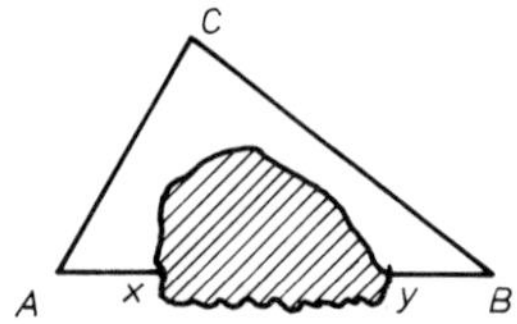

12. Bestimme den Abstand x zweier unzugänglicher Punkte P und Q.

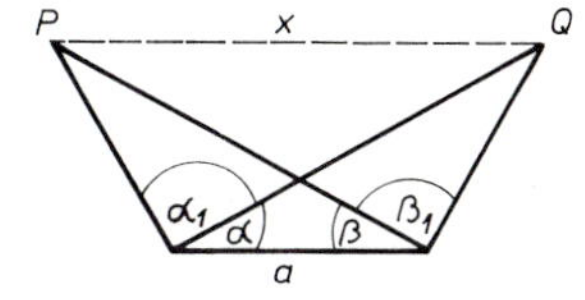

a) $a = 38{,}8$ m
$\alpha = 23°\,30'$
$\alpha_1 = 88°\,42'$
$\beta = 51°\,36'$
$\beta_1 = 77°\,48'$

b) $a = 17{,}4$ m
$\alpha = 25°\,36'$
$\alpha_1 = 78°\,42'$
$\beta = 41°\,36'$
$\beta_1 = 87°\,48'$

13. Zwei Schenkel bilden einen Winkel von 30°. Vom Scheitelpunkt S wird auf den ersten Schenkel im Abstand 6 cm (Punkt B) das Lot auf den zweiten Schenkel gefällt (Punkt C). Von Punkt C wird wieder das Lot auf den ersten Schenkel gefällt. Dies wird so oft fortgesetzt, bis vier Lote entstanden sind. Wie lang ist der Streckenzug, der durch die Lote entsteht?

14. Um die Höhe h einer Turmspitze zu bestimmen, wurde im Vorgelände eine Standlinie $\overline{AB} = 100{,}27$ m abgesteckt mit der Neigung 0,2% (A, B, C, D liegen in einer Ebene). Bestimme h.
Geg.: $\alpha = 32°\,22'$ $\quad\beta = 31°\,31'$ $\quad\gamma = 43°\,03'$

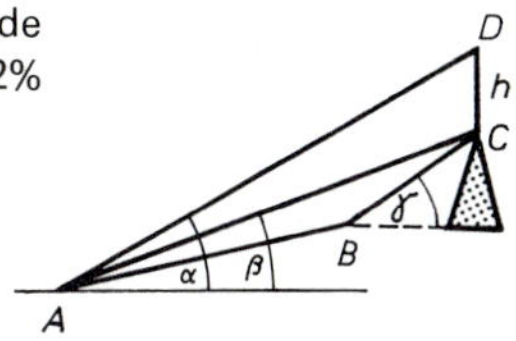

15. Wie groß sind die Stabkräfte S_1 und S_2?
Geg.: $F = 5\,000$ N $\quad\alpha = 40°$ $\quad\beta = 20°$

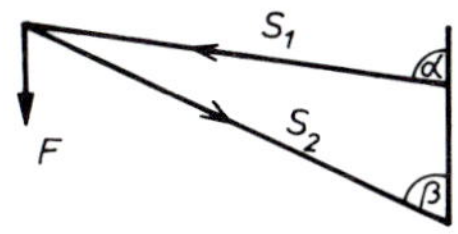

9.9 Zusammenhänge zwischen Sinus und Kosinus, Additionstheoreme

Wendet man auf das im Bild ersichtliche rechtwinklige Dreieck den Satz des Pythagoras an, dann gilt:

$$(\sin\alpha)^2 + (\cos\alpha)^2 = 1$$

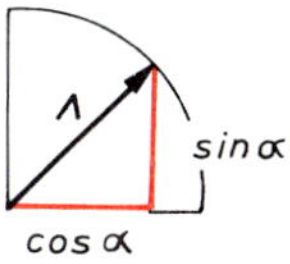

Die Dreiecke OAB und OCD sind kongruent (warum?). Deshalb ist z. B. die Seitenlänge AB gleich der Seitenlänge OD.

Es gilt darum: $\sin\alpha = \cos(90° - \alpha)$

Entsprechend stellt man fest:

$$\cos\alpha = \sin(90° - \alpha)$$

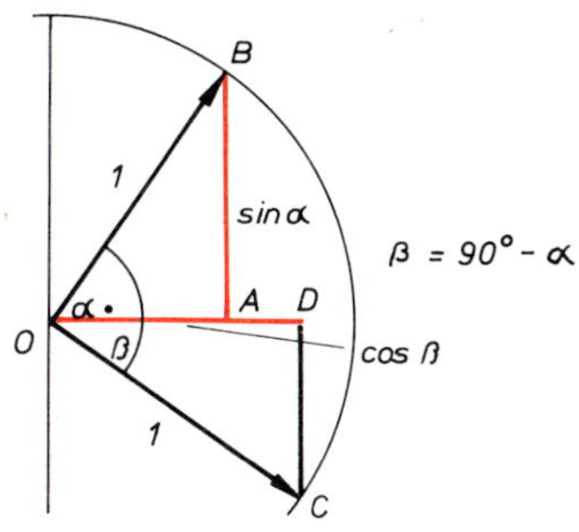

Zusammengefaßt:

❶ S Zwischen Sinus und Kosinus gibt es folgende Beziehungen:

a) $(\sin\alpha)^2+(\cos\alpha)^2=1$

In abkürzender Schreibweise:

$\sin^2\alpha+\cos^2\alpha=1$ (lies: Sinus Quadrat, Kosinus Quadrat)

b) $\sin\alpha=\cos(90^\circ-\alpha)$ *

c) $\cos\alpha=\sin(90^\circ-\alpha)$ *

Beispiel:

Der sin 60° soll mit Hilfe einer Kosinustabelle ermittelt werden:

Weg a) Man liest den $\cos 60^\circ=0{,}5$ ab und stellt die Formel $\sin^2\alpha+\cos^2\alpha=1$ nach $\sin\alpha$ um
$\sin\alpha=\sqrt{1-\cos^2\alpha}=\sqrt{1-0{,}25}\approx 0{,}866$

Weg b) Man wendet die Formel $\sin 60^\circ=\cos(90^\circ-60^\circ)=\cos 30^\circ$ an und findet bei $\cos 30^\circ$ den Wert 0,866

Man könnte (fälschlich) auf den Gedanken kommen, daß z.B. sin 60° gleich $2\cdot\sin 30^\circ$ ist. Dies ist jedoch nicht der Fall, den $\sin 60^\circ=0{,}866$ und $2\cdot\sin 30^\circ=2\cdot 0{,}5=1$.
Es gilt aber folgender Zusammenhang: $\sin 2\alpha=2\sin\alpha\cos\alpha$, d.h. $\sin 60^\circ=2\cdot\sin 30^\circ\cdot\cos 30^\circ=2\cdot 0{,}5\cdot 0{,}866=0{,}866$.
Um dies herzuleiten, kann man zeigen, daß ein noch allgemeinerer Zusammenhang gilt:

Es soll am Einheitskreis untersucht werden, welche Beziehung zwischen $\sin(\alpha+\beta)$ und den Sinus- und Kosinuswerten von α und β besteht.

1. Feststellung: $\alpha'=\alpha$ (warum?)
2. Feststellung: $AB=AE+BE=DC+BE$

Folgerung:

$$\begin{aligned}\sin(\alpha+\beta)&=AB=DC+BE\\&=DO\cdot\sin\alpha+BD\cdot\cos\alpha\qquad(\alpha'=\alpha)\\&=\cos\beta\,\sin\alpha+\sin\beta\,\cos\alpha\end{aligned}$$

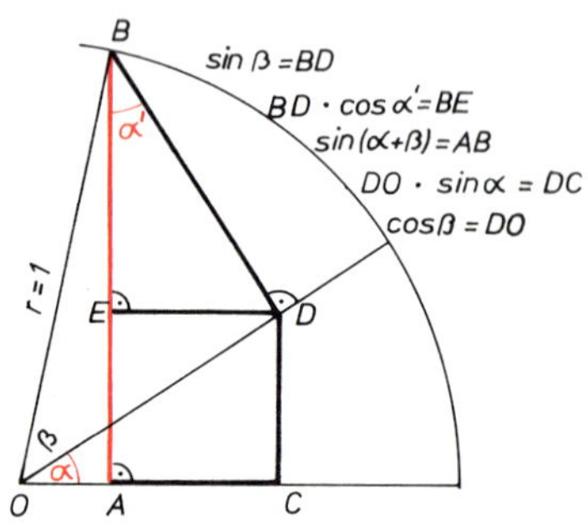

Für $\sin(\alpha-\beta)$, $\cos(\alpha+\beta)$ sowie $\cos(\alpha-\beta)$ kann man entsprechende Herleitungen finden (siehe Übungen).

Für Winkelsummen bzw. Differenzen gelten die folgenden, Additionstheoreme genannten Sätze:

❷ S

a) $\sin(\alpha+\beta)=\sin\alpha\cdot\cos\beta+\cos\alpha\cdot\sin\beta$

Sonderfall für $\alpha=\beta$:

b) $\sin 2\alpha=2\sin\alpha\cdot\cos\alpha$

c) $\sin(\alpha-\beta)=\sin\alpha\cdot\cos\beta-\cos\alpha\cdot\sin\beta$

d) $\cos(\alpha+\beta)=\cos\alpha\cdot\cos\beta-\sin\alpha\cdot\sin\beta$

Sonderfall für $\alpha=\beta$:

e) $\cos 2\alpha=\cos^2\alpha-\sin^2\alpha$

f) $\cos(\alpha-\beta)=\cos\alpha\cdot\cos\beta+\sin\alpha\cdot\sin\beta$

* Wenn die Sinus- und Kosinusdefinitionen am rechtwinkligen Dreieck bekannt sind (siehe Kap. 9.2 bzw. 9.5), dann lassen sich die Beziehungen b) und c) unmittelbarer erkennen.

Übungen zu 9.9

1. Gegeben ist $\sin 60° = 0{,}866$. Berechne ohne Zuhilfenahme von Tabellen $\cos 30°$, $\cos 60°$, $\tan 30°$ und $\tan 60°$. Führe entsprechende Rechnungen durch, wenn jeweils $\sin 20°$, $\sin 57°$, $\cos 28°$ oder $\cos 84°$ gegeben sind und $\cos 70°$ sowie $\cos 20°$, $\cos 33°$ und $\cos 57°$, $\sin 62°$ und $\sin 28°$, $\sin 6°$ und $\sin 84°$ gesucht sind.

2. Gilt die Formel $\cos\alpha = \sin(90° - \alpha)$ auch, wenn α größer als $90°$ ist? Suche Beispiele und führe den Beweis.

3. Bestimme den Winkel α $(0 \leq \alpha \leq 90°)$
   a) $3\cos\alpha = 1{,}5$
   b) $4\sin\alpha = 2{,}828$
   c) $\sin\alpha = \cos\alpha$
   d) $\cos 3\alpha = 0{,}5$
   e) $\cos\alpha + \sin(90° - \alpha) = 1$
   f) $1 - \sin^2\alpha + \cos^2\alpha = 2$
   g) $3\cos\alpha + \sin\alpha \cdot \tan\alpha = 0$
   h) $3\sin\alpha = 4\cos\alpha$
   i) $\cos x - 2\sin x = 0$
   k) $3\cos^2 x + \sin^2 x = 2{,}5$
   l) $\tan\alpha - \dfrac{1}{\cos\alpha} = 0$
   m) $\sin\alpha - \cos(90° - \alpha) = 0$
   n) $\sqrt{1 - \cos^2\alpha} + \sin\alpha = 1$

4. Setze in Satz ❷a) beliebige Winkel ein und kontrolliere die Richtigkeit der Rechnung durch Tabellenwerte. Gilt der Satz auch für Winkel über $90°$? Führe den Beweis für $\sin(\alpha + \beta)$, wobei $\alpha > 90° \wedge \beta > 90°$.

5. Berechne aus den Sinuswerten für $30°$ und $45°$ die Werte für $75°$, $15°$, $60°$, $90°$, $120°$, $105°$.

6. Berechne aus $\sin 30°$ und $\sin 0{,}2° = 0{,}00349$ den $\sin 30{,}2°$.

7. Vereinfache die Terme:
   a) $\sin(\alpha + \beta) - \sin(\alpha - \beta)$
   b) $\sin(\alpha + \beta) + \sin(\alpha - \beta)$
   c) $\cos(\alpha + \beta) - \cos(\alpha - \beta)$
   d) $\cos(\alpha + \beta) + \cos(\alpha - \beta)$

   Ermittle daraus jeweils β, wenn $\alpha = 30°$ und der Wert der Terme gleich 1 sein soll. Zeige weiterhin, daß die Formeln $\sin\gamma + \sin\delta = 2\sin\dfrac{\gamma + \delta}{2} \cdot \cos\dfrac{\gamma - \delta}{2}$ und $\sin\gamma - \sin\delta = 2\cos\dfrac{\gamma + \delta}{2} \cdot \sin\dfrac{\gamma - \delta}{2}$ gelten, wenn $\alpha + \beta = \gamma$ und $\alpha - \beta = \delta$ gesetzt wird.

8. Berechne aus $\sin 18° = \sqrt{\frac{5}{16}} - \frac{1}{4}$ die Sinuswerte von $36°$, $72°$.

9. Zeige, daß gilt: $\sin 3\alpha = 3\sin\alpha - 4\sin^3\alpha$, indem z. B. $2\alpha = \beta$ gesetzt wird und die Formeln aus ❷ angewendet werden.

10. Zeige anhand der letzten Skizze aus 9.9, daß gilt: $\cos(\alpha + \beta) = \cos\alpha\cos\beta - \sin\alpha \cdot \sin\beta$.

11. Zeige anhand nebenstehender Skizze die Gültigkeit der Formeln
   a) $\sin(\alpha - \beta) = \sin\alpha \cdot \cos\beta - \sin\alpha \cdot \sin\beta$
   b) $\cos(\alpha - \beta) = \cos\alpha\cos\beta + \sin\alpha \cdot \sin\beta$

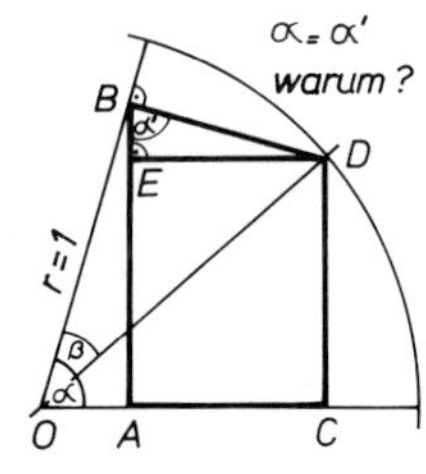

9.10 Begriff des Bogenmaßes

Bis jetzt wurde zur Kennzeichnung des Winkels immer das Gradmaß benutzt. Es gibt jedoch noch eine andere Möglichkeit, Winkelmaße zu bestimmen. Man benutzt dazu die Bogenlänge des Einheitskreises und bezeichnet sie mit x.
Der Umfang eines Kreises beträgt $2\pi \cdot r$.
Der Umfang eines Einheitskreises beträgt $2\pi \cdot 1 = 2\pi$.

Stellt man sich nun einen Einheitsvektor vor, der zunächst in h-Richtung liegt und sich dann um $360°$ dreht, dann legt seine Spitze einen Weg von 2π zurück.

Das heißt $360° \mathrel{\hat{=}} 2\pi$

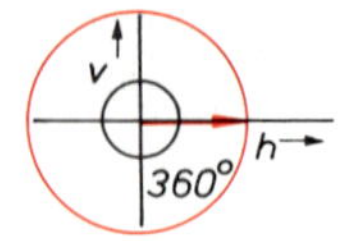

Dreht man ihn nur um 180° (90°), dann gilt:

$$180° \mathrel{\hat{=}} \pi$$

$$90° = \frac{\pi}{2}$$

Allgemein gilt deshalb der Zusammenhang zwischen Gradmaß α und Bogenmaß x:

$$\alpha : 360° = x : 2\pi$$

Stellt man diese Proportion nach α bzw. x um, dann ergibt sich:

❶ **D** **a)** $\alpha = \dfrac{x \cdot 180°}{\pi}$

b) $x = \dfrac{\alpha \cdot \pi}{180°}$

Beispiele:

1. Das Bogenmaß 1,00 entspricht dem Gradmaß

$$\alpha = \frac{1{,}00 \cdot 180°}{\pi} \approx 57{,}3°$$

2. Der Winkel 30° hat das Bogenmaß

$$x = \frac{30° \cdot \pi}{180°} \approx 0{,}523$$

Anmerkung: Das Bogenmaß x wird häufig auch als arc α bezeichnet (arcus, lat. = Bogen). [Lies: Arcus α oder Bogen α.]

Übungen zu 9.10

1. Rechne die im Gradmaß gegebenen Winkel ins Bogenmaß um: 1,2°; 0,1°; 45,4°; 12°; 300°; −120°; 720°; 32,4°; 67,5°; 102,7°; 256,6°; 318,1°; −177,4°; 1125,2°.

2. Berechne die zugehörigen Winkel im Gradmaß:
$\frac{\pi}{5}$; $\frac{\pi}{10}$; $\frac{\pi}{15}$; $\frac{\pi}{30}$; $\frac{\pi}{180}$; $\frac{3}{5}\pi$; $\frac{3}{7}\pi$; $\frac{7}{8}\pi$; $\frac{\pi}{12}$; $2{,}5\,\pi$; $37\,\pi$; $1{,}13\,\pi$; 0,1; 0,01; 2; 1,5; 3,04; $-\pi$; $-\frac{3}{4}\pi$; −3; −0,703.

3. Berechne die Länge des Bogens auf einem Kreis von 15cm Radius, wenn der Mittelpunktswinkel α gegeben ist mit:
a) 15,7° **b)** 121,4° **c)** 331,5°.

4. Wie groß ist jeweils der Kreisbogen zum Winkel 10° auf Kreisen mit folgenden Radien?
a) $r = 2$ **b)** $r = 0{,}2$ **c)** $r = 20$

5. Entnimm aus den Tabellen S. 156 ff bis zu welchen Winkeln die Zahlenwerte vom Bogenmaß x, d. h. arc α, mit denen
a) von Sinus **b)** von Tangens übereinstimmen.

6. Bestimme die folgenden Sinus-, Kosinus- und Tangenswerte:
$\sin\frac{\pi}{3}$; $\sin\frac{3}{8}\pi$; $\sin(-\frac{3}{2}\pi)$; $\sin 1$; $\sin 0{,}43$; $\sin(-1{,}87)$; $\sin 2{,}16$; $\cos\frac{4}{3}\pi$; $\cos\frac{\pi}{4}$; $\cos(-\frac{5}{6}\pi)$; $\cos 1{,}3\pi$; $\cos 0{,}5$; $\tan\frac{2}{7}\pi$; $\tan(-\frac{\pi}{20})$; $\tan 0{,}7$; $\tan(-1{,}2)$; $\tan 0{,}48\pi$; $\tan(-3{,}2\pi)$.

7. Gib das Bogenmaß x an, wobei $\frac{\pi}{2} < x < 2\pi$ ist:

a) $\sin x = 0{,}087$	**b)** $\sin x = 0{,}292$	**c)** $\sin x = 0{,}559$
d) $\sin x = 0{,}940$	**e)** $\cos x = 0{,}174$	**f)** $\cos x = 0{,}985$
g) $\cos x = 0{,}766$	**h)** $\cos x = 0{,}707$	**i)** $\tan x = 0{,}176$
k) $\tan x = 0{,}577$	**l)** $\tan x = 1{,}428$	**m)** $\tan x = 11{,}43$.

8. Bestimme die folgenden Sinus-, Kosinus- und Tangenswerte:
$\sin 5\pi$; $\sin 7\frac{3}{8}\pi$; $\sin(-15{,}4\pi)$; $\sin 10{,}5$;
$\cos 10\pi$; $\cos 6{,}2\pi$; $\cos(-3\pi)$; $\cos 12{,}3$;
$\tan 17\pi$; $\tan\frac{3}{2}\pi$; $\tan(-3{,}5\pi)$; $\tan(-\frac{3}{2}\pi)$.

9.11 Winkelfunktionen

Mißt man Winkel im Bogenmaß, dann kann man Bogenlängen und zugehörige Sinuswerte in Relation zueinander setzen*. In zwei Mengenkreisen sieht dies z. B. für die Bogen 0, $\frac{\pi}{2}$, π, $\frac{3}{2}\pi$, 2π so aus:

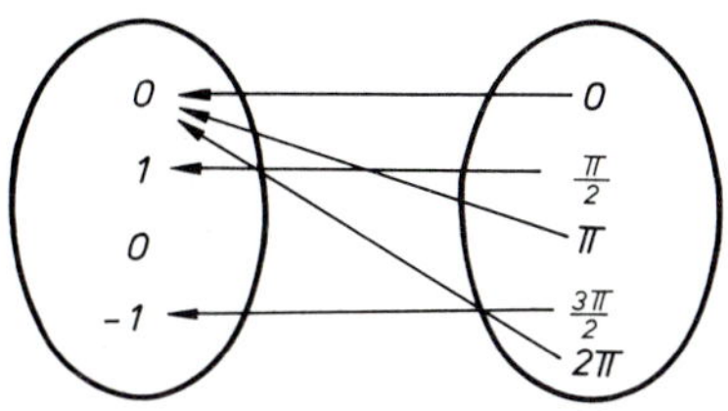

Wertemenge *Definitionsmenge*

Die Relation ist eindeutig, es handelt sich mithin um eine Funktion. Bezeichnet man nun noch die Bogen (Definitionselemente) mit x und die Sinuswerte (Werteelemente) mit y, dann gilt Die Funktionsgleichung $\boldsymbol{y = \sin x}$ mit $\mathbb{D}(x) = \mathbb{R}$.

Beispiel einer Funktionstabelle:

x	$-\frac{\pi}{2}$	$-\frac{\pi}{4}$	0	$\frac{\pi}{6}$	$\frac{\pi}{4}$	$\frac{\pi}{3}$	$\frac{\pi}{2}$	$\frac{3}{4}\pi$	π	$\frac{3}{2}\pi$	2π
$y = \sin x$	-1	$-0{,}707$	0	$0{,}5$	$0{,}707$	$0{,}866$	1	$0{,}707$	0	-1	0

Funktionsbild:

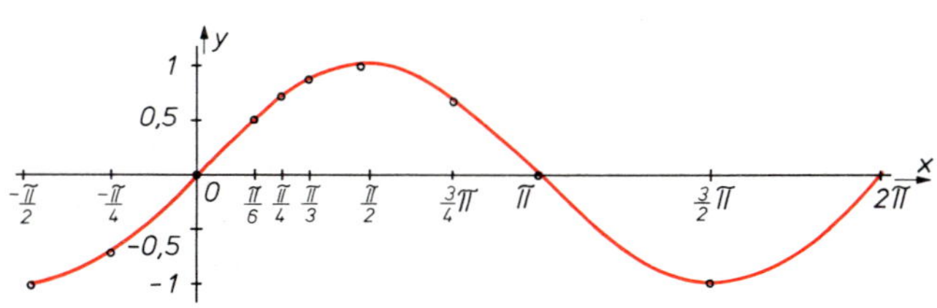

* Siehe Kapitel 10 – Relationen und Funktionen – aus: Albrecht/Halter, Von der Menge zur Exponentialgleichung.

Entsprechend gilt für den Zusammenhang zwischen Bogenlänge und Kosinuswerten

$$\boldsymbol{y = \cos x} \text{ mit } \mathbb{D}(x) = \mathbb{R}.$$

Beispiel einer Funktionstabelle:

x	$-\frac{\pi}{2}$	$-\frac{\pi}{4}$	0	$\frac{\pi}{6}$	$\frac{\pi}{4}$	$\frac{\pi}{3}$	$\frac{\pi}{2}$	$\frac{3}{4}\pi$	π	$\frac{3}{2}\pi$	2π
$y = \cos x$	0	0,707	1	0,866	0,707	0,5	0	−0,707	−1	0	1

Funktionsbild:

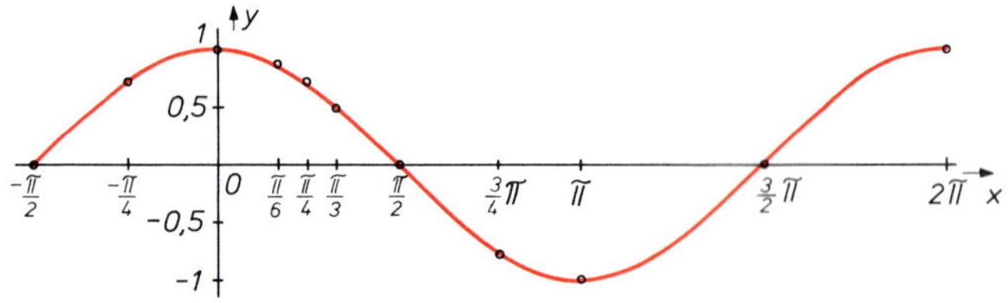

Gleichartig verfährt man mit den Tangenswerten. Die Funktionsgleichung lautet hier

$$\boldsymbol{y = \tan x} \text{ mit } \mathbb{D}(x) = \left\{ x \mid x \in \mathbb{R} \wedge x \neq \frac{2n-1}{2}\pi \wedge n \in \mathbb{D} \right\}$$
$$= \mathbb{R} \setminus \{\ldots, -\tfrac{3}{2}\pi, -\tfrac{\pi}{2}, \tfrac{\pi}{2}, \tfrac{3}{2}\pi, \ldots\}$$

Beispiel einer Funktionstabelle:

x	−1,25	$-\frac{\pi}{4}$	0	$\frac{\pi}{4}$	1,25	1,89	$\frac{3}{4}\pi$	π	$\frac{5}{4}\pi$	4,3
$y = \tan x$	−3,01	−1	0	1	3,01	−3,01	−1	0	1	3,0

Funktionsbild:

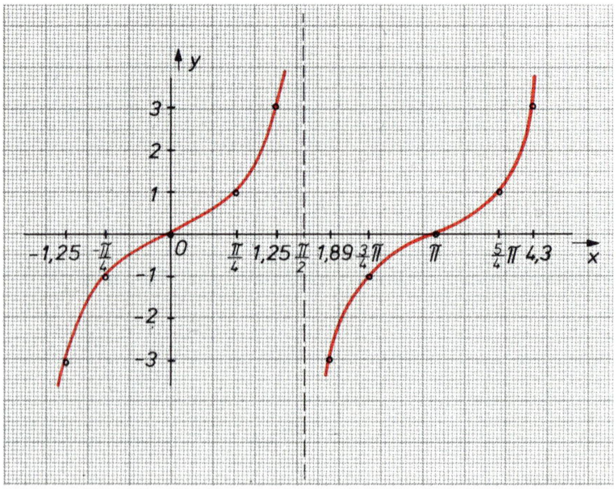

Übungen zu 9.11

1. Zeichne die folgenden Winkelfunktionen mit $\mathbb{D}(x)=\{x|x\geq -\frac{\pi}{2} \wedge x\leq 2\pi\}$, wobei die x-Werte der Funktionstabelle $-\frac{\pi}{2}$; $-\frac{\pi}{4}$; 0; $\frac{\pi}{4}$; $\frac{\pi}{2}$; ...; 2π sein sollen:

a) $y=-\sin x$ **b)** $y=2\sin x$ **c)** $y=-2\sin x$ **d)** $y=2+\sin x$ **e)** $y=-2+\sin x$ **f)** $y=2-\sin x$ **g)** $y=\sin 2x$ **h)** $y=-\sin 2x$ **i)** $y=\sin(-2x)$ **k)** $y=\sin 3x$

2. Eine Funktion $f(x)$, bei der sich für jedes x eine Zahl p so angeben läßt, daß $f(x)=f(x+p)$ ist, heißt periodische Funktion. So ist $y=\sin x$ eine periodische Funktion mit der Periode $p=2\pi$, denn z. B. $\sin\frac{\pi}{3}=\sin(\frac{\pi}{3}+2\pi)$. Gib für die Funktionen der Aufgabe 1 die Periode p an.

3. Zeichne die Funktionen:

a) $y=\sin^2 x$ **b)** $y=2+\sin^2 x$ **c)** $y=\sin^2 2x$ **d)** $y=+\sqrt{\sin x}$ **e)** $y=-\sqrt{\sin x}$ **f)** $y=\sin^3 x$

Wie heißen jeweils ihre Perioden (s. Aufgabe 2)?

4. Welche Funktionen sind gleich?

a) $y=\sin 2x$ **b)** $y=\sin(x+2\pi)$ **c)** $y=\sin(x+4\pi)$ **d)** $y=\sin(2x+\pi)$ **e)** $y=\sin 2(x-\pi)$ **f)** $y=\sin(x+\pi)$

5. Eine Funktion $f(x)$ mit der Periode p heißt gegenüber einer Funktion $g(x)=f(x-a)$ um a phasenverschoben, wenn $a\neq p$ ist. Zeichne die Funktionen und vergleiche ihre Bilder:

a) $y=\sin x$ und $y=\sin(x-\pi)$

b) $y=3+\sin x$ und $y=3+\sin(x-\frac{\pi}{4})$

c) $y=2\sin^2 x$ und $y=2\sin^2(x+\frac{\pi}{2})$

6. Zeichne die Kosinusfunktionen mit $\mathbb{D}(x)=\{x|x\geq -\frac{\pi}{2} \wedge x\leq 2\pi\}$

a) $y=-\cos x$ **b)** $y=2\cos x$ **c)** $y=-4\cos 2x$ **d)** $y=3-\cos 3x$ **e)** $y=\cos(-x)$ **f)** $y=\cos(x-\frac{\pi}{2})$ **g)** $y=2\cos(x+\pi)$ **h)** $y=2-\sqrt{\cos x}$

7. Zeichne die Tangensfunktionen mit

a) $y=-\tan x$ **b)** $y=2+\tan x$ **c)** $y=\tan 2x$ **d)** $y=2\tan(x+\pi)$ **e)** $y=2\tan(x-\frac{\pi}{2})$

8. Zeichne die Funktionen:

a) $y=\sin x+\cos x$ **b)** $y=\sin^2 x+\cos^2 x$ **c)** $y=x+\sin x$ **d)** $y=\tan x+\tan 2x$

10. FLÄCHEN IN DER EBENE

10.1 Flächenberechnung geradlinig begrenzter Figuren

❶ **D** Die von den Begrenzungslinien einer ebenen Figur umschlossene, in sich vollständig dichte Punktmenge nennt man Fläche $\mathbb{A}$ *.

Beispiele von Flächen: Quadratfläche, Kreisfläche, Dreiecksfläche.

$\mathbb{A}$ ist echte Teilmenge der Punktmenge der gesamten Ebene $\mathbb{E}$. Die Randpunkte, d.h. die Punkte auf den Begrenzungslinien, werden nicht zur Fläche gezählt. Alle Flächen sind unendliche Punktmengen, sie unterscheiden sich jedoch offensichtlich durch ihre Ausdehnung (Flächenbetrag, Flächeninhalt, kurz Fläche genannt). Deshalb hat man ein Maß festgelegt, mit dem man den Flächenbetrag A messen kann.

❷**a) S** Jeder Fläche läßt sich ein Flächenmaß zuordnen (Grundsatz).

b) D Das grundlegende Flächenmaß ist das Quadratmeter (1 m²). Kleinere Einheiten sind:

$1\ \text{mm}^2 = \frac{1}{1\,000\,000}\ \text{m}^2 \qquad 1\ \text{cm}^2 = \frac{1}{10\,000}\ \text{m}^2 \qquad 1\ \text{dm}^2 = \frac{1}{100}\ \text{m}^2$

Quadrate, deren Fläche einer Maßeinheit entsprechen, nennt man **Einheitsquadrate.**

Beispiele: $70\ \text{cm}^2 = 70 \cdot 1\ \text{cm}^2$ (70 Einheitsquadrate)
$3\ \text{cm}^2 = 3 \cdot 1\ \text{m}^2$ (3 Einheitsquadrate)

Die Berechnung der Flächen einfacher Figuren erfolgt durch Auslegen der Figuren mit Einheitsquadraten geeigneter Seitenlängen.

Beispiele:

1. Das Quadrat mit der Seitenlänge $a=4$ läßt sich mit $4 \cdot 4$ Einheitsquadraten der Seitenlänge 1 auslegen, so daß hier gilt:

$A_Q = a \cdot a = a^2$

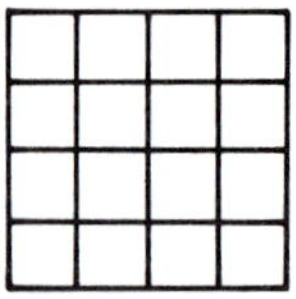

2. Das Rechteck mit den Seiten $a=5$ und $b=3$ läßt sich mit $5 \cdot 3$ Einheitsquadraten der Seitenlänge 1 auslegen, so daß hier gilt:

$A_{\text{Rechteck}} = a \cdot b$

---

* Siehe auch ❻ aus 1.3.

Etwas problematischer ist das Auslegen bei Quadraten oder Rechtecken, deren Seitenlängen gebrochene rationale Zahlen, d. h. Elemente aus $\mathbb{Q}^+ \setminus \mathbb{N}$, sind.

Beispiel: Quadrat mit $a = \frac{2}{3}$.

Man bildet aus $3 \cdot 3$ Quadraten mit jeweils $\frac{2}{3}$ Seitenlänge ein größeres Quadrat, dessen Seiten dann $3 \cdot \frac{2}{3} = 2$ lang sind. Dessen Fläche ist damit $2 \cdot 2 = 4$. Also ist der Flächeninhalt jedes kleinen Quadrates 4 dividiert durch 9, d. h. $\frac{4}{9}$.
Er ergibt sich auch direkt aus der Rechnung: $A = a^2 = (\frac{2}{3}) = \frac{4}{9}$.
Entsprechende Überlegungen kann man auch für Rechtecke machen, deren Seiten gebrochene rationale Zahlen sind.
Einer weitergehenden Betrachtung bedarf die Flächenberechnung, wenn die Seiten irrationale Zahlen sind, d. h. Elemente von $\mathbb{R}^+ \setminus \mathbb{Q}$.

Beispiel: Quadrat mit $a = \sqrt{2}$.

Aus der Arithmetik ist bekannt, daß sich irrationale Zahlen durch rationale Zahlen von oben und unten annähern lassen (Intervallschachtelung). Entsprechende Einschachtelungen sind auch für Flächen möglich:

Kleinere Flächen mit den Seiten: Größere Flächen mit den Seiten:

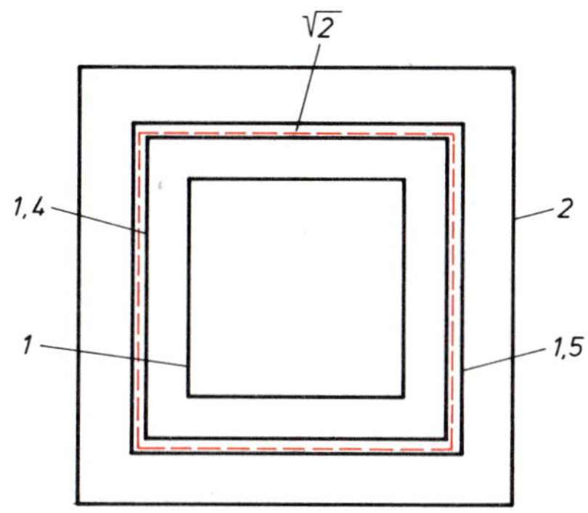

Deshalb ist hier die Flächenberechnung näherungsweise ebenfalls mit Hilfe der Formel $A = a^2$ möglich. Sie wird um so genauer, je exakter die irrationale Seitenlänge rational angenähert wird. Analoge Überlegungen lassen sich auch für Rechtecke und andere geradlinige Flächen mit irrationalen Seitenlängen durchführen.

Bestimmung der Parallelogrammfläche:

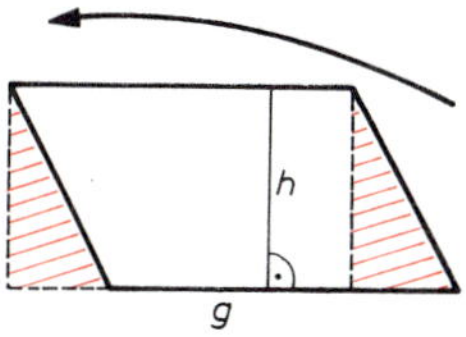

$A_P = g \cdot h$

Bestimmung der Dreiecksfläche:

Aus jedem Dreieck läßt sich durch 180°-Drehung ein Parallelogramm, bestehend aus zwei kongruenten Dreiecken, konstruieren, so daß gilt:

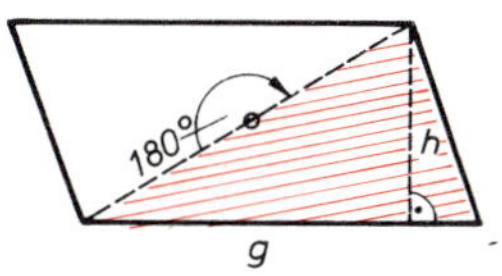

$$A_D = \frac{A_P}{2} = \frac{g \cdot h}{2}$$

Bestimmung der Trapezfläche:

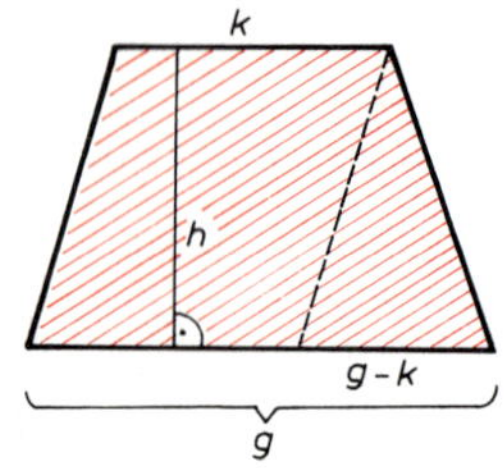

$$A_{Tr} = k \cdot h + \frac{g-k}{2} \cdot h = h \cdot \frac{2k+g-k}{2} = h \cdot P$$

P ist die Mittelparallele $\frac{k+g}{2}$.

Die Fläche komplizierter geradlinig begrenzter Figuren bestimmt man im allgemeinen durch Zerlegung in einfachere Figuren.

❸ S Zusammenfassung:

a) Fläche des Quadrats $A = a \cdot a = a^2$

b) Fläche des Rechtecks $A = a \cdot b$

c) Fläche des Parallelogramms $A = g \cdot h$

d) Fläche des Dreiecks $A = \frac{g \cdot h}{2}$

e) Fläche des Trapezes $A = \frac{g+k}{2} h = P \cdot h$

Als Grundlinie bei Parallelogramm und Dreieck kann jede Seite dienen.

Beispiel einer Flächenberechnung:

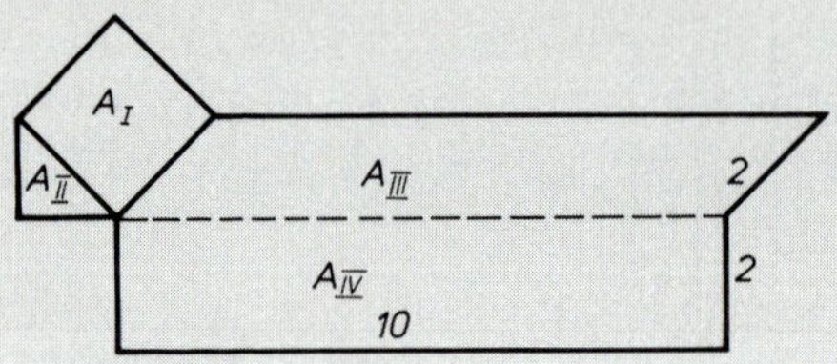

$A_I = 2^2 = 4$

$A_{II} = \frac{\sqrt{2}}{2} \cdot \sqrt{2} = 1$

$A_{III} = 10 \cdot \sqrt{2} \approx 14{,}1$

$A_{IV} = 10 \cdot 2 = 20$

$A_{ges} = A_I + A_{II} + A_{III} + A_{IV} \approx 39{,}1$

Übungen zu 10.1

1. **a)** Gegeben ist ein Quadrat mit der Seitenlänge $a = \sqrt{2}$. Ist der Flächeninhalt A eine irrationale Zahl, d.h. $A \in \mathbb{J}$?

b) Gilt für die Fläche eines Quadrats immer: Wenn $a \in \mathbb{J}$ ist, dann ist $A \notin \mathbb{J}$?

2. **a)** Ein Quadrat hat die Seitenlänge $a = \frac{4}{5}$. Wie groß sind die Seitenlängen der Einheitsquadrate zu wählen, damit die Fläche vollständig bedeckt wird?

b) Ein Rechteck hat die Seitenlänge $a = \frac{3}{7}$ und $b = \frac{28}{45}$. Welche Seitenlänge haben die Einheitsquadrate, die die Fläche vollständig bedecken?

3. Gegeben ist ein Rechteck mit den irrationalen Zahlen $a = \sqrt{3}$ und $b = \sqrt{12}$. Zeige, daß für das Rechteck die Flächenformel $A = a \cdot b$ richtig ist, indem die Seitenlängen durch rationale Zahlen angenähert werden.

4. Berechne die Fläche des Parallelogramms mit

a) $g = 8$; $h = 5$

b) $g = 7$; $s = 4$; $\alpha = 120°$

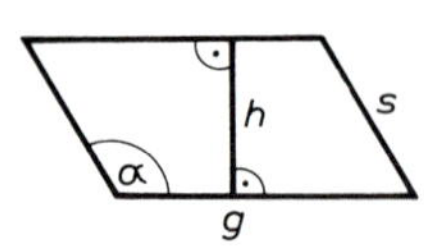

5. a) Wie groß ist die Fläche des Parallelogramms aus Aufgabe 4a), wenn Grundseite g und Höhe h beibehalten werden und der Winkel $\alpha=10°$ beträgt?
b) Vergleiche die beiden Flächeninhalte miteinander, gib eine Begründung dazu.

6. Berechne die Dreiecksflächen:
a) $c=5;\ h_c=7;\ \gamma=90°$ **b)** $b=3;\ c=4;\ a=5$ **c)** $\alpha=45°;\ b=3;\ c=9$

7. Berechne mit Hilfe des Sinusbegriffs die Dreiecksflächen:
a) $b=4;\ c=7;\ \alpha=65°$ **c)** $a=6{,}3;\ b=4;\ \gamma=85°$
b) $a=3{,}5;\ c=5;\ \beta=28°$ **d)** $b=3;\ c=1{,}3;\ \alpha=15°$

8. Berechne die Fläche des Trapezes:
a) $g=15;\ k=8;\ h=6$ **b)** $g=\sqrt{3};\ k=\sqrt{25};\ h=1{,}5$ **c)** $m=14;\ h=4$

9. Gegeben sind zwei Dreiecke:
a) mit $c=8;\ h_c=4;\ \alpha=45°$
b) mit $c=8;\ h_c=4;\ \alpha=161°$
Was ist über den Flächeninhalt beider Dreiecke zu sagen? (Begründe!)

10. Unter welchen Voraussetzungen sind allgemein Dreiecke flächengleich?

11. Berechne die schraffierten Flächen:

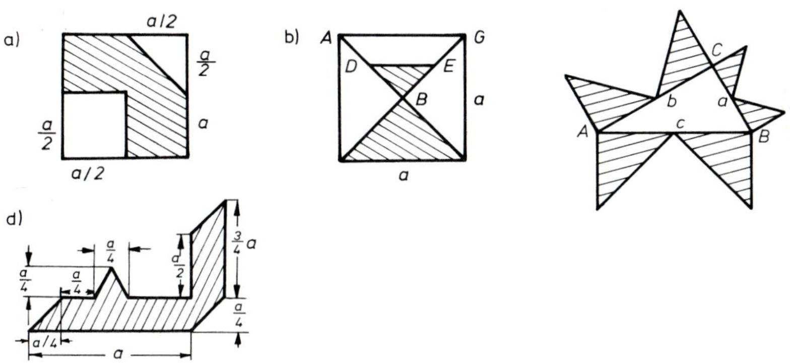

12. Gegeben:

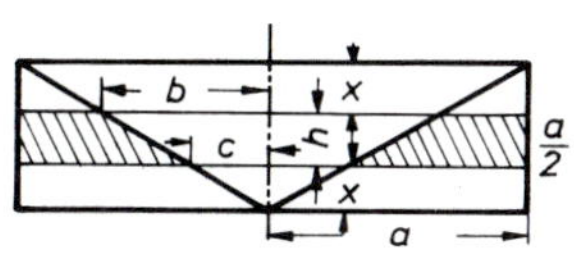

Berechne die schraffierte Fläche, indem zunächst x bestimmt wird.

13. Zeige, daß ein Dreieck einem Rechteck mit gleicher Grundseite und halber Höhe flächengleich ist.

10.2 Flächenberechnung krummlinig begrenzter Flächen

a) Flächeninhalt

Eine Kreisfläche wird nicht von geraden Linien begrenzt. Es ist auch nicht möglich, durch irgendwelche Drehungen, Verschiebungen oder Spiegelungen von geradlinig begrenzten Figuren Kreisflächen zu erhalten.

Es ist jedoch offensichtlich, daß auch die Punktmenge, die von der Kreislinie umschlossen wird, eine Fläche darstellt. Eine obere bzw. untere Grenze für das Flächenmaß eines Kreises findet man nach nebenstehendem Bild durch $a_i^2 = 4r^2$ bzw. $a_a^2 = 2r^2$, d.h. $2r^2 < A_{\text{Kreis}} < 4r^2$.

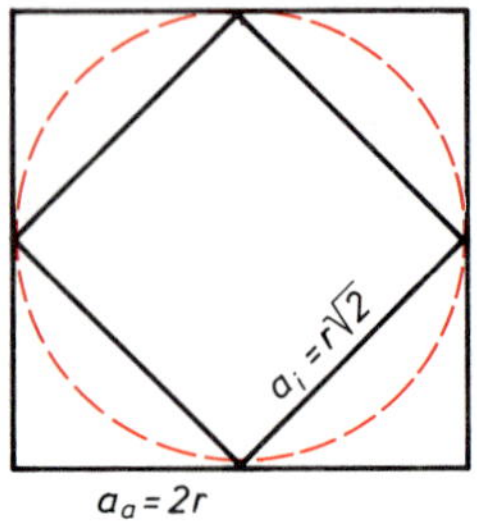

Will man das Flächenmaß des Kreises in engere Grenzen einschließen, d.h. in Grenzen, die sich um weniger als $4r^2 - 2r^2$ unterscheiden, dann benutzt man zur Einschachtelung regelmäßige n-Ecke, z.B. ein 6-Eck, ein 12-Eck, usw.
Der exakte Flächeninhalt des Kreises wird dann definiert als Grenzwert des Einschachtelungsverfahrens für n-Ecke mit unbeschränkt großer Eckenzahl, d.h. $n \to \infty$.

Rechnerisch bequemer ist es jedoch, eine aus Rechteckstreifen gebildete Fläche zur Einschachtelung zu benutzen.
Beispiel zur Berechnung der Fläche eines Viertelkreises:

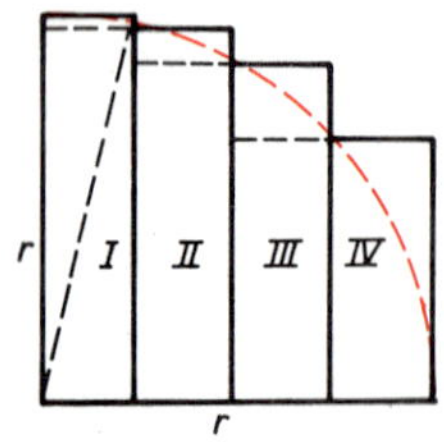

Äußere Annäherung:

$$A_{a\,I} = \frac{r}{4} \cdot r = \frac{r^2}{4}$$

$$A_{a\,II} = \frac{r}{4} \cdot \sqrt{r^2 - \frac{r^2}{16}} = \frac{r^2}{4} \cdot \sqrt{\frac{15}{16}} \approx \frac{r^2}{4} \cdot 0{,}967\,^*$$

$$A_{a\,III} = \frac{r}{4} \cdot \sqrt{r^2 - \frac{r^2}{4}} = \frac{r^2}{4} \cdot \sqrt{\frac{3}{4}} \approx \frac{r^2}{4} \cdot 0{,}866$$

$$A_{a\,IV} = \frac{r}{4} \cdot \sqrt{r^2 - \frac{9}{16} r^2} = \frac{r^2}{4} \cdot \sqrt{\frac{7}{16}} \approx \frac{r^2}{4} \cdot 0{,}661$$

$$A_{a\,\text{ges}} = \frac{r^2}{4} \cdot 3{,}494$$

Innere Annäherung:

$$A_{i\,I} = \frac{r^2}{4} \cdot \sqrt{\frac{15}{15}} \approx \frac{r^2}{4} \cdot 0{,}967\,^*$$

$$A_{i\,II} = \frac{r^2}{4} \cdot \sqrt{\frac{3}{4}} \approx \frac{r^2}{4} \cdot 0{,}866$$

$$A_{i\,III} = \frac{r^2}{4} \cdot \sqrt{\frac{7}{16}} \approx \frac{r^2}{4} \cdot 0{,}661$$

$$A_{i\,IV} = 0$$

$$A_{i\,\text{ges}} = \frac{r^2}{4} \cdot 2{,}494$$

Für die Fläche des Vollkreises gilt also:

$$r^2 \cdot 2{,}494 < A_{\text{Kreis}} < r^2 \cdot 3{,}494\,^*$$

Die Differenz zwischen $A_{a\,\text{ges}}$ und $A_{i\,\text{ges}}$ ist durch den ersten äußeren Flächenstreifen $A_{a\,I}$ gegeben, d.h. $A_{a\,\text{ges}} - A_{i\,\text{ges}} = \frac{r^2}{4}$ wie man durch die Differenzbildung feststellen kann. Würde man eine feinere Unterteilung machen, z.B. 100 Streifen, 1000 Streifen usw., dann würde die Differenz nur $\frac{r^2}{100}$, $\frac{r^2}{1000}$ usw. betragen, also beliebig klein

* Rechenschiebergenauigkeit.

gemacht werden können. Im Grenzfall nähern sich also $A_{a\,ges}$ und $A_{i\,ges}$ demselben Wert. Dieser gibt die tatsächliche Kreisfläche an. Sie ist das Produkt aus r^2 und einer Konstanten. Man nennt die Konstante „π" und benutzt im allgemeinen den Wert 3,14. Ein genauerer Wert ist $\pi = 3{,}1415926535\ldots$
„π" ist eine irrationale Zahl und läßt sich nicht exakt als Dezimalzahl schreiben.

❶ **S** Das Flächenmaß eines Kreises beträgt

$$A_{Kreis} = \pi r^2$$

b) Umfang

Der Umfang einer ebenen Figur ist der Betrag (die Länge) der Begrenzungslinien einer Fläche.

Beispiel:

Für ein Parallelogramm gilt:

$$U = 2a + 2b = 2(a+b)$$

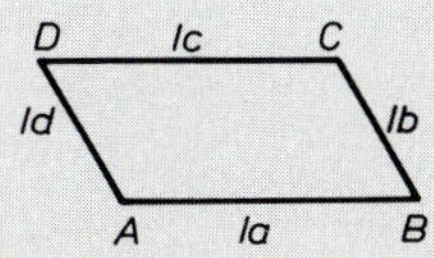

❷ **S** Bei geradlinig begrenzten Flächen ist der Umfang gleich der Summe der Seitenlängen.

Formel: $U = a + b + c + \cdots$

Speziell:

Umfang des Dreiecks:	$U = a + b + c$
Umfang des Quadrats:	$U = 4a$
Umfang des Rechtecks:	$U = 2(a+b)$
Umfang des Parallelogramms:	$U = 2(a+b)$
Umfang des Vierecks:	$U = a + b + c + d$

Beispiel:

Gegeben ist ein regelmäßiges Sechseck mit $r = 3{,}2$. Das Sechseck besteht aus 6 kongruenten gleichseitigen Dreiecken. Also

$$U = 6 \cdot r = 6 \cdot 3{,}2 = 19{,}2$$

Die Berechnung des Umfangs krummlinig begrenzter Figuren ist, wie im Kapitel 10.2 (Flächen krummlinig begrenzter Figuren) für Flächeninhalte demonstriert wurde, durch ein Näherungsverfahren möglich. Es verläuft nach analogen Überlegungen. Hier soll das Prinzip des Einschachtelungsverfahrens für den Umfang eines Kreises gezeigt werden.

Einschachtelung mit Quadraten:

$$U_a = 4 \cdot 2r \quad = 8r$$
$$I_i = 4 \cdot r \cdot \sqrt{2} \approx 5{,}65r$$

also: $5{,}65r < U_{Kreis} < 8r$

Einschachtelung mit Sechsecken:

$$U_a = 6 \cdot \frac{2r}{\sqrt{3}} \approx 6{,}94r$$

$$U_i = 6 \cdot r$$

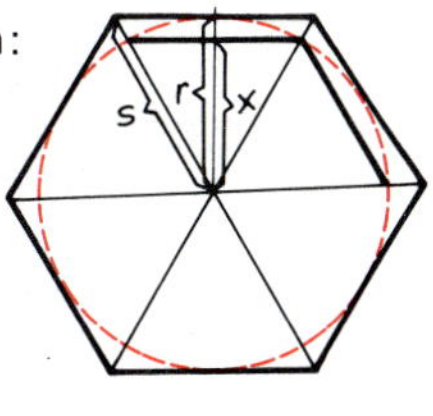

Die weitere genauere Untersuchung kann mit regelmäßigen 12-Ecken (24-Ecken) erfolgen. Es zeigt sich dann immer deutlicher, daß U_{Kreis} einen Wert von ca. $6{,}28r$ haben muß. Daß heißt, es gilt:

❸ **S** Der Umfang eines Kreises beträgt

$$U_{\text{Kreis}} = 2\pi r$$

Beispiel:

Für das Kreissegment ist der Umfang U_s:

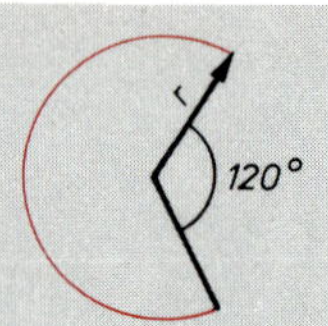

$$U_s : U_{\text{Kreis}} = (360° - 120°) : 360°$$

$$U_s = \frac{U_{\text{Kreis}} \cdot 240°}{360°} = \tfrac{2}{3}\, U_{\text{Kreis}} = \tfrac{4}{3}\pi r$$

Übungen zu 10.2

1. Berechne die Kreisfläche, wenn

a) $r = 11{,}5$, **b)** $\frac{r}{2} = 5$, **c)** $d = 8{,}4$, **d)** $\frac{d}{2} = 4{,}2$ ist.

2. Wie groß ist die Kreisringfläche mit

a) $r_i = 8$; $r_a = 10$ (i = innen, a = außen)

b) $r_i = 10{,}3$; $d_a = 21$

3. Wie groß ist

a) der Radius, **b)** der Umfang

c) der Durchmesser eines Kreises, wenn $A = 628$ beträgt?

4. Der Radius r eines Kreises beträgt 51. Um wieviel muß der Radius vergrößert werden, damit sich die Kreisfläche verdoppelt (verdreifacht, vervierfacht)?

5. Berechne die Fläche der Kreisausschnitte des Kreises mit dem Radius r, wenn der Mittelpunktswinkel

a) $\alpha_M = 30°$; (165°; 295°; 45°)

b) $\alpha_M = \frac{\pi}{4}$; ($\frac{2}{3}\pi$; $\frac{\pi}{2}$; $\frac{5}{6}\pi$) beträgt.

6. Berechne nebenstehende schraffierten Flächen und vergleiche A mit A_1 und A_2.

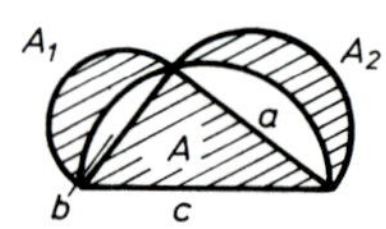

7. Wie groß ist die schraffierte Fläche?

a)
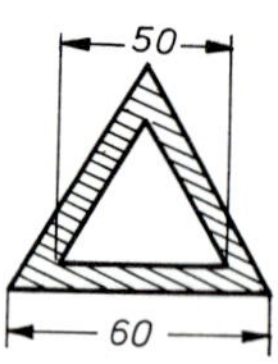

b)
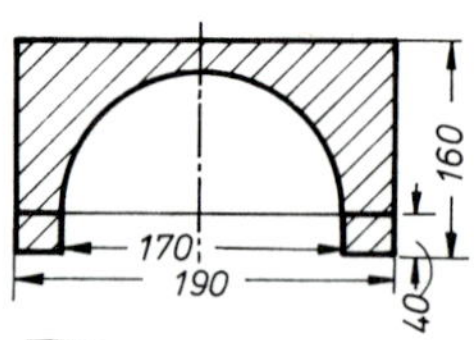

c)
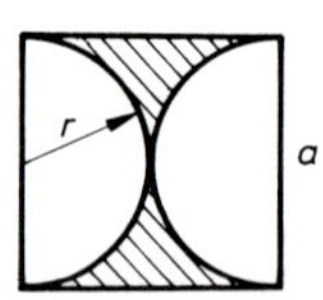

d)
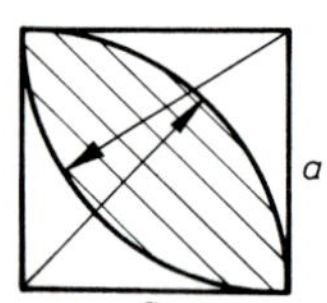

e)
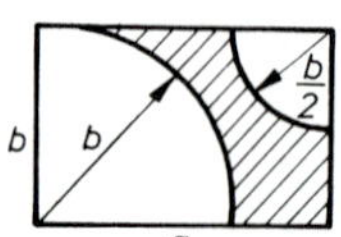

f)
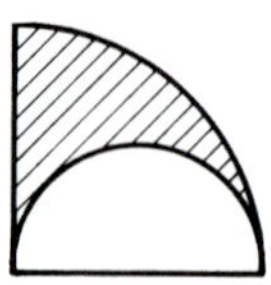

g) g)
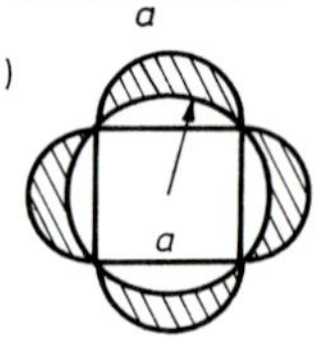

h)
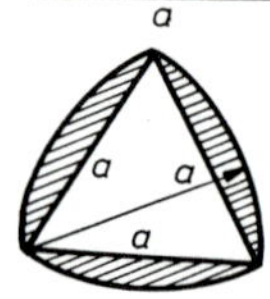

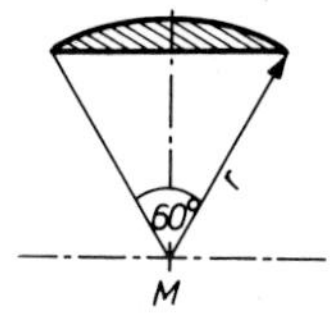

8. Berechne die Fläche eines Kreisabschnittes
a) $\alpha = 60°$ **b)** $\alpha = 90°$ **c)** allgemein

9. Berechne die Fläche des Inkreises
a) vom gleichseitigen Dreieck mit $a = 10$
b) vom gleichschenkligen Dreieck mit $g = 8$ und $h = 5$
c) vom Dreieck mit $a = 3$, $b = 4$ und $c = 5{,}5$.

10. **a)** Wie groß ist die Seitenlänge a eines Quadrates, das einer gegebenen Kreisfläche flächengleich ist? Sind die Seitenlängen rationale Zahlen?
b) Wie groß ist die Höhe eines Dreiecks mit gegebener Grundseite g, das einer gegebenen Kreisfläche flächengleich ist?
c) Der Radius eines Kreises betrage $r = \frac{1}{\sqrt{\pi}}$. Wie groß sind die noch fehlenden Seiten eines flächengleichen Rechtecks, dessen eine Seite $b = 4$ ist?

11. Wie groß ist die Fläche eines Rechtecks, dessen eine Seite Sehne eines Kreises mit $r = 4$ und $\alpha_M = 60°$ ist? Eine Rechteckseite betrage 2.

12. Die Flächeninhalte zweier Kreise stehen im Verhältnis 1 : 2. In welchem Verhältnis stehen ihre Umfänge $U_1 : U_2$?

13. Die Seitenlänge eines Quadrates ist a. Wie groß ist der Umfang eines flächengleichen Kreises?

14. Wie lang sind die Bogenstücke, die die Flächen der Aufgabe 8 beranden?

10.3 Begriff der Scherung

In diesem Kapitel soll eine Art der Abbildung behandelt werden, die zwar die Form einer Figur verändert, die **Fläche** jedoch unverändert läßt.

Beispiel: Eine Rechteckfläche sei in viele schmale Rechteckstreifen zerlegt. Jeden Streifen kann man verschieben, ohne den Flächeninhalt insgesamt (alle schmalen Streifen zusammen) zu verändern. Die Verschiebungen können prinzipiell beliebig erfolgen, jedoch ist der Sonderfall, der aus dem Rechteck näherungsweise ein Parallelogramm macht, besonders wichtig und soll deshalb unserer Betrachtung zugrunde gelegt werden.

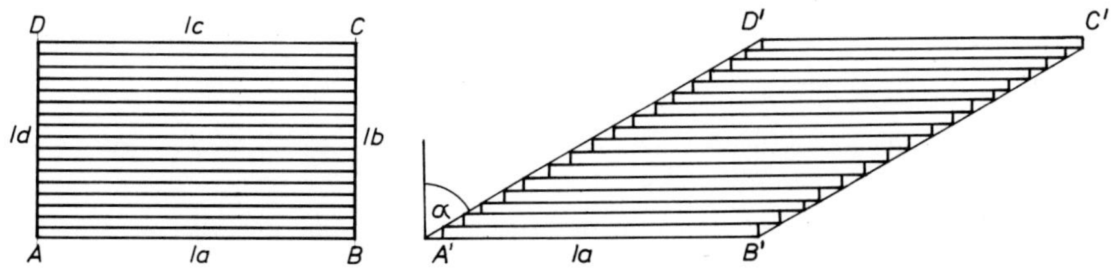

Zerlegt man die Rechteckfläche in beliebig schmale Streifen (im Grenzfall in „unendlich" schmale Streifen), dann wird sich das Parallelogramm ziemlich exakt (im Grenzfall exakt) ergeben.
Dieses Parallelogramm ist flächengleich mit dem vorgegebenen Rechteck. Es entsteht bei der Abbildung dadurch, daß die Seiten b und d des Rechtecks in den Punkten B bzw. A um einen Winkel α geschert werden.

Ein solches Verfahren, bei dem eine Grundseite erhalten bleibt und alle auf ihr senkrecht stehenden Strecken um denselben Winkel gedreht werden, nennt man „Scherung".

❶ **D** Bei einer Scherung werden die Punkte der Ebene parallel zu einer Geraden, der Scherungsachse ɪa, verschoben. Dabei sind alle Punkte der Achse selbst Festpunkte. Für die anderen Punkte gilt: Liegen zwei beliebige Punkte P und Q auf einer Senkrechten zur Achse, dann liegen die Bildpunkte P' und Q' auf einer um einen Winkel α gedrehten Geraden.

Beispiel:

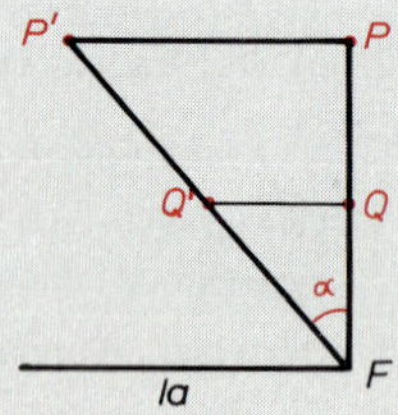

Für die Abstände entsprechender Urbild- und Bildpunkte und ihre Abstände von dem gemeinsamen Festpunkt F gelten die Strahlensätze. Also z. B. $QQ' : PP' = QF : PF$.

❷ **S** Bei der Abbildung durch Scherung bleiben die Flächeninhalte erhalten (Grundsatz).

Beispiele:

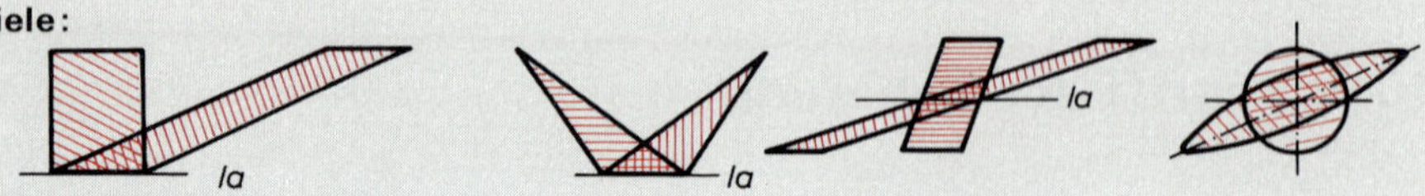

Anmerkung: Durch Scherung eines Kreises entsteht eine Ellipse.

Übungen zu 10.3

1. Was ist richtig, was ist falsch? Nenne die Fehler. Die folgenden Abbildungen sollen Scherungen sein.

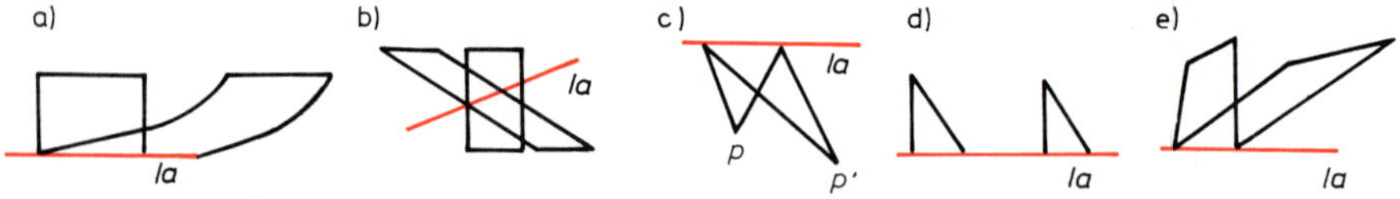

f) Parallelen des Urbildes werden zu Parallelen des Bildes.

2. Gegeben ist die Scherungsachse ɪa und der Scherungswinkel $\alpha = 45°$ ($70°$, $-30°$, $-55°$) und ein Punkt P, der von ɪa den Abstand 4 hat. Konstruiere P'.

3. Gegeben ist ɪa, ein Punkt P, der von ɪa den Abstand 5 hat, und der Abstand $PP' = 3$ (5, 7). Konstruiere α.

4. Zeige an Beispielen, daß eine Strecke bei der Scherung wieder in eine Strecke übergeht. Was gilt bezüglich ihrer Länge? Untersuche die Fälle
a) Strecke parallel zur Scherungsachse
b) Strecke beliebig.

5. Bestimme den Abstand der Höhenschnittpunkte H und H', wenn $CC' = 4$ ist. Gegeben ist das Dreieck $a = b = 5$, $\alpha = 60°$.

6. Zeige: Jede Gerade ıg, die nicht parallel zur Scherungsachse ıa ist, schneidet ihr Bild ıg′ auf ıa.

7. Welche Figuren entstehen bei der Scherung aus Dreiecken?
a) Scherungsachse ist eine Dreiecksseite
b) Scherungsachse liegt parallel zu einer Dreiecksseite
c) Scherungsachse liegt beliebig zum Dreieck.

8. Welche Figuren entstehen aus Parallelogrammen bei der Scherung? Können auch Rechtecke entstehen?

9. Ein Trapez wird zu einer beliebig liegenden Scherungsachse geschert. Welche Figur entsteht?

10. Zeige, daß Parallelität durch eine Scherung nicht aufgehoben wird.

11. Was gilt bezüglich senkrecht stehender Strecken bei der Scherung?

12. Schere den Kreis mit $r=5$, wobei die Scherungsachse
a) durch den Kreismittelpunkt M geht **b)** Tangente des Kreises ist
c) beliebig liegt. Konstruiere die Scherungsbilder!

10.4 Flächenverwandlung

Mit Hilfe der Scherung lassen sich flächengleiche Figuren herstellen. Hierbei treten einige typische Aufgaben auf:

1. Verwandle ein Dreieck in ein anderes flächengleiches Dreieck mit anderer Grundseite.
Gegeben: $b=4$, $c=3$, $\alpha=40°$.
Gesucht: Flächengleiches Dreieck mit $c'=5$ und $\alpha=40°$.

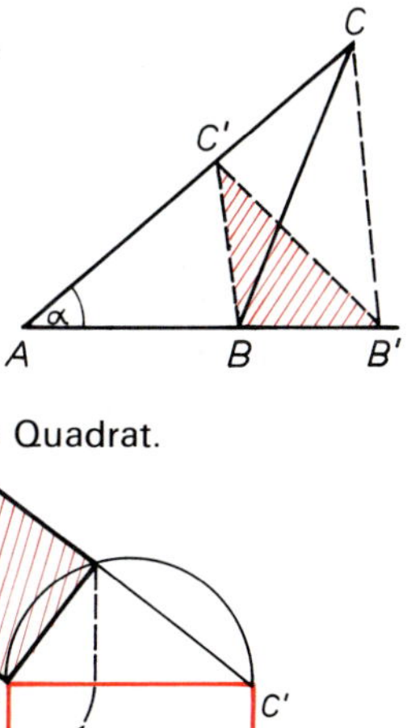

1) ıc′ von A ausgehend auf ıc legen, Endpunkt ist B'.
2) B' mit C verbinden.
3) Parallele zu $B'C$ durch B.
4) C' mit B' verbinden.
Dreieck ABC ist flächengleich Dreieck $AB'C'$.

Das Dreieck BCC' (schwarz schraffiert) liegt geschert zum Dreieck $BB'C'$ (rot schraffiert). Scherungsachse ist BC'.

2. Verwandle ein Dreieck in ein flächengleiches Quadrat.
Gegeben: $a=3$, $b=4$, $\gamma=110°$. Gesucht: Flächengleiches Quadrat.

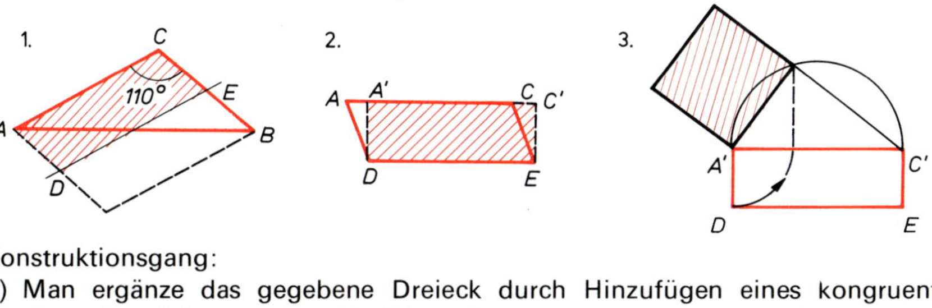

Konstruktionsgang:
1) Man ergänze das gegebene Dreieck durch Hinzufügen eines kongruenten zu einem Parallelogramm und halbiere dieses.
2) Man schert das Parallelogramm zum Rechteck.
3) Man verwandelt das Rechteck mit Hilfe des Satzes von Euklid (Kapitel 8.4) in ein Quadrat.

3. Verwandle ein Quadrat in ein flächengleiches Rechteck.
   Gegeben: Quadrat mit $a=3$. Gesucht: Flächengleiches Rechteck mit $b=5$.

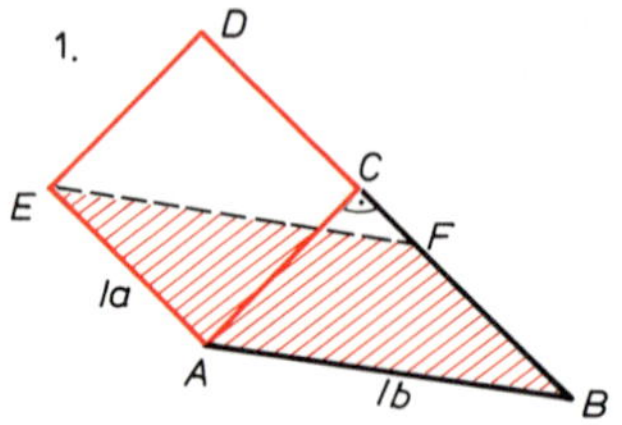

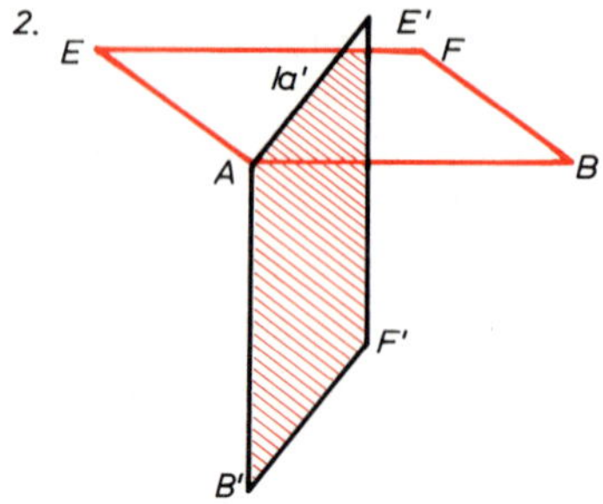

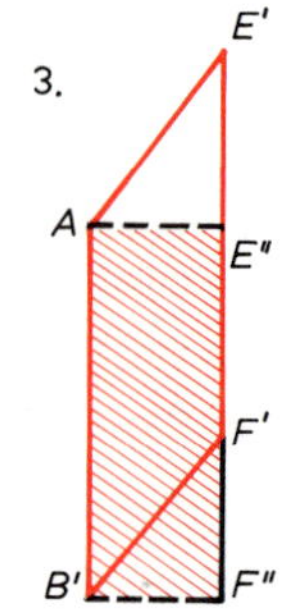

Konstruktionsgang:

1) Man zeichne an das gegebene Quadrat ein rechtwinkliges Dreieck mit der Hypotenuse $b=5$ und schert das Quadrat an la.
2) Man dreht das Parallelogramm $ABFE$ um 90° um Punkt A.
3) Man schert das Parallelogramm an lb'.
   Die Konstruktion läßt sich zum Beweis des Satzes von Euklid benutzen.

Übungen zu 10.4

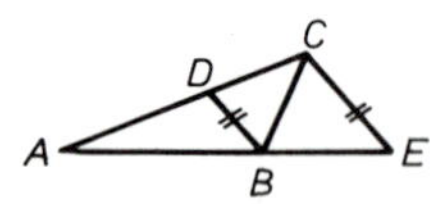

1. Was ist richtig, was ist falsch? Berichtige.
- **a)** $\triangle AED$ ist flächengleich $\triangle ABC$ und Scherungsachse ist $\overline{BC}$.
- **b)** Man verwandelt ein gegebenes Dreieck in ein flächengleiches Quadrat, indem man das Dreieck erst in ein Trapez und dann in ein Quadrat verwandelt.
- **c)** Aus einem rechtwinkligen Dreieck läßt sich kein flächengleiches Quadrat erzeugen.
- **d)** Jedes Dreieck läßt sich in ein flächengleiches Dreieck mit anderer Grundseite verwandeln.
- **e)** Ein gegebenes Rechteck läßt sich eindeutig in ein flächengleiches Quadrat verwandeln.

2. Verwandle die Dreiecke in andere flächengleiche Dreiecke:
- **a)** Geg.: $a=3$, $c=5$, $\alpha=35°$
  Ges.: Dreieck mit $c'=2{,}5$, $\alpha'=35°$
- **b)** Geg.: $b=7$, $c=4$, $\alpha=49°$
  Ges.: Dreieck mit $b'=3$, $\alpha'=49°$
- **c)** Geg.: $a=2$, $c=8$, $\gamma=28°$
  Ges.: Dreieck mit $a'=3{,}5$, $\gamma=28°$

3. Verwandle die in Aufg. 2 gegebenen Dreiecke in flächengleiche Quadrate.

4. Verwandle die in Aufg. 2 gesuchten Dreiecke in flächengleiche Quadrate.

5. Verwandle die gegebenen Quadrate in flächengleiche Rechtecke:
- **a)** Geg.: Quadrat mit $a=4$, Ges.: Rechteck mit $b=6$
- **b)** Geg.: Quadrat mit $a=6$, Ges.: Rechteck mit $b=7{,}5$
- **c)** Geg.: Quadrat mit $a=2$, Ges.: Rechteck mit $b=3$

6. Verwandle die gegebenen Rechtecke in flächengleiche Quadrate
a) $a=4$, $b=2{,}5$ **b)** $a=6{,}5$, $b=3{,}5$ **c)** $a=8$, $b=7{,}5$ **d)** $a=5{,}5$, $b=1{,}5$

7. Konstruiere ein Quadrat, das flächengleich
a) der Summe, **b)** der Differenz, zweier gegebener Quadrate ist.

8. Konstruiere ein Quadrat, dessen Flächeninhalt halb so groß ist wie der Flacheninhalt eines gegebenen Quadrates.

9. Konstruiere ein Quadrat, dessen Flächeninhalt das Vierfache (Dreifache) eines gegebenen Quadrates beträgt.

10. Verwandle die Dreiecke in andere flächengleiche Dreiecke:
- **a)** Geg.: $a=4$, $c=4{,}5$, $\alpha=40°$
  Ges.: Dreieck mit $c'=2$, $\alpha'=60°$
- Geg.: $b=6$, $c=3$, $\beta=104°$
  Ges.: Dreieck mit $a'=4$, $\gamma=35°$

11. VOLUMEN UND OBERFLÄCHEN VON KÖRPERN

11.1 Prismen und Zylinder

Bis jetzt wurden nur geometrische Figuren in der Ebene untersucht. Nimmt man als Grundmenge nicht nur $\mathbb{E}$, sondern die Punktmenge des **Raumes** $\mathbb{R}_m$, dann sind viele Teilmengen von $\mathbb{R}_m$ ebenfalls räumliche Gebilde.

❶ **D** Eine in sich vollständig dichte, allseitig umschlossene Teilmenge von $\mathbb{R}_m$ nennt man Körper.

Beispiele: Würfel, Kugel, Quader, Pyramide, Kegel.

Eine wichtige Kenngröße des Körpers ist sein Volumen (Rauminhalt).

❷**a) S** Jedem Körper läßt sich ein Volumen zuordnen (Grundsatz).

b) Das grundlegende Volumenmaß ist das Kubikmeter (1 m^3).
Kleinere Einheiten sind: 1 $mm^3 = 10^{-9}$ m^3
1 $cm^3 = 10^{-6}$ m^3
1 $dm^3 = 10^{-3}$ m^3
Würfel, deren Volumen einer Maßeinheit entsprechen, nennt man **Einheitswürfel.**

Beispiele: 70 $cm^3 = 70 \cdot 1$ cm^3 ($\triangleq$ 70 Einheitswürfeln).
3 $m^3 = 3 \cdot 1$ m^3 ($\triangleq$ 3 Einheitswürfeln).

Die Berechnung des Volumens einfacher Körper erfolgt durch Auffüllen der Körper mit Einheitswürfeln.

Beispiele:

1. Der Würfel mit der Kantenlänge $a=4$ läßt sich mit $4 \cdot 4 \cdot 4 = 64$ Einheitswurfeln ausfüllen. So daß hier gilt: $V_{\text{Würfel}} = a\,a\,a = a^3$.
2. Der Quader mit den Seiten $a=5$, $b=3$, $c=4$ läßt sich mit $5 \cdot 3 \cdot 4 = 60$ Einheitswürfeln ausfüllen, so daß hier gilt: $V_{\text{Quader}} = a\,b\,c$.

Sind die Kantenlängen vom Würfel bzw. Quader gebrochene rationale Zahlen (z.B. $a=\frac{2}{3}$, $b=\frac{1}{2}$, $c=\frac{5}{4}$), dann ist das Auslegen direkt nicht möglich, man verfährt dann analog zu dem in Kapitel 10 angeführten Verfahren zur Flächenauslegung.
Sind die Kantenlängen irrationale Zahlen (z.B. $a=\sqrt{2}$, $b=\sqrt{3}$, $c=\sqrt{5}$), dann wendet man ein Einschachtelungsverfahren analog zu dem in Kapitel 10.1 beschriebenen an.

Es gelten deshalb auch in diesen Fällen die oben angeführten Volumentormeln.
Zur Berechnung eines geraden Prismas, z. B. mit dreieckiger oder rechteckiger Grundfläche, überlege man sich, daß die Grundfläche A mit $\frac{c \cdot h_c}{2}$ bzw. $a \cdot b$ Einheitsquadraten ausgelegt werden kann. Der Körper läßt sich dann mit $\frac{c \cdot h_c}{2} h$ (bzw. $a \cdot b \cdot h$) Einheitswürfeln ausfüllen. Entsprechende Überlegungen gelten für gerade Kreiszylinder.

❸ **S** Für Prismen und gerade Kreiszylinder gilt die Formel:

$V = A \cdot h$ (A = Grundfläche, h = Höhe)

Beispiele:

1. Gegeben ist ein Prisma mit gleichseitigem Dreieck als Grundfläche, wobei $a=5$, $h=4$ ist. Das Volumen ist dann: $V_P = a \cdot a \cdot \frac{1}{4}\sqrt{3} \cdot h = \frac{5^2}{4} \cdot \sqrt{3} \cdot 4 \approx 42{,}5$.
2. Gesucht ist das Volumen der Wandung eines Kreiszylinders (Röhre) mit $R=4$, $r=3{,}2$, $h=6$ (R = großer Radius, r = kleiner Radius, h = Höhe).
   Es gilt: $V_W = (R^2\pi - r^2\pi) \cdot h = (R^2 - r^2) \cdot \pi \cdot h \approx (4^2 - 3{,}2^2) \cdot 3{,}14 \cdot 6 \approx 102$.

In diesem Satz ❸ wurde die Volumenformel nicht auf gerade Prismen oder Zylinder beschränkt. Dies ist auch berechtigt, denn man kann sich einen Körper in sehr dünne Scheiben zerschnitten denken und diese gegeneinander verschieben. Das Volumen bleibt dann erhalten.

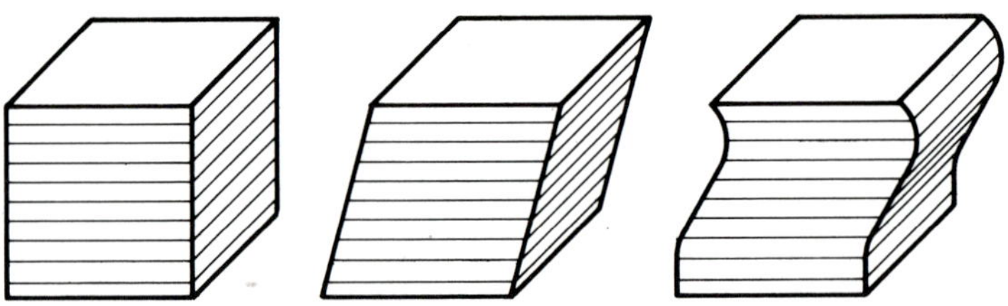

❹ **S** Körper, deren Querschnittsflächen in entsprechenden Höhen stets übereinstimmen und deren Höhe gleich ist, haben gleiches Volumen (Satz des Cavalieri) (Grundsatz).

Beispiele:

Die Oberflächen und Mantelflächen berechnen sich aus der Summe der entsprechenden Seitenflächen.

❺ **S** Für die Oberfläche gilt:

Würfel: $O = 6 \cdot a^2$

Quader: $O = 2 \cdot (ab + ac + bc)$

Gerader Kreiszylinder: $O = 2\pi(r^2 + rh)$

Für die Mantelfläche gilt:

Oberfläche minus

Grundfläche minus

Deckfläche: $M = O - (G + D)$

Übungen zu 11.1

1. Was ist richtig, was ist falsch?

a) Für die Punktmenge $\mathbb{R}$ eines Körpers gilt: $\mathbb{R} \subseteq$ Menge der Punkte des Raumes R_m.

b) Das kleinste Volumenmaß ist das mm^3.

c) Die Formel $V = A \cdot h$ gilt nur für Prismen mit quadratischer bzw. rechteckförmiger Grundfläche.

d) Nach dem Satz des Cavalieri stimmen Körper in ihrem Volumen dann überein, wenn sie in ihren Querschnittsflächen übereinstimmen.

e) Die Oberflächen eines Körpers berechnet man, indem man das Volumen durch die Höhe dividiert.

2. Man berechne das Volumen eines Prismas mit den irrationalen Seitenlängen $a = \sqrt{2}$; $b = \sqrt{5}$ und $c = \pi$, indem man die irrationalen Seitenlängen durch rationale Zahlen

a) von oben annähert, **b)** von unten annähert.

3. Berechne die Oberflächen und Mantelflächen des Prismas mit $a = \sqrt{2}$, $b = \sqrt{3}$ und $c = \sqrt{2}$.

a) Näherungsweise, indem irrationale Zahlen durch rationale von oben angenähert werden.

b) Näherungsweise, indem irrationale Zahlen durch rationale von unten angenähert werden.

c) Durch exakte Rechnung.

d) Vergleiche die Ergebnisse der Rechnungen aus a) und b) mit dem Ergebnis aus c).

4. Wieviel Prozent vom Gesamtvolumen werden von einer Blechwandung eingenommen bei einer Wandstärke von 3 mm (Prismen und Zylinder sind oben offen)?

a) Prisma mit rechteckiger Grundfläche
$a = 10$ cm; $b = 7$ cm; $h = 4$ cm

b) Zylinder mit
$d = 10$ mm; $h = 14$ mm

c) Prisma mit gleichseitigem Dreieck als Grundfläche
$g = 4$ cm; $h_{\text{Dreieck}} = 6$ cm; $h_{\text{Prisma}} = 15$ cm

5. Wie groß ist das Volumen der Wandung eines Hohlzylinders mit
$r_1 = 13{,}6$; $r_2 = 8{,}9$; $h = 370$

6. Wie groß ist

a) die Oberfläche (einschließlich Deckfläche) **b)** die Mantelfläche

der Prismen bzw. des Zylinders aus Aufgabe 4 in mm^2 (cm^2, m^2).

7. Berechne das Volumen der Körper mit folgenden Querschnittsflächen und der Höhe $h = 10$:

a) regelmäßiges Sechseck mit $a = 3$

b)

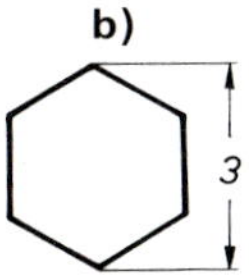

c)

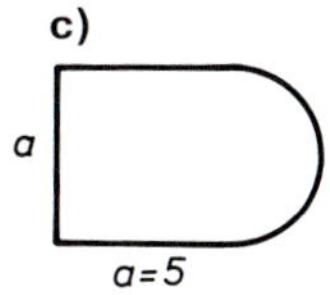

d)

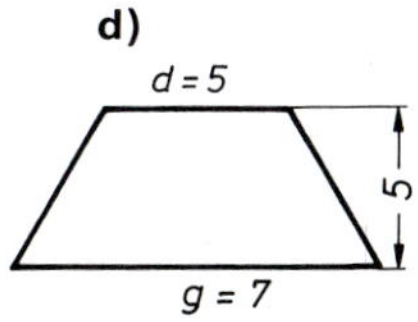

e)

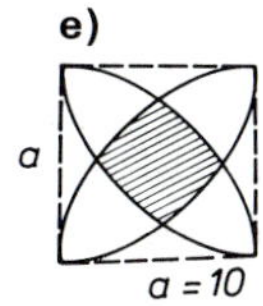

f)

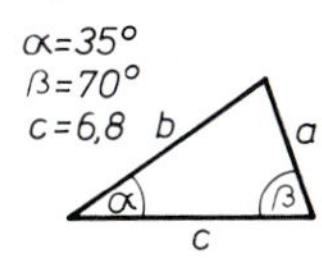

8. Um wieviel Prozent ist das Volumen (Oberfläche, Mantelfläche) kleiner, wenn aus einem Prisma mit quadrat. Querschnitt ein Zylinder mit kreisförmigem Querschnitt hergestellt werden soll (Kantenlänge $a=12{,}56$; Durchmesser $d=a$)?

9. Berechne die Oberflächen (Mantelflächen) der Körper mit nebenstehenden Grundflächen und der Höhe h.

a)

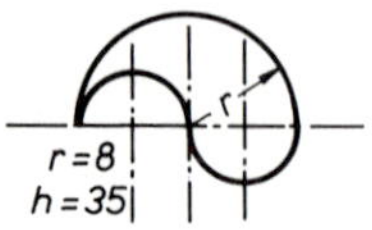

b)

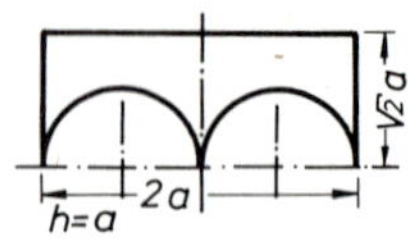

10. Welche Kantenlängen haben die Grundflächen der Prismen, wenn das Volumen $V=100\ \text{cm}^3$ betragen soll und die Höhe $h=10$ cm beträgt, für:

a) ein Prisma mit quadratischer Grundfläche,

b) ein Prisma mit rechteckiger Grundfläche, deren eine Seite 2 ist,

c) ein Prisma mit gleichseitigem Dreieck als Grundfläche,

d) einen Zylinder,

e) ein Prisma mit einem gleichschenkligen Dreieck als Grundfläche (die Länge der Basis ist $g=8{,}4$).

11.2 Pyramide und Kegel

Die Berechnung des Pyramidenvolumens kann man aus der Zerlegung eines Körpers gewinnen, dessen Volumen man leicht berechnen kann.

a) Zerlegung eines Würfels in 6 gleiche Pyramiden.

Die Körperdiagonalen schneiden sich im Mittelpunkt des Würfels. Also:

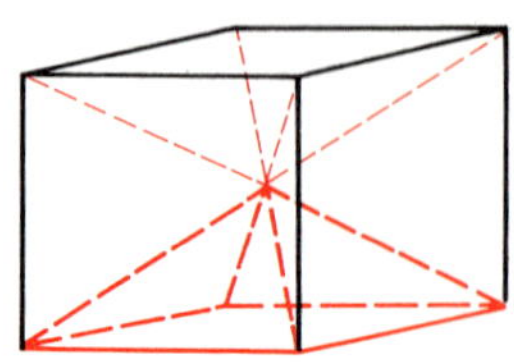

$$V_{Py}=\frac{a^3}{6}$$

oder:

$$V_{Py}=\tfrac{1}{3}a^2\cdot h,$$

da

$$h_{Py}=\frac{a}{2}$$

Diese Überlegung gilt nur für quadratische Pyramiden, deren Höhe $\frac{a}{2}$ ist. Folgende Betrachtung gilt für dreiseitige Pyramiden beliebiger Höhe:

b) Zerlegung eines dreiseitigen geraden Prismas in drei Pyramiden gleichen Volumens.

Die Pyramiden mit den Eckpunkten *ACBF* sowie *DEFB* sind kongruent. Die Pyramide *ABEF* ist der Pyramide *DEFB* volumengleich. [Man kann *ABE* als Grundfläche ansehen und *EF* als Höhe. Nach dem Satz des Cavalieri (Kapitel 11.1) sind sie dann volumengleich.]

Es gilt also:

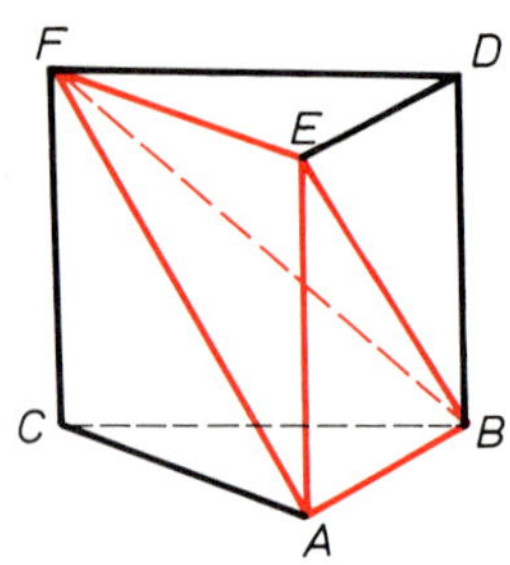

$$V_{Py}=\frac{V_{Prisma}}{3}=\frac{G\cdot h}{3}$$

Für Pyramiden mit viereckigen, fünfeckigen, sechseckigen Grundflächen gilt diese Herleitung ebenfalls, denn es können Pyramiden mit jeweils flächengleichen Grundflächen G, die entweder aus einem Dreieck, einem Viereck, einem Fünfeck oder einem Sechseck bestehen, gebildet werden.

Nach dem Satz des Cavalieri sind sie **dann** volumengleich, wenn sie dieselben Höhen haben.

❶ **S** Für gerade oder schiefe Pyramiden mit einer Grundfläche beliebiger Form gilt: Das **Volumen** ist gleich dem Produkt aus der Grundfläche mit dem dritten Teil der Höhe.

Formel: $V=G\cdot\frac{h}{3}$

Beispiel:

Gegeben: Pyramide, deren Grundfläche ein regelmäßiges Sechseck mit $r=4$ ist und deren Höhe $h=3$ beträgt.
Gesucht: Volumen der Pyramide.

Lösung: $x=\frac{r}{2}\sqrt{3}$

$G=6\cdot\frac{r}{2}\sqrt{3}\cdot\frac{r}{2}=\frac{3}{2}r^2\sqrt{3}$

$V=G\cdot\frac{h}{3}\quad=\frac{3}{2}r^2\sqrt{3}\cdot h$

$V=\frac{3}{2}\cdot 16\cdot\sqrt{3}\cdot\sqrt{3}=72$

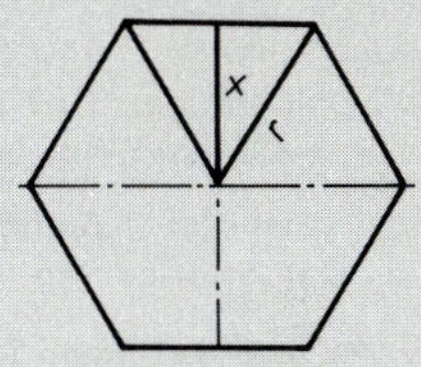

Wählt man als Grundfläche einer Pyramide ein regelmäßiges Vieleck mit sehr vielen Ecken, z.B. 48 Ecken, 96 Ecken, 192 Ecken usw., dann nähert sich die Grundfläche in der Form immer mehr einem Kreis. Da die Formel $V=G\frac{h}{3}$ immer gleichbleibend weitergilt, kann man daraus entnehmen:

❷ **S** Für gerade oder schiefe Kreiskegel gilt ebenfalls:

$$V=G\frac{h}{3}$$

Beispiel:

Gegeben ist ein Kreiskegel laut Querschnittsskizze.
Gesucht ist das Volumen des Kegels.
Lösung: $G=r^2\pi\quad=9\pi$

$h=\sqrt{s^2-4r^2}=8$

$V=G\cdot\frac{h}{3}\quad=9\pi\cdot 8\approx 226$

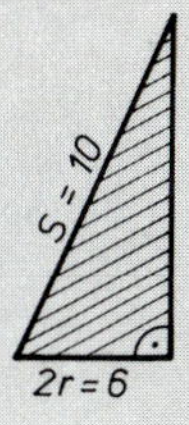

Die **Oberflächen** von Pyramiden und Kreiskegeln sind durch die Form der Grundfläche und der Mantelfläche bestimmt. Hier sollen nur drei spezielle Formeln angegeben werden:

a) gerade quadratische Pyramide:

$$O=a^2+2a\sqrt{h^2+\frac{a^2}{4}}$$

b) gerade Pyramide mit Grundfläche aus gleichseitigem Dreieck:

$$O=\frac{a^2\sqrt{3}}{4}+\frac{3}{2}a\sqrt{h^2+\frac{a}{4}\sqrt{3}}$$

c) gerader Kreiskegel:

$$O=\pi r^2+\pi r\sqrt{h^2+r^2}$$

Übungen zu 11.2

1. Begründe, warum die Formel $V=G\,\frac{h}{3}$ auch für schiefe Pyramiden gilt.

2. Berechne das Volumen der Pyramiden mit
 a) quadratischer Grundfläche mit $a=7{,}5$; $h=15$,
 b) dreieckförmiger Grundfläche mit $a=3$; $b=4$; $c=5$ und $h=4{,}5$,
 c) regelmäßigem Sechseck als Grundfläche $r=5{,}4$; h$=18$.

3. Berechne zu den Pyramiden der Aufgabe 2:
 a) die Oberflächen **b)** die Mantelflächen

4. Berechne das Volumen des Kegels
 a) mit der Höhe $h=8$ und dem Durchmesser der Bodenfläche $d=3{,}9$
 b) mit $h=3{,}9$ und $d=8$.

5. Berechne das Volumen der Pyramidenstümpfe:

a) $a_g=18$
$b_g=34$
$a_d=9$
$b_d=29$
$h=12$

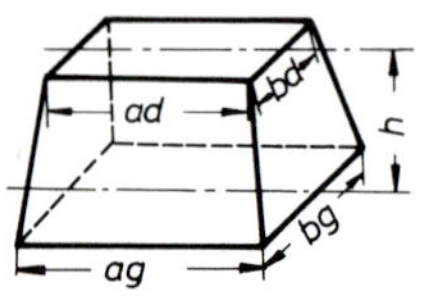

b) $a_g=6{,}4$; $a_d=3{,}2$
$b_g=7{,}6$; $b_d=3{,}8$
$c_g=7{,}6$; $c_d=3{,}8$
$h=5$

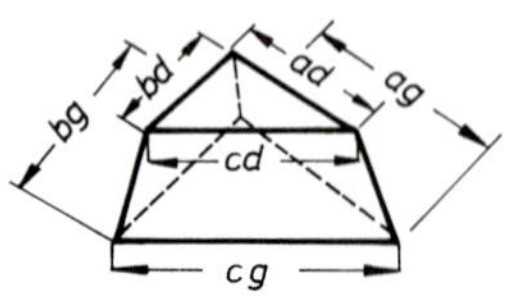

6. **a)** Gib die Formeln für das Volumen und die Oberfläche des dargestellten Körpers an.
 b) Berechne V und O, wenn $a=13$, $r=6{,}5$ und $h=26$ ist.

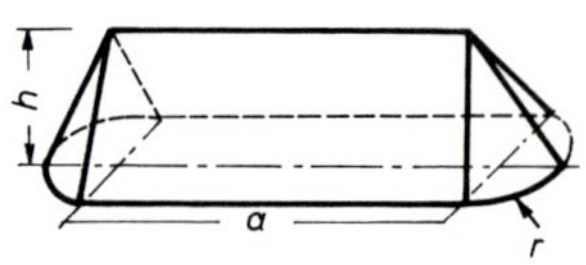

7. Berechne das Volumen und die Oberfläche des aus Pyramide und Kegelstumpf zusammengesetzten Körpers mit $a=29$, $h=24$, $r_1=11{,}5$ und $r_2=20{,}5$.

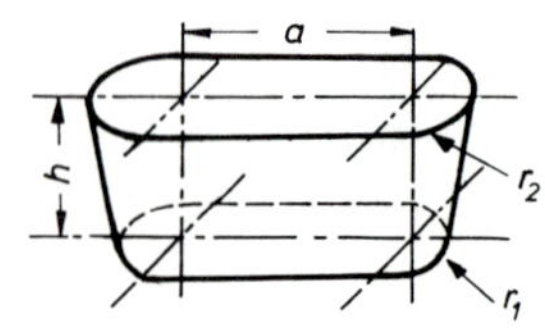

8. Ein gerader Kegel mit dem Grundkreisdurchmesser $d=9{,}8$ und der Höhe $h=14{,}2$ wird so bearbeitet, daß eine regelmäßige vierseitige Pyramide gleicher Höhe und größtmöglicher Grundfläche entsteht. Welche Volumenänderung ergibt sich?

9. Gib das Volumen und die Oberfläche des Körpers an, der durch Rotation nebenstehender Fläche um die eingezeichnete Achse entsteht.

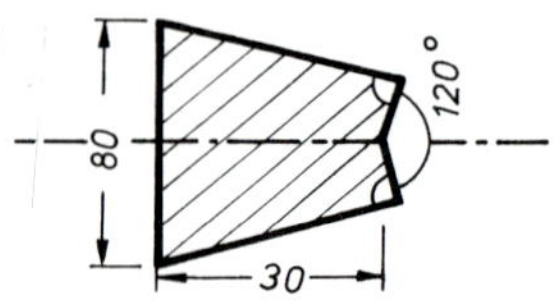

11.3 Volumen und Oberfläche der Kugel

Eine Halbkugel ist nach Skizze in einen Kreiszylinder einbeschrieben. Ebenfalls ist ein Kegel mit der Spitze in M in den Zylinder einbeschrieben.
Die Figur sei in beliebiger Höhe x durchschnitten, dann ist der Radius des Kreiskegels in dieser Höhe ebenfalls x (2. Strahlensatz).
Der Radius der Halbkugel in dieser Höhe ist $\sqrt{r^2-x^2}$ (Satz des Pythagoras).
Für die schwarz schraffierte Kreisringfläche in der Höhe x ergibt sich dann:

$$A=\pi r^2-\pi x^2=\pi(r^2-x^2)$$

Für die rot schraffierte Kreisfläche in der Höhe x ergibt sich:

$$A=\pi(r^2-x^2)$$

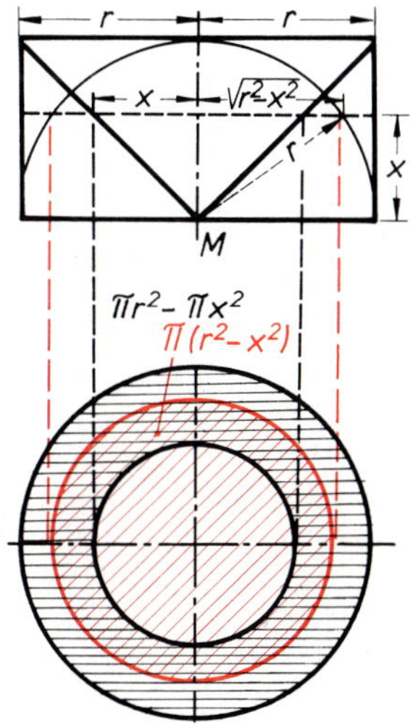

Die rot schraffierte Fläche ist die Querschnittsfläche der Halbkugel. Sie ist also gleich der schwarz schraffierten Fläche und nach dem Satz des Cavalieri gilt dann, daß das Volumen der Halbkugel gleich dem Volumen des Zylinderrestkörpers ist.

$$V_{\text{Halbk}}=V_{\text{Restk}}=\underbrace{\pi r^2\cdot r}_{\text{Zylinder}}-\underbrace{\pi r^2\frac{r}{3}}_{\text{Kegel}}=\frac{2}{3}\pi r^3$$

❶ **S** Das **Volumen** einer Kugel ergibt sich zu: $V=\frac{4}{3}\pi r^3$

Beispiel:

Gegeben: Ein kugelförmiger Hohlkörper mit $r_1=7$ und $r_2=6{,}5$.
Gesucht: Volumen der Kugelwandung.
Lösung: $V=V_1-V_2=\frac{4}{3}\pi r_1^3-\frac{4}{3}\pi r_2^3=\frac{4}{3}\pi(r_1^3-r_2^3)\approx 503$

Kugeloberfläche:

Die Formel für die Kugeloberfläche kann man durch folgende Überlegung erhalten: Man denkt sich eine Kugel näherungsweise aus kleinen Pyramiden, deren Spitzen im Kugelmittelpunkt liegen, zusammengesetzt. Dann ergibt sich (zunächst naherungsweise):

$$V_{\text{Kugel}}\approx V_{\text{Summe der Pyramiden}}$$

$$\frac{4}{3}\pi r^3\approx G_1\cdot\frac{r}{3}+G_2\cdot\frac{r}{3}+G_3\cdot\frac{r}{3}+\cdots+G_n\cdot\frac{r}{3}$$

$$\approx\frac{r}{3}(G_1+G_2+G_3+\cdots+G_n)$$

wobei r = Höhe der Pyramide, n = Anzahl der Pyramiden

Läßt man die Anzahl n immer größer werden, dann kann man den Grenzfall ($n \to \infty$), d. h. die Summe $G_1 + G_2 + G_3 + \cdots + G_n$ als Oberfläche der Kugel definieren. Das Ungefährzeichen wird dabei zum Gleichheitszeichen. Dann gilt:

$$\tfrac{4}{3}\pi r^3 = \frac{r}{3} \cdot O$$

hieraus folgt:

$$O = 4\pi r^2$$

❷ **S** Die **Oberfläche** einer Kugel ist gleich der vierfachen Fläche des größten Querschnittskreises

Formel: $O = 4\pi r^2$

Beispiel:

Gegeben: Zylinder mit Radius $R=2$ und Höhe $h=8$.

Gesucht: Der Radius r derjenigen Kugel, deren Oberfläche gleich der Oberfläche des Zylinders ist.

Lösung: $O_Z = 2\pi(R^2 + R \cdot h)$

Da $O_Z = O_R$ ist, gilt: $2\pi(R^2 + R \cdot h) = 4\pi r^2$

$$r = \sqrt{\frac{R^2 + R \cdot h}{2}} = \sqrt{10}$$

Übungen zu 11.3

1. Was ist richtig, was ist falsch? Berichtige.

a) $V_{\text{Kugel}} = \frac{4}{3}\pi r^3$ **b)** $O_{\text{Kugel}} = \pi d^2$ **c)** $V_{\text{Kugel}} = \frac{\pi d^3}{3 \cdot 2}$

2. Berechne

a) das Volumen **b)** die Oberfläche

der Kugeln mit $r=10$ (20, 25, 30).

3. Die Radien zweier Kugeln stehen im Verhältnis 1 : 4. In welchem Verhältnis stehen

a) die Oberflächen O_1 und O_2 **b)** die Volumina V_1 und V_2

zueinander?

4. Berechne das Volumen des Körpers, der durch Rotation nebenstehender Querschnittsfläche um die eingezeichnete Achse entsteht.

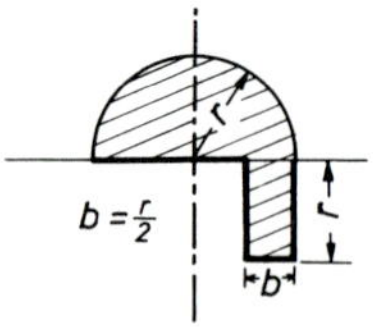

5. Der Radius einer Kugel schrumpft um 10%. Um wieviel Prozent verkleinern sich Volumen und Oberfläche?

6. Welchen Radius hat eine Kugel mit $V = 1\,256\ \text{cm}^3$, und wie groß ist ihre Oberfläche?

7. Wie groß ist das Volumen der Kugelwandung?

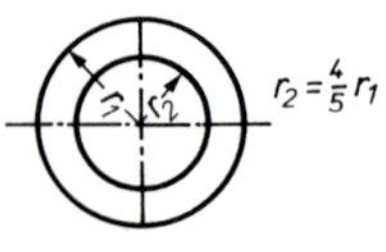

8. Eine massive Halbkugel von 17 cm Durchmesser soll um die Hälfte ihres Materialvolumens durch Ausdrehen einer Halbkugel verringert werden. Berechne den Durchmesser der Aussparung.

9. Die Radien einer Hohlkugel stehen im Verhältnis $r_1 : r_2 = 10 : 9$. In welchem Verhältnis steht das Volumen der Kugelwandung zum Volumen des Hohlraumes?

12. VEKTORRECHNUNG

12.1 Zeichnerische Vektoraddition

Das nebenstehende Bild zeigt zwei hintereinander ausgeführte Verschiebungen eines kleinen Kreises, zuerst mit dem Vektor $\vec{a}$ ($a=3$, $\alpha=30°$) und anschließend mit Vektor $\vec{b}$ ($b=2$, $\beta=90°$).

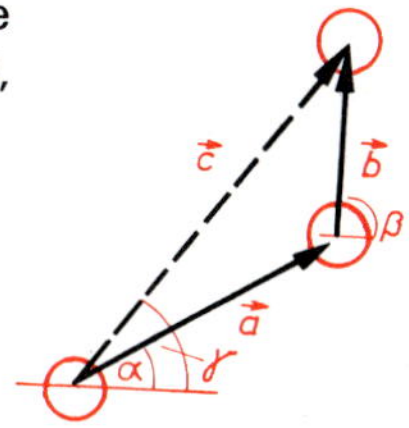

Wie man sieht, läßt sich die doppelte Verschiebung auch durch eine einzige Verschiebung mit dem Vektor $\vec{c}$ ($c=4{,}3$, $\gamma=54°$) ersetzen.

❶ **S** Zwei Vektoren lassen sich durch einen Vektor ersetzen.
Man schreibt dafür: $\vec{a}+\vec{b}=\vec{c}$ (lies: Vektor *a* plus Vektor *b* gleich Vektor *c*).

Beispiel:

Gegeben ist $\vec{a}$ mit $|\vec{a}|=2{,}5$, $\alpha=40°$ und $\vec{b}$ mit $b=1$, $\beta=-15°$.
Gesucht ist $\vec{c}$.
Aus der Zeichnung liest man ab: $c=3{,}2$; $\gamma=26°$.

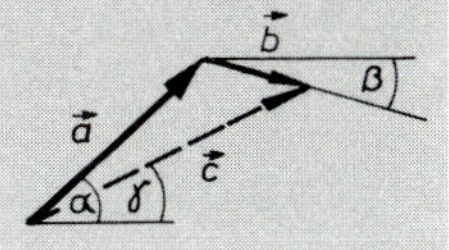

Anmerkung:

Das Pluszeichen bedeutet hier **nicht** Addition der Beträge, denn $c \neq a+b$ ($4{,}3 \neq 3+2$), sondern die Richtungen ($\alpha=30°$ bzw. $\beta=90°$) müssen ebenfalls berücksichtigt werden. Man nennt diese Art von Addition deshalb auch **Vektoraddition.**

Wie die folgenden Beispiele zeigen, gelten auch für die Vektoraddition die grundlegenden Gesetze der Addition, das „Kommutativgesetz", das „Assoziativgesetz". Zwei Verschiebungen lassen sich in der Reihenfolge vertauschen.

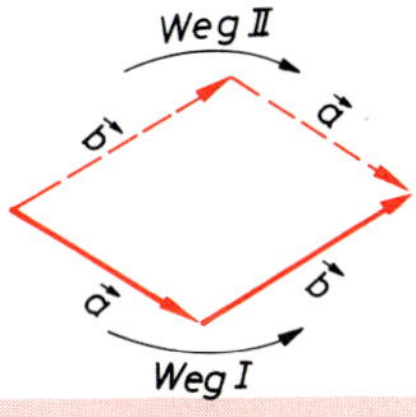

❷ **S** Für die Vektoraddition gilt das Kommutativgesetz

$$\vec{a}+\vec{b}=\vec{b}+\vec{a}$$

Die geometrische Veranschaulichung ist ein Parallelogramm (aus der Physik auch als Kräfteparallelogramm bekannt).

Beispiele: 1. 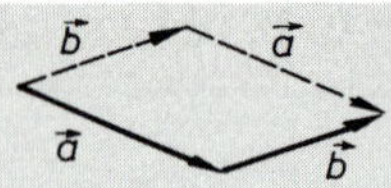 2. 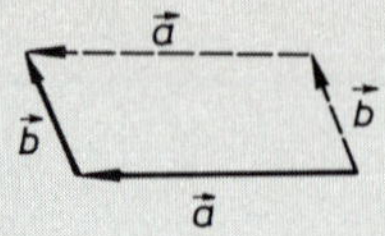

Von drei Verschiebungen lassen sich zwei beliebig zu einer Verschiebung zusammenfassen.

❸ S Für die Vektoraddition gilt das Assoziativgesetz

$$\underbrace{(\vec{a}+\vec{b})}_{\vec{d}}+\vec{c}=\vec{a}+\underbrace{(\vec{b}+\vec{c})}_{\vec{e}}$$

Beispiel:

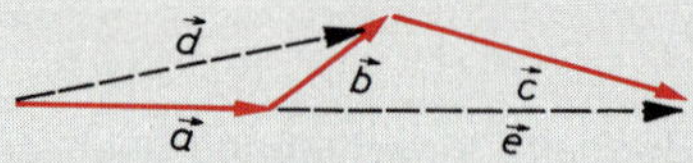

Zu jedem Vektor $\vec{a}$ gibt es einen Gegenvektor $-\vec{a}$ (Vektor gleichen Betrages, jedoch in Gegenrichtung liegend). Die Hintereinanderausführung von $\vec{a}$ und $-\vec{a}$ bedeutet eine Vor- und anschließende Rückschiebung, so daß letzthin die Ursprungslage wieder erreicht ist (Nullverschiebung, Nullvektor).

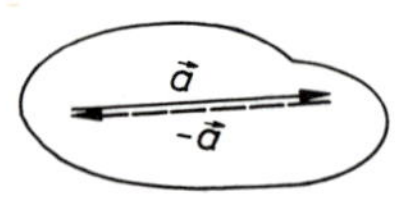

❹ S Die Addition von Vektor $\vec{a}$ und Gegenvektor $-\vec{a}$ ergibt den Nullvektor $\vec{0}$.

$$\vec{a}+(-\vec{a})=\vec{a}-\vec{a}=\vec{0}$$

Der Nullvektor hat keinen Betrag und keine Richtung.

Beispiel:

1. $\vec{a}$ mit $a=27$, $\sphericalangle(\vec{a})=30°$ hat den Gegenvektor $-\vec{a}$ mit $a=27$, $\sphericalangle(-\vec{a})=210°$.
2. $\vec{b}$ mit $b=0{,}745$ und $\sphericalangle(\vec{b})=-10°$ hat den Gegenvektor $-\vec{b}$ mit $b=0{,}745$ und $\sphericalangle(-\vec{b})=170°$.
3. $\vec{c}$ mit $c=0$ ist der Nullvektor, man kann schreiben $\vec{c}=\vec{0}$.

Addiert man mehrere gleiche Vektoren $\vec{a}$ n-mal, dann ergibt sich:

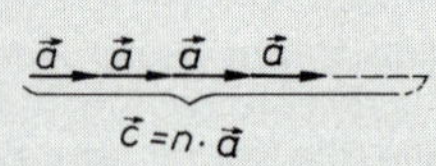

$$\vec{c}=\underbrace{\vec{a}+\vec{a}+\vec{a}+\vec{a}+\cdots}_{n\text{-mal}}=n\cdot\vec{a}$$

Hierbei hat $\vec{a}$ und $\vec{c}$ ersichtlich dieselbe Richtung. Man kann dieses Produkt aus natürlicher Zahl n und Vektor $\vec{a}$ ebenso wie in der Arithmetik auf ein Produkt aus reeller Zahl p und Vektor $\vec{a}$ erweitern. Es gilt dann:

❺ D Ein Produkt aus einer reellen Zahl p und einem Vektor $\vec{a}$ ist ein Vektor $\vec{c}$, der gleiche oder entgegengesetzte Richtung von $\vec{a}$ hat.

Formel: $\vec{c}=p\cdot\vec{a}\ \begin{cases}\text{wobei } \sphericalangle(\vec{c})=\sphericalangle(\vec{a}), & \text{wenn } p>0\\ \text{wobei } \sphericalangle(\vec{c})=\sphericalangle(\vec{a})+180°, & \text{wenn } p<0\end{cases}$

Beispiele:

1. Gegeben ist $\vec{a}$ mit $a=3$ und $\alpha=40°$ sowie $p=1{,}5$.
Gesucht ist $\vec{c}=p\cdot\vec{a}$.
$c=1{,}5\cdot 3=4{,}5$ und $\gamma=40°$.

2. Gegeben ist $\vec{b}$ mit $b=1$ und $\beta=10°$ sowie $p=-0{,}4$.
Gesucht ist $\vec{d}=p\cdot\vec{b}$.
$d=0{,}4\cdot 1=0{,}4$ und $\delta=10°+180°=190°$.

Anmerkung: Aus ❺ folgt, daß man jeden Vektor $\vec{a}$ auch als Produkt aus a und dem Einheitsvektor in Richtung $\vec{a}$ schreiben kann: $\vec{a}=a\cdot\mathfrak{n}_a$ (siehe auch 9.1).

Aufgaben zur Vektoraddition mit der Formel $\vec{a}+\vec{b}=\vec{c}$ bedeuten im Prinzip die Konstruktion eines Dreiecks, wobei $\vec{a}$ die Seite a bezeichnet (Endpunkte B und C), $\vec{b}$ und $\vec{c}$ entsprechend die anderen Dreiecksseiten. Die Richtungsangaben gewährleisten, daß das Dreieck dabei eine ganz bestimmte Lage zur Horizontalen hat.

Beispiel:

Gegeben ist $\vec{a}$ mit $a=5$ und $\sphericalangle(\vec{a})=-20°$, $\vec{b}$ mit $\sphericalangle(\vec{b})=80°$, $\vec{c}$ mit $c=6$.
Gesucht ist b und $\sphericalangle(\vec{c})$.
Der Lösungsweg ist durch die Ziffern I bis III gekennzeichnet.

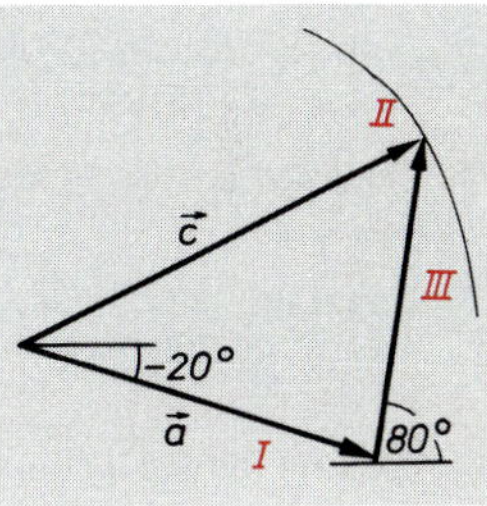

Für die Addition von Vektoren sind folgende Spezialfälle von Bedeutung:

❻ **a) S** Wenn zwei Vektoren $\vec{a}$ und $\vec{b}$ in dieselbe Richtung zeigen, dann addieren sich ihre Beträge, d. h. es gilt:

$$c=a+b$$

b) S Wenn zwei Vektoren $\vec{a}$ und $\vec{b}$ in Gegenrichtung zeigen, dann gilt:

$c=a-b$, wenn $a>b$
$c=b-a$, wenn $a<b$
$c=0$, wenn $a=b$

Beispiele:

1. geg. $\vec{a}$ mit $a=4$, $\vec{b}$ mit $b=3$
$\vec{b}$ mit $\vec{b}=3$
$\sphericalangle(\vec{a})=\sphericalangle(\vec{b})=13°$
$c=a+b=7$
$\sphericalangle(\vec{c})=13°$

2. geg. $\vec{a}$ mit $a=3$
$\vec{b}$ mit $\vec{b}=4{,}5$
$\sphericalangle(\vec{a})=20°$
$\sphericalangle(\vec{b})=200°$
$c=b-a=1{,}5$
$\sphericalangle(\vec{c})=200°$

Übungen zu 12.1

1. Addiere die Vektoren zeichnerisch. Lies Winkel und Betrag von c aus der Zeichnung ab:
a) $a=2;\ \alpha=30°;\ b=3;\ \beta=180°$
b) $a=1{,}5;\ \alpha=-50°;\ b=5;\ \beta=50°$
c) $a=3;\ \alpha=320°;\ b=3;\ \beta=410°$
d) $a=4;\ \alpha=14°;\ b=1;\ \beta=-90°$

2. Addiere die im kartesischen Koordinatensystem gegebenen Vektoren zeichnerisch. Lies Winkel und Betrag von c aus der Zeichnung ab:
a) $\vec{a}=(4|0),\ \vec{b}=(2|3)$
b) $\vec{a}=(0|2),\ \vec{b}=(0|-2)$
c) $\vec{a}=(-4|1),\ \vec{b}=(0|5)$
d) $\vec{a}=(5|-3),\ \vec{b}=(4|0)$
e) $\vec{a}=(2|4),\ \vec{b}=(-2|-4)$
f) $\vec{a}=(3|1),\ \vec{b}=(-3|-1)$
g) $\vec{a}=(3|1),\ \vec{b}=(-6|-2)$

3. Addiere nach dem Kommutativgesetz auf zwei verschiedene Arten die Vektoren $\vec{a}$ und $\vec{b}$:
a) $\vec{a}=(5|2);\ b=4;\ \beta=45°$
b) $\vec{a}=(-2|3);\ |\vec{b}|=5;\ \sin\beta=0{,}866;\ \beta>90°$
c) $|\vec{a}|=4;\ \sphericalangle(\vec{a})=-30°;\ \vec{b}$ geht von $P_1(3|2)$ aus und endet bei $P_2(4|-3)$

4. Addiere nach dem Assoziativgesetz auf drei verschiedene Arten die Vektoren $\vec{a}$, $\vec{b}$ und $\vec{c}$:
a) $\vec{a}=5\cdot n_a;\ \sphericalangle(n_a)=-12°;\ \vec{b}=(4|-5);\ |\vec{c}|=4;\ \gamma=-120°$
b) $a_h=2;\ a_r=-2;\ b_h=-1{,}5;\ b_r=0;\ \vec{c}=(3|5)$ (siehe zur Bezeichnung a_h usw. Kap. 9.4).

5. Zeichne mit Hilfe des Begriffs „Gegenvektor" die folgenden Vektoren:
$\vec{d}=\vec{a}+(-\vec{b});\ \vec{e}=\vec{a}-\vec{b}+\vec{c};\ \vec{f}=-\vec{a}+\vec{b}-\vec{c};\ \vec{g}=\vec{a}-(\vec{b}+\vec{c});\ \vec{h}=2\vec{a}-3(\vec{b}-\vec{c});\ \vec{k}=-3(\vec{b}-\vec{c})-4\vec{a}$
wobei: $\vec{a}=(3|2);\ b=2{,}5;\ \beta=-40°;\ \vec{c}=(0|4)$ ist.

6. Gegeben ist der Vektor $\vec{a}=(2{,}5|-3{,}5)$. Zeichne die Vektoren $\vec{c}$, wenn $p=2{,}5$ $(-0{,}5;\ -4;\ -1;\ 3{,}2)$ ist.

7. Gegeben sind die Einheitsvektoren durch ihre Winkel $\sphericalangle(n_a)=-20°;\ \sphericalangle(n_b)=100°;\ \sphericalangle(n_c)=-300°$. Zeichne die Vektoren $\vec{a}$, $\vec{b}$, $\vec{c}$, wenn $a=4;\ b=1{,}7;\ c=-4$ ist (siehe Anmerkung zu ❺).

8. Zeichne die Dreiecke, die gegeben sind durch $\vec{a}$, $\vec{b}$, $\vec{a}+\vec{b}$:
a) $\vec{a}=(4|2);\ \vec{b}=-(-3|-2)$
b) $a=5;\ b=3;\ \alpha=40°;\ \beta=20°$
c) $\vec{a}+\vec{b}=(5|7);\ \vec{b}=(2|3)$
d) $\vec{b}-\vec{a}=(4|4);\ \vec{a}=(0|2)$
e) $\vec{a}-\vec{b}=(3|-2);\ \vec{a}+\vec{b}=(6|3)$

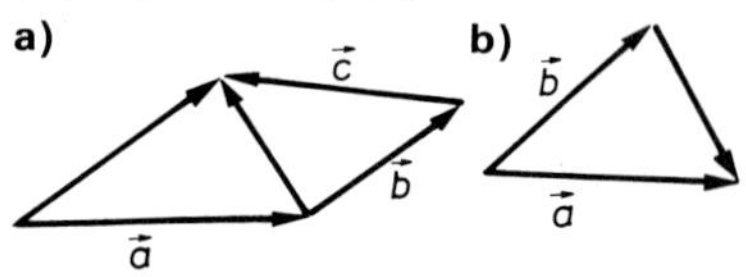

9. Gib an, wie durch Vektoraddition (Vektorsubtraktion) die unbezeichneten Vektoren entstanden sein können.

10. Was besagt die Vektorgleichung $2\vec{a}+3\vec{b}=\vec{0}$?

11. Zeige geometrisch, daß $4(2\vec{a})=2(4\vec{a})$ ist.

12. Welche Folgerungen ergeben sich für die Beträge und Richtungen der Vektoren a und b aus den Gleichungen:
a) $5\vec{a}=10\vec{b}$ **b)** $2\vec{a}-(-6\vec{b})=8\vec{a}$ **c)** $4\vec{a}-6\vec{b}=2\vec{a}$ **d)** $-3\vec{a}+(-12\vec{b})=\vec{0}$

13. Man deute die Begriffe „Kräfteparallelogramm" und „Krafteck", die bei der zeichnerischen Addition von Kräften in der Physik/Technik auftreten, mit Hilfe der Vektorrechnung.

14. Eine Straßenleuchte hängt laut Skizze an zwei Drähten in der Straßenmitte. Wie groß sind die Seilkräfte s_1 und s_2, wenn das Gewicht $G=30$ N ist?
Der Winkel α zwischen den Seilen betrage 120° (160°, 175°).

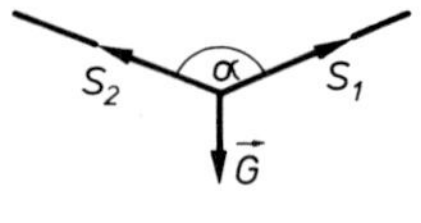

15. Ein Wagen soll reibungsfrei auf einer schiefen Ebene mit dem Neigungswinkel $\alpha=30°$ stehen. Wie groß ist die Hangabtriebskraft $\vec{H}$, wie groß die Normalkraft $\vec{N}$, wenn $G=2000\ N$ ist?

16. Ein Keil soll dazu benutzt werden, einen Holzblock zu spalten. Wie groß sind die Wangenkräfte W_1 und W_2, wenn die Schlagkraft $F=1\,000$ N betrage und der Keilwinkel $\alpha=20°$ ist?

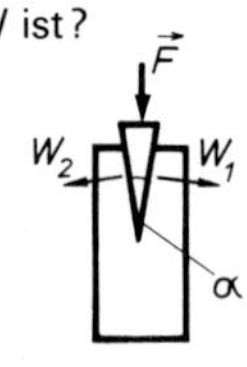

12.2 Rechnerische Vektoraddition

Gibt man einen Vektor im kartesischen Koordinatensystem vor, dann kann man ihn als Summe seiner Koordinatenvektoren auffassen. Man nennt dies: Darstellung eines Vektors durch seine Komponenten. Kurz: Komponentendarstellung.

Beispiel:

$\vec{a}=\vec{a}_h+\vec{a}_v$

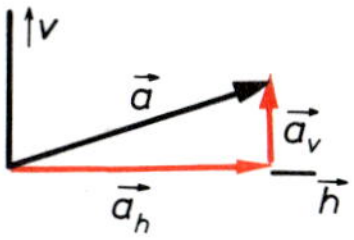

Man wählt für $\vec{a}_h$ und $\vec{a}_v$ gewöhnlich andere Schreibweisen, die aus der Anmerkung zu ❺ des vorigen Kapitels erklärlich sind.

❶ **S** Die Komponenten eines Vektors sind diejenigen Vektoren, die durch $a_h i$ und $a_v j$ gegeben sind.

Formel: $\vec{a}=a_h \cdot i+a_v \cdot j$

Wobei: a_h = h-Koordinate von $\vec{a}$
a_v = v-Koordinate von $\vec{a}$
i = Einheitsvektor in Richtung h
j = Einheitsvektor in Richtung v

Beispiele:

1. $\vec{a}=(a_h|a_v) \quad =(2|1)$ — Koordinatenschreibweise —
   $\vec{a}=a_h \cdot i+a_v \cdot j=2i+j$ — Komponentenschreibweise —
2. $\vec{b}=(b_h|b_v) \quad =(0{,}5|-1{,}5)$ — Koordinatenschreibweise —
   $\vec{b}=b_h \cdot i+b_v \cdot j=0{,}5i-1{,}5j$ — Komponentenschreibweise —

Die Komponentenschreibweise zeigt auf, wie man Vektoren rechnerisch addieren kann. Beachtet man die Sätze ❷, ❸ und ❻ aus dem vorigen Kapitel, dann gilt für die Addition der Vektoren $\vec{a}=(a_h|a_v)$ und $\vec{b}=(b_h|b_v)$:

$\vec{a}+\vec{b}=(a_h \cdot i+a_v \cdot j)+(b_h \cdot i+b_v \cdot j)$ ❶ aus diesem Kapitel
$=(a_h \cdot i+b_h \cdot i)+(a_v \cdot j+b_v \cdot j)$ ❷ und ❸ aus dem vorigen Kapitel
$=(a_h+b_h) \cdot i+(a_v+b_v) \cdot j$ ❻ aus dem vorigen Kapitel

❷ **S** Man addiert zwei (oder mehrere) Vektoren rechnerisch, indem man ihre h-Koordinaten addiert und ihre v-Koordinaten addiert.

Formel: $\vec{a}+\vec{b}=(a_h|a_v)+(b_h|b_v)=(a_h+b_h|a_v+b_v)=\vec{c}$

Beispiele:

1. geg.: $\vec{a}=(3|4)$, $\vec{b}=(-2|5)$
   ges.: $\vec{c}=\vec{a}+\vec{b}$
   $\vec{c}=(3-2|4+5)=(1|9)$
2. geg.: $\vec{a}=(1|0)$, $\vec{b}=(0|-1)$
   ges.: $\vec{c}=\vec{a}+\vec{b}$
   $\vec{c}=(1+0|0-1)=(1|-1)$

Die Subtraktion von Vektoren verläuft entsprechend.

❸ **S** Man subtrahiert zwei Vektoren rechnerisch, indem man ihre h-Koordinaten subtrahiert und ihre v-Koordinaten subtrahiert.

Formel: $\vec{a}-\vec{b}=(a_h|a_v)-(b_h|b_v)=(a_h-b_h|a_v-b_v)$

Beispiele:

1. geg.: $\vec{a}=(3|4)$, $\vec{b}=(-2|5)$
   ges.: $\vec{c}=\vec{a}-\vec{b}$
   $\vec{c}=(3-(-2)|4-5)=(5|-1)$

2. geg.: $\vec{a}=(1|0)$, $\vec{b}=(0|-1)$
   ges.: $\vec{c}=\vec{a}-\vec{b}$
   $\vec{c}=(1-0|0-(-1))=(1|1)$

Sind die Vektoren in Polarkoordinaten gegeben, dann bestimmt man zuerst die kartesischen Koordinaten mit Hilfe von Sinus und Kosinus (Kapitel 9.4) und verfährt dann nach ❷ oder ❸.

Beispiel: Gegeben ist $\vec{c}=\vec{a}+\vec{b}$ sowie $a=3$, $\alpha=30°$, $c=2$ und $\gamma=90°$. Gesucht ist $\vec{b}$ in Koordinatenschreibweise.

Man stellt zunächst um: $\vec{b}=\vec{c}-\vec{a}$.

Koordinaten von $\vec{c}$: $\left.\begin{array}{l} c_h=c\cdot\cos 90°=2\cdot 0=0 \\ c_v=c\cdot\sin 90°=2\cdot 1=2 \end{array}\right\}\ \vec{c}=(0|2)$

Koordinaten von $\vec{a}$: $\left.\begin{array}{l} a_h=a\cdot\cos 30°\approx 3\cdot 0{,}866=2{,}6 \\ a_v=a\cdot\sin 30°=3\cdot 0{,}5\quad =1{,}5 \end{array}\right\}\ \vec{a}=(2{,}6|1{,}5)$

$$\vec{b}=(0|2)-(2{,}6|1{,}5)=(-2{,}6|0{,}5)$$

Man kann dies durch zeichnerische Vektoraddition (Formel: $\vec{b}=\vec{c}-\vec{a}=\vec{c}+(-\vec{a})$) überprüfen.

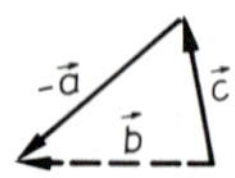

Übungen zu 12.2

1. Addiere die Vektoren a und b rechnerisch und kontrolliere durch die Zeichnung:
   a) $\vec{a}=(4|5)$, $\vec{b}=(2|3)$
   b) $\vec{a}=(2|-1)$, $\vec{b}=(-2|1)$
   c) $\vec{a}=(-4|-3)$, $\vec{b}=(-5|6)$
   d) $\vec{a}=(2|-6)$, $\vec{b}=(11|0)$
   e) $\vec{a}=(-2|-11$, $\vec{b}=(-11|2)$
   f) $\vec{a}=(3|4)$, $\vec{b}=(-3|-4)$
   Berechne nach den Methoden von 8.4 oder 9.5 auch die Beträge von $\vec{a}+\vec{b}$.

2. Gegeben ist: $\vec{a}=(5|4)$, $\vec{b}=(2|-3)$. Bestimme:
   a) $\vec{c}=\vec{a}-\vec{b}$
   b) $\vec{c}=2\vec{a}+(-3\vec{b})$
   c) $\vec{c}=4(\vec{a}-2\vec{b})$
   d) $\vec{c}=5\vec{a}+3(\vec{b}-6\vec{a})$

3. Welche der gegebenen Vektoren sind parallel, welche stehen senkrecht aufeinander? Bestimme rechnerisch die Winkel und kontrolliere durch die Zeichnung.
   $\vec{a}=(9|-3)$, $\vec{b}=(10|10)$, $\vec{c}=(3|-1)$, $\vec{d}=(-6|-6)$, $\vec{e}=(6|-6)$, $\vec{f}=(-6|6)$, $\vec{g}=(6|2)$, $\vec{h}=(3|1)$
   Was muß für die Koordinaten paralleler Vektoren gelten?

4. Addiere die Vektoren rechnerisch, indem zunächst die Koordinaten ausgerechnet werden:
   a) $a=4$; $\alpha=40°$; $b=2{,}5$; $\beta=32°$
   b) $a=3$; $\alpha=90°$; $b=0{,}5$; $\beta=180°$
   c) $a=1{,}5$; $\alpha=-22°$; $b=7{,}8$; $\beta=72°$
   d) $a=6{,}5$; $\alpha=122°$; $b=0{,}7$; $\beta=-10°$
   e) $a=2{,}3$; $\alpha=-45°$; $b=6$; $\beta=-135°$
   f) $a=4{,}4$; $\alpha=17{,}5°$; $b=6$; $\beta=-270°$
   g) $a=b=4$; $\alpha=\beta-180°=24°$

5. Gegeben sind vier Vektoren in Komponentenschreibweise:
$\vec{a}=4i+3j$; $\vec{b}=2i-3j$; $\vec{c}=-5i-4j$; $\vec{d}=i-j$
Welche Komponenten haben dann die Vektoren?
$\vec{e}=2\vec{a}-\vec{b}+3(\vec{c}+\vec{d})$; $\vec{f}=4(\vec{a}-3\vec{b})+2(\vec{c}+2\vec{d})$; $\vec{g}=5\vec{a}-2(\vec{b}-\vec{c})+(-6\vec{d})$

6. Bestimme die Koordinaten der unbezeichneten Vektoren der Skizze:

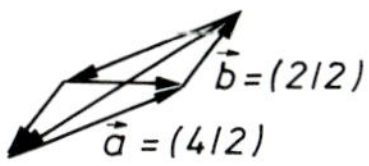

7. Man löse die Aufgaben 14, 15, 16 aus Kapitel 12.1 rechnerisch.

12.3 Skalarprodukt von Vektoren

Die Vektoraddition läßt sich anschaulich als Hintereinanderausführung von Verschiebungen deuten. Diese Anschaulichkeit ist bei der folgenden Verknüpfung, Multiplikation von Vektoren, nicht gegeben. Der Sinn mathematischer Verknüpfungen liegt jedoch nicht so sehr in der leichten Vorstellungs- und Anschauungsmöglichkeit, sondern vielmehr in der sinnvollen Einordnung in das Gebäude der Mathematik und schließlich in der Bedeutung für Naturwissenschaft und Technik.

❶ **D** Das Punktprodukt oder skalare Produkt* zweier Vektoren $\vec{a}\cdot\vec{b}$ (lies: *a* Punkt *b*) ist definiert durch folgende Festlegungen:

a) Es gilt das Kommutativgesetz der Multiplikation.

Formel: $\vec{a}\cdot\vec{b}=\vec{b}\cdot\vec{a}$

b) Es gilt das Distributivgesetz.

Formeln: $\vec{a}\cdot(\vec{b}+\vec{c})=\vec{a}\cdot\vec{b}+\vec{a}\cdot\vec{c}$ oder
$(\vec{a}+\vec{b})\cdot(\vec{c}+\vec{d})=\vec{a}\cdot\vec{c}+\vec{a}\cdot\vec{d}+\vec{b}\cdot\vec{c}+\vec{b}\cdot\vec{d}$

c) Bei Vektoren **gleicher Richtung** ist das Punktprodukt gleich dem Produkt der Beträge.

Formel: $\vec{a}\cdot\vec{b}=ab$, wenn $\sphericalangle(\vec{a})=\sphericalangle(\vec{b})$

d) Bei Vektoren **entgegengesetzter Richtung** ist das Punktprodukt gleich dem negativen Produkt der Beträge.

Formel: $\vec{a}\cdot\vec{b}=-ab$, wenn $\sphericalangle(\vec{a})=\sphericalangle(\vec{b})\pm 180°$

e) Bei Vektoren, die senkrecht aufeinander stehen, ist das Punktprodukt gleich Null.

Formel: $\vec{a}\cdot\vec{b}=0$, wenn $\sphericalangle(\vec{a})=\sphericalangle(\vec{b})\pm 90°$

---

* Der Name Skalarprodukt ergibt sich aus der Tatsache, daß das Punktprodukt von Vektoren kein Vektor, sondern eine richtungslose Zahl (Skalar) ist.

Beispiel:

Gegeben sind die Vektoren $\vec{a}=3i+2j$ und $\vec{b}=4i-j$.
Gesucht ist $\vec{a}\cdot\vec{b}$.
Die Komponentendarstellung zeigt, daß jeder der gegebenen Vektoren als Summe zweier senkrecht aufeinander stehender Vektoren geschrieben werden kann.

$$\begin{aligned}\vec{a}\cdot\vec{b}&=(3i+2j)(4i-j)\\&=3i\cdot 4i-3i\cdot j+2j\cdot 4i-2j\cdot j &&\text{nach b)}\\&=12i\cdot i-3i\cdot j-8j\cdot i-2j\cdot j &&\text{nach Vektoraddition und a)}\\&=10\underbrace{i\cdot i}_{1}-11\underbrace{i\cdot j}_{0}\\&=10\end{aligned}$$

Allgemein gilt für zwei Vektoren $\vec{a}$ und $\vec{b}$ in Komponenten- oder Koordinatendarstellung, da die „gemischten Terme" $i\cdot j$ und $j\cdot i$ zu Null werden:

❷ **S** Das Skalarprodukt zweier beliebiger Vektoren $\vec{a}$ und $\vec{b}$ ist gleich der Summe des Produktes aus den h-Koordinaten und des Produktes aus den v-Koordinaten, wobei Vorzeichen mit berücksichtigt werden.

Formel: $\vec{a}\cdot\vec{b}=(a_h\cdot i+a_v\cdot j)\cdot(b_h\cdot i+b_v\cdot j)=a_h\cdot b_h+a_v\cdot b_v$

Beispiele:

1. Gegeben ist $\vec{a}=(2|4)$ und $\vec{b}=(3|5)$.
Gesucht ist $\vec{a}\cdot\vec{b}$.

$\vec{a}\cdot\vec{b}=2\cdot 3+4\cdot 5=26$

2. Gegeben ist $\vec{c}=(5|-3)$ und $\vec{d}=(-8|4)$.
Gesucht ist $\vec{c}\cdot\vec{d}$.

$\vec{c}\cdot\vec{d}=-40-12=-52$

Schreibt man Vektoren in Polarkoordinaten, dann ersieht man, daß das Punktprodukt geeignet ist, den physikalischen Begriff der „mechanischen Arbeit W" darzustellen.

Das nebenstehende Bild zeigt die Vektoren $\vec{a}$ und $\vec{b}$ in einer Darstellung, bei der die kartesischen Koordinaten aus den Polarkoordinaten ermittelt sind.

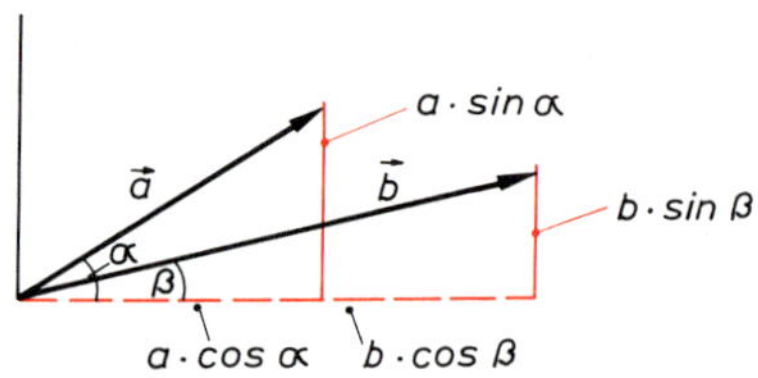

$$\begin{aligned}\text{Nach ❷ ist das Punktprodukt }\vec{a}\cdot\vec{b}&=a_h\cdot b_h+a_v\cdot b_v\\&=a\cdot\cos\alpha\cdot b\cdot\cos\beta+a\cdot\sin\alpha\cdot b\cdot\sin\beta\\&=ab(\cos\alpha\,\cos\beta+\sin\alpha\,\sin\alpha)\end{aligned}$$

Nach ❷ aus Kapitel 9.9 ist der Klammerausdruck gleich $\cos(\alpha-\beta)$.
Also gilt: $\vec{a}\cdot\vec{b}=ab\cdot\cos(\alpha-\beta)$.

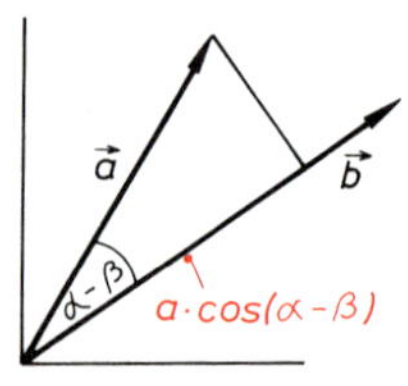

In Worten bedeutet dies:

❸ **S** Das Punktprodukt $\vec{a} \cdot \vec{b}$ der Vektoren $\vec{a}$ und $\vec{b}$ ist gleich dem Produkt der Beträge mal dem Kosinus des eingeschlossenen Winkels.

Formel: $\vec{a} \cdot \vec{b} = a\,b \cos(\alpha - \beta)$

Dies entspricht der physikalischen Definition der Arbeit W.

Formel: $W = \vec{F} \cdot \vec{s} = s \cdot F \cdot \cos \sphericalangle(\vec{s}, \vec{F})$

wobei: W = Arbeit z. B. in Nm
$\vec{s}$ = Wegvektor (s = Betrag des Weges)
$\vec{F}$ = Kraftvektor (F = Betrag der Kraft)
$\sphericalangle(\vec{s}, \vec{F})$ = Winkel zwischen $\vec{s}$ und $\vec{F}$

Beispiele:

1. Ein Handwagen wird mit der Kraft $F = 300$ N einen Weg $s = 100$ m gezogen. Der Winkel der Zugdeichsel gegenüber der Straße beträgt 30°. Wie groß ist W?

$W = \vec{F} \cdot \vec{s} = 300 \text{ N} \cdot 100 \text{ m} \cdot \cos 30° \approx 26 \text{ kJ}$

2. Ein PKW vom Gewicht $G = 10$ kN ($\triangleq F$ mit der Richtung $-90°$) steht auf einer schiefen Ebene mit der Steigung 10° und der Länge $s = 0{,}5$ km. Welche Arbeit muß der PKW-Motor verrichten, um den Wagen von unten nach oben zu bringen (Reibung bleibt unberücksichtigt)?
$W = \vec{F}' \cdot \vec{s} = 10 \text{ kN} \cdot 500 \text{ m} \cdot \cos 80° = 8{,}68 \text{ kJ}$ ($\vec{F}'$ ist Gegenkraft zu $\vec{F}$).

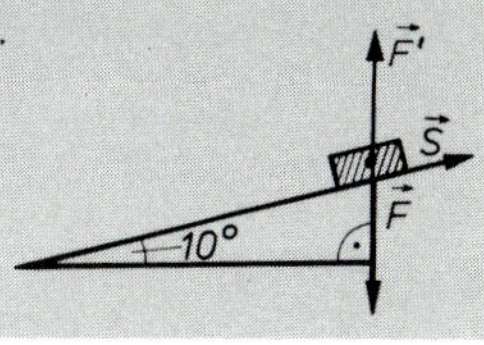

Übungen zu 12.3

1. Was ist richtig, was ist falsch? Berichtige.
a) $\vec{a} \cdot \vec{b} = 2\vec{b} \cdot \vec{a}$
b) $(\vec{a} + \vec{b}) \cdot (\vec{a} + \vec{c}) = \vec{a} \cdot \vec{a} + \vec{a} \cdot \vec{c} + \vec{b} \cdot \vec{c} + b\,c$
c) $3i \cdot 7j = 21\,i^2 = 21$
d) $4i \cdot 2j = 0$

2. Bilde $\vec{a} \cdot \vec{b}$ und $3\vec{a} \cdot 6\vec{b}$ sowie $(-\vec{a}) \cdot \vec{b}$:
a) $\vec{a} = 4i + 2j$; $\vec{b} = 5i + 3j$
b) $\vec{a} = 4i - 2j$; $\vec{b} = 5i - 3j$
c) $\vec{a} = 4i + 2j$; $\vec{b} = 4i - 3j$
d) $\vec{a} = 6i - j$; $\vec{b} = -i + j$
e) $\vec{a} = 2i$; $\vec{b} = 3j$
f) $\vec{a} = (2|3)$; $\vec{b} = (1|2)$
g) $\vec{a} = (5|-4)$; $b = (-5|4)$
h) $\vec{a} = (6|0)$; $b = (0|5)$
i) $\vec{a} = (0|0)$; $b = (17|8)$

3. Bilde $\vec{a} \cdot \vec{b}$:
a) $a = 5$; $\alpha = 22°$; $b = 1{,}5$; $\beta = 30°$
b) $a = 16$; $\alpha = 120°$; $b = 0{,}5$; $\beta = 0°$
c) $a = 4$; $\alpha = 90°$; $b = 1{,}4$; $\beta = 270°$
d) $a = 3$; $\alpha = -10°$; $b = 2{,}5$; $\beta = 30°$

4. Warum ist das Produkt $(\vec{a} \cdot \vec{b}) \cdot \vec{c}$ immer ein Vektor?
Zeige den Sachverhalt an einem beliebig gewählten Beispiel. Was ergibt sich bei $\vec{a} \cdot (\vec{b} \cdot \vec{c})$? Was ist also zur Gültigkeit des Assoziativgesetzes zu sagen?

5. Was folgt aus $\vec{a} \cdot \vec{b} = \vec{a} \cdot \vec{c}$ für die Vektoren $\vec{b}$ und $\vec{c}$?

6. Zeige, daß die skalare Vektormultiplikation nicht eindeutig umkehrbar ist. Beispiel: $\vec{x} \cdot \vec{a} = 1$, $\vec{a} = 2i$. Bestimme $\vec{x} = x_h\, i + x_v \cdot j$. Welche Werte ergeben sich für x_h, welche für x_v?

7. Wie müssen Wegvektor und Kraftvektor zueinander stehen, wenn man die Arbeit ohne Hilfe der Vektorrechnung berechnen kann?

8. Berechne $(\vec{a}+\vec{b})^2$; $(\vec{a}-\vec{b})^2$; $(\vec{a}+\vec{b})(\vec{a}-\vec{b})$. Setze zu diesem Zweck $\vec{a}=a_h \cdot i+a_v\,j$; $\vec{b}=b_h\,i+b_v\,j$; $\vec{c}=c_h\,i+c_v\,j$

9. Eine Kraft $\vec{F}=(7|14)$ wirkt längs eines Weges $\vec{s}=(10|712)$. Wie groß ist $W=\vec{F}\cdot\vec{s}$?

10. Bei einem Flugzeug steht die Resultierende aus Auftriebskraft und Vortriebskraft unter einem Winkel von 20° schräg nach vorne. Wie groß ist die verrichtete Arbeit, wenn $R=70\,000$ N und $s=2\cdot 10^5$ m ist?

11. Drei Männer schieben mit je 500 N Kraft einen auf Schienen laufenden Wagen 500 m weit. Die Winkel zum Schienenstrang sind $\alpha_1=43°$, $\alpha_2=12°$, $\alpha_3=-30°$. Wie groß ist die verrichtete Arbeit?

12. Zeige mit Hilfe der angegebenen Vektoren, daß $\vec{c}^{\,2}=c^2=a^2+b^2$ am rechtwinkligen Dreieck gilt (Satz des Pythagoras). $\vec{a}=(0|3)$, $\vec{b}=(4|0)$, $\vec{c}=(-4|3)$.

13. Zeige, daß an einem beliebigen Dreieck die Beziehung $c^2=a^2+b^2-2ab\cos\gamma$ gilt. (γ gleich Winkel zwischen den Vektoren $\vec{a}$ und $\vec{b}$.)

14. Zeige mit Hilfe der Vektorrechnung, daß der Satz des Thales gilt: „Ein Winkel im Halbkreis ist immer 90°". Zeige dazu, daß $(\vec{a}+\vec{b})\cdot(\vec{a}-\vec{b})=0$ ist, d.h. daß diese Vektoren senkrecht aufeinander stehen.

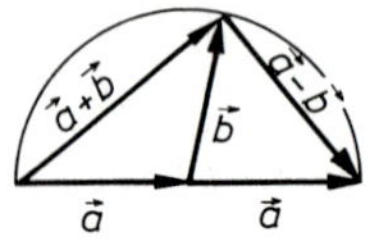

15. Zeige, daß im rechtwinkligen Dreieck der Satz des Euklid gilt: „$p\cdot c=a^2$".
Bedenke dabei, daß $\vec{c}=\vec{a}-\vec{b}$; $\vec{p}=\vec{a}-\vec{h}$, $\vec{a}\perp\vec{b}$, $\vec{h}\perp(\vec{a}-\vec{b})$, $p\cdot c=\vec{p}\cdot\vec{c}$ ist.

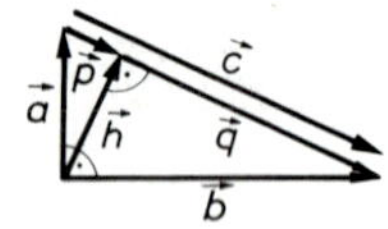

12.4 Vektorprodukt

Es gibt außer dem Punktprodukt noch eine andere sinnvolle Möglichkeit, das Produkt zweier Vektoren zu definieren.

● **D** Für das Kreuzprodukt oder Vektorprodukt $\vec{a}\times\vec{b}$ (lies: *a* Kreuz *b*) gilt:

a) Das Kommutativgesetz gilt nur bei Umkehrung des Vorzeichens.

Formel: $\vec{a}\times\vec{b}=-\vec{b}\times\vec{a}$

b) Es gilt das Distributivgesetz.

Formeln: $\vec{a}\times(\vec{b}+\vec{c})=\vec{a}\times\vec{b}+\vec{a}\times\vec{c}$

oder $(\vec{a}+\vec{b})\times(\vec{c}+\vec{d})=\vec{a}\times\vec{c}+\vec{a}\times\vec{d}+\vec{b}\times\vec{c}+\vec{b}\times\vec{d}$

* Der Name Vektorprodukt rührt daher, daß das Ergebnis ein Vektor ist.

c) Bei Vektoren **gleicher oder entgegengesetzter Richtung** ist das Kreuzprodukt Null.

Formel: $\vec{a} \times \vec{b} = 0$, wenn $\sphericalangle(\vec{a}) = \sphericalangle(\vec{b})$ oder $\sphericalangle(\vec{a}) = \sphericalangle(\vec{b}) \pm 180°$

d) Bei Vektoren, die senkrecht aufeinander stehen, ist das Kreuzprodukt gleich k' oder $-k$.

Formeln: $\vec{a} \times \vec{b} = k$, wenn $\sphericalangle(\vec{a}) = \sphericalangle(\vec{b}) - 90°$

$\vec{a} \times \vec{b} = -k$, wenn $\sphericalangle(\vec{a}) = \sphericalangle(\vec{b}) + 90°$

Speziell gilt: $i \times j = k$, $j \times i = -k$

e) Der Vektor k $(-k)$ ist ein Einheitsvektor, der senkrecht auf der Zeichenebene steht und dessen Spitze nach oben (nach unten) weist.

Beispiel:

Gegeben sind die Vektoren $\vec{a} = 6i - 5j$ und $\vec{b} = i + 4j$. Gesucht ist $\vec{a} \times \vec{b}$.

$\vec{a} \times \vec{b} = (6i - 5j) \times (i + 4j)$

$= 6i \times i + 24 i \times j - 5 j \times i - 20 j \times j$ nach b)

$= 0 + 24 i \times j + 5 i \times j - 0$ nach a) und c)

$= 29k$ nach d)

Das Kreuzprodukt ist hier der Vektor, der 29 Einheiten lang ist und senkrecht nach oben weist.

Allgemein gilt für zwei Vektoren in Komponenten- oder Koordinatendarstellung, da die Terme mit $i \times i$ und $j \times j$ zu Null werden.

❷ **S** Das Kreuzprodukt zweier beliebiger Vektoren $\vec{a}$ und $\vec{b}$ ist gleich dem Produkt aus einer Zahl, die sich als Summe des Produktes aus h-Koordinate von $\vec{a}$ mal v-Koordinate von $\vec{b}$ und des negativen Produktes aus v-Koordinate von $\vec{a}$ mal h-Koordinate von $\vec{b}$ ergibt, und dem Einheitsvektor k bzw. $-k$.

Formel: $\vec{a} \times \vec{b} = (a_h i + a_v j) \times (b_h i + b_v j) = (a_h b_v - a_v b_h)\, k$

Beispiele:

1. Gegeben ist $\vec{a} = (3|-2)$ und $\vec{b} = (2|1)$.
   Gesucht ist $\vec{a} \times \vec{b}$.

   $\vec{a} \times \vec{b} = [3 \cdot 1 - (-2) \cdot 2]\, k = 7k$ (weist senkrecht nach oben)

2. Gegeben ist $\vec{c} = (-4|1)$ und $\vec{d} = (12|0)$.
   Gesucht ist $\vec{c} \times \vec{d}$.

   $\vec{c} \times \vec{d} = [-4 \cdot 0 - 1 \cdot 12]\, k = -12k$ (weist senkrecht nach unten)

Schreibt man Vektoren in Polarkoordinaten, dann wird deutlich, daß das Vektorprodukt dem physikalischen Begriff des „Drehmomentes" entspricht.

Das Bild unter ❷ aus Kapitel 12.3 ergibt bei Beachtung von ❷ dieses Kapitels:

$$\begin{aligned}\vec{a}\times\vec{b} &= (a_h \cdot b_v - a_v \cdot b_h)\,k\\ &= [a\cos\alpha \cdot b\sin\beta - a\sin\alpha \cdot b\cos\beta]\,k\\ &= ab(\cos\alpha\sin\beta - \sin\alpha\cos\beta)\,k\end{aligned}$$

Nach ❷ aus Kapitel 9.9 ist der Klammerausdruck gleich $\sin(\beta-\alpha)$ oder gleich $-\sin(\alpha-\beta)$. Also gilt $\vec{a}\times\vec{b} = -\vec{b}\times\vec{a} = -ab\sin(\alpha-\beta)\,k$.

In einem Bild läßt sich dies darstellen:

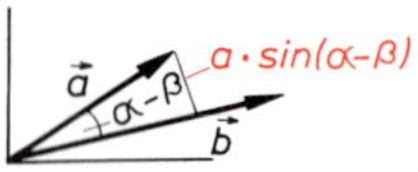

In Worten bedeutet es:

❸ **S** Das Kreuzprodukt $\vec{a}\times\vec{b}$ der Vektoren $\vec{a}$ und $\vec{b}$ ist gleich einem nach unten weisenden Vektor, dessen Betrag gleich dem Produkt der Beträge von $\vec{a}$ und $\vec{b}$ mal dem Sinus des eingeschlossenen Winkels ist, wenn $\alpha > \beta$ ist. Im anderen Falle ($\beta > \alpha$) zeigt der Vektor nach oben.

Dies entspricht der Definition des „Drehmomentes" in der Physik.

Formel: $\vec{D} = \vec{F}\times\vec{a} = F \cdot a \cdot \sin \sphericalangle(\vec{F}, \vec{a})$

wobei: $\vec{D}$ = Drehmomentvektor
$\vec{F}$ = Kraftvektor (F = Betrag der Kraft)
$\vec{a}$ = Hebelarmvektor (a = Hebelarm)
$\sphericalangle(\vec{F}, \vec{a})$ = Winkel zwischen $\vec{F}$ und $\vec{a}$

„Rechtsdrehende Momente" bilden einen senkrecht zur Zeichenebene stehenden, nach **oben** weisenden, und „linksdrehende Momente" einen senkrecht nach unten weisenden Vektor.

Beispiel:

Bei einem Winkelhebel sollen lt. Skizze eine Kraft $F_1 = 100$ N und eine Kraft $F_2 = 50$ N wirken. Wie groß ist das Drehmoment und welche Drehrichtung tritt auf?

$$\begin{aligned}\vec{D}_1 &= \vec{F}_1\times\vec{a}_1 = 100 \cdot 3 \cdot \sin 90° \cdot k = 300\,k\\ \vec{D}_2 &= \vec{F}_2\times\vec{a}_2 = -50 \cdot 4 \cdot \sin 80° \cdot k \approx -197\,k\\ \vec{D}_{ges} &= \vec{D}_1 + \vec{D}_2 \approx 300k - 197k \approx 103\,k\end{aligned}$$

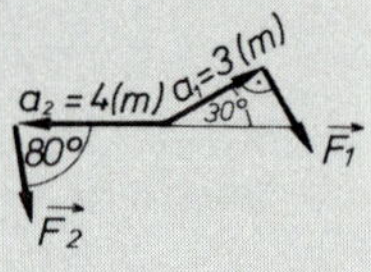

Das Drehmoment beträgt ca. 103 Nm. Es ist ein rechtsdrehendes Moment.

Übungen zu 12.4

1. Was ist richtig, was ist falsch? Berichtige.

a) $\vec{a}\times\vec{b}=\vec{b}\times\vec{a}$

b) $-(\vec{a}\times\vec{b})=\vec{b}\times\vec{a}$

c) $\vec{a}\times(\vec{a}+2\vec{a})=0$

d) $\vec{a}\times(-\vec{a})=1$

e) $-(j\times j)=k$

f) k hat den Betrag Null

2. Bilde $\vec{a}\times\vec{b}$ und $2\vec{a}\times(-\vec{b})$

a) $\vec{a}=(2|-3)$; $\vec{b}=(1|1)$

b) $\vec{a}=(5|6)$; $\vec{b}=(6|5)$

c) $\vec{a}=(-3|-2)$; $\vec{b}=(0|1)$

d) $\vec{a}=(0|0)$; $\vec{b}=(1|0)$

e) $\vec{a}=(-4|5)$; $\vec{b}=(8|-3)$

f) $\vec{a}=(14|-7)$; $\vec{b}=(-5|-6)$

3. Bilde das Vektorprodukt $\vec{a}\times\vec{b}$, wenn $\vec{b}=(-\vec{a})$ ist.

4. Was ergibt das Vektorprodukt $\vec{a}\times\vec{b}$, wenn $|\vec{b}|=0$ ist?

5. Zeige für das Beispiel $i\times(j\times j)$ bzw. $(i\times j)\times j$, daß das Assoziativgesetz für das Kreuzprodukt nicht gilt.

6. Schraffiere an der Skizze $|\vec{a}\times\vec{b}|=a\cdot b\cdot\sin\sphericalangle(\vec{a},\vec{b})$

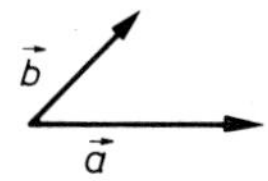

7. Zeige, daß $\vec{x}\times\vec{a}=p\cdot k$ nicht eindeutig umkehrbar ist. Veranschauliche den Sachverhalt nach ❸ an einer Skizze.

8. Berechne denjenigen Vektor $\vec{b}$, der den kleinsten Betrag hat, wenn $(2i+3j)\times b=4k$ gegeben ist.

9. Unter welchem Winkel müssen Kraft und Hebelarm stehen, wenn man das Drehmoment ohne Vektorrechnung bestimmen will?

10. Eine Kraft $\vec{F}=(4|12)$ wirkt an einem Hebelarm $\vec{a}=(7|0)$. Wie groß ist $\vec{D}$? Ist D ein „rechts- oder linksdrehendes" Moment?

11. Warum bilden die Vektoren einer Ebene bezüglich des Kreuzproduktes keine Gruppe?

Tabellen der Sinuswerte, Kosinuswerte und Tangeswerte

Bogenmaß	Gradmaß	Sinus	Kosinus	Tangens
$-2\pi \approx -6{,}283$	$-360°$	0	1	0
$-\frac{3}{2}\pi \approx -4{,}712$	$-270°$	1	0	u. def.
$-\pi \approx -3{,}142$	$-180°$	0	-1	0
$-\frac{1}{2}\pi \approx -1{,}571$	$-90°$	-1	0	u. def.
$-\frac{1}{3}\pi \approx -1{,}047$	$-60°$	$-0{,}866$	0,500	$-1{,}732$
$-\frac{1}{4}\pi \approx -0{,}785$	$-45°$	$-0{,}707$	0,707	-1
$-\frac{1}{6}\pi \approx -0{,}524$	$-30°$	$-0{,}500$	0,866	$-0{,}575$
0	0,0°	0	1	0
0,009	0,5°	0,009	1,000	0,009
0,017	1,0°	0,018	0,999	0,018
0,026	1,5°	0,026	0,999	0,026
0,035	2,0°	0,035	0,999	0,035
0,044	2,5°	0,044	0,999	0,044
0,052	3,0°	0,052	0,999	0,052
0,061	3,5°	0,061	0,998	0,061
0,070	4,0°	0,070	0,998	0,070
0,079	4,5°	0,079	0,997	0,079
0,087	5,0°	0,088	0,996	0,088
0,096	5,5°	0,096	0,995	0,096
0,105	6,0°	0,105	0,994	0,105
0,113	6,5°	0,113	0,994	0,114
0,122	7,0°	0,122	0,993	0,123
0,131	7,5°	0,131	0,991	0,132
0,140	8,0°	0,139	0,990	0,141
0,148	8,5°	0,148	0,989	0,150
0,157	9,0°	0,156	0,988	0,158
0,166	9,5°	0,165	0,986	0,167
0,175	10,0°	0,174	0,985	0,176
0,183	10,5°	0,182	0,983	0,185
0,192	11,0°	0,191	0,982	0,194
0,201	11,5°	0,199	0,980	0,204
0,209	12,0°	0,208	0,978	0,213
0,218	12,5°	0,216	0,976	0,222
0,227	13,0°	0,225	0,974	0,231
0,236	13,5°	0,233	0,972	0,240
0,244	14,0°	0,242	0,970	0,249
0,253	14,5°	0,250	0,968	0,259
0,262	15,0°	0,259	0,966	0,268
0,271	15,5°	0,267	0,964	0,277
0,279	16,0°	0,276	0,961	0,287
0,288	16,5°	0,284	0,959	0,296
0,297	17,0°	0,292	0,956	0,306
0,305	17,5°	0,301	0,954	0,315
0,314	18,0°	0,309	0,951	0,325
0,323	18,5°	0,317	0,948	0,335
0,332	19,0°	0,326	0,946	0,344
0,340	19,5°	0,334	0,943	0,354
0,349	20,0°	0,342	0,940	0,364

Bogenmaß	Gradmaß	Sinus	Kosinus	Tangens
0,358	20,5°	0,350	0,937	0,374
0,367	21,0°	0,358	0,934	0,384
0,375	21,5°	0,367	0,930	0,394
0,384	22,0°	0,375	0,927	0,404
0,393	22,5°	0,383	0,924	0,414
0,401	23,0°	0,391	0,921	0,425
0,410	23,5°	0,399	0,917	0,435
0,419	24,0°	0,407	0,914	0,445
0,428	24,5°	0,415	0,910	0,456
0,436	25,0°	0,423	0,906	0,466
0,445	25,5°	0,431	0,903	0,477
0,454	26,0°	0,438	0,899	0,488
0,463	26,5°	0,446	0,895	0,499
0,471	27,0°	0,454	0,891	0,509
0,480	27,5°	0,462	0,887	0,521
0,489	28,0°	0,469	0,883	0,532
0,497	28,5°	0,477	0,879	0,543
0,506	29,0°	0,485	0,875	0,554
0,515	29,5°	0,492	0,870	0,566
$\frac{1}{6}\pi$ ≈ 0,524	30,0°	0,500	0,866	0,577
0,532	30,5°	0,508	0,862	0,589
0,541	31,0°	0,515	0,857	0,601
0,550	31,5°	0,523	0,853	0,613
0,558	32,0°	0,530	0,848	0,625
0,567	32,5°	0,537	0,843	0,637
0,576	33,0°	0,545	0,839	0,649
0,585	33,5°	0,552	0,834	0,662
0,593	34,0°	0,559	0,829	0,675
0,602	34,5°	0,566	0,824	0,687
0,611	35,0°	0,574	0,819	0,700
0,620	35,5°	0,581	0,814	0,713
0,628	36,0°	0,588	0,809	0,727
0,637	36,5°	0,595	0,804	0,740
0,646	37,0°	0,602	0,799	0,754
0,654	37,5°	0,609	0,793	0,767
0,663	38,0°	0,616	0,788	0,781
0,672	38,5°	0,622	0,783	0,795
0,681	39,0°	0,629	0,777	0,810
0,689	39,5°	0,636	0,772	0,824
0,698	40,0°	0,643	0,766	0,839
0,707	40,5°	0,649	0,760	0,854
0,716	41,0°	0,656	0,755	0,869
0,724	41,5°	0,663	0,749	0,885
0,733	42,0°	0,669	0,743	0,900
0,742	42,5°	0,676	0,737	0,916
0,750	43,0°	0,682	0,731	0,933
0,759	43,5°	0,688	0,725	0,949
0,768	44,0°	0,695	0,719	0,966
0,777	44,5°	0,701	0,713	0,983
$\frac{1}{4}\pi$ ≈ 0,785	45,0°	0,707	0,707	1,000

Bogenmaß	Gradmaß	Sinus	Kosinus	Tangens
0,794	45,5°	0,713	0,701	1,018
0,803	46,0°	0,719	0,695	1,036
0,812	46,5°	0,725	0,688	1,054
0,820	47,0°	0,731	0,682	1,072
0,829	47,5°	0,737	0,676	1,091
0,838	48,0°	0,743	0,669	1,111
0,846	48,5°	0,749	0,663	1,130
0,855	49,0°	0,755	0,656	1,150
0,864	49,5°	0,760	0,649	1,171
0,873	50,0°	0,766	0,643	1,192
0,881	50,5°	0,772	0,636	1,213
0,890	51,0°	0,777	0,629	1,235
0,899	51,5°	0,783	0,622	1,257
0,908	52,0°	0,788	0,616	1,280
0,916	52,5°	0,793	0,609	1,303
0,925	53,0°	0,799	0,602	1,327
0,934	53,5°	0,804	0,595	1,351
0,942	54,0°	0,809	0,588	1,376
0,951	54,5°	0,814	0,581	1,402
0,960	55,0°	0,819	0,574	1,428
0,969	55,5°	0,824	0,566	1,455
0,977	56,0°	0,829	0,559	1,483
0,986	56,5°	0,834	0,552	1,511
0,995	57,0°	0,839	0,545	1,540
1,004	57,5°	0,843	0,537	1,570
1,012	58,0°	0,848	0,530	1,600
1,021	58,5°	0,853	0,523	1,632
1,030	59,0°	0,857	0,515	1.664
1,038	59,5°	0,862	0,508	1,698
$\frac{1}{3}\pi$ ≈ 1,047	60,0°	0,866	0,500	1,732
1,056	60,5°	0,870	0,492	1,767
1,065	61,0°	0,875	0,485	1,804
1,073	61,5°	0,879	0,477	1,842
1,082	62,0°	0,883	0,469	1,881
1,091	62,5°	0,887	0,462	1,921
1,100	63,0°	0,891	0,454	1,963
1,108	63,5°	0,895	0,446	2,006
1,117	64,0°	0,899	0,438	2,050
1,126	64,5°	0,903	0,431	2,097
1,134	65,0°	0,906	0,423	2,145
1,143	65,5°	0,910	0,415	2,194
1,152	66,0°	0,914	0,407	2,246
1,161	66,5°	0,917	0,399	2,300
1,169	67,0°	0,921	0,391	2,356
1,178	67,5°	0,924	0,383	2,414
1,187	68,0°	0,927	0,375	2,475
1,196	68,5°	0,930	0,367	2,539
1,204	69,0°	0,934	0,358	2,605
1,213	69,5°	0,937	0,350	2,689
1,222	70,0°	0,940	0,342	2,747

Bogenmaß	Gradmaß	Sinus	Kosinus	Tangens
1,230	70,5°	0,943	0,334	2,824
1,239	71,0°	0,946	0,326	2,904
1,248	71,5°	0,948	0,317	2,989
1,257	72,0°	0,951	0,309	3,078
1,265	72,5°	0,954	0,301	3,172
1,274	73,0°	0,956	0,292	3,271
1,283	73,5°	0,959	0,284	3,376
1,292	74,0°	0,961	0,276	3,487
1,300	74,5°	0,964	0,267	3,606
1,309	75,0°	0.966	0,259	3,732
1,318	75,5°	0,968	0,250	3,867
1,326	76,0°	0,970	0,242	4,011
1,335	76,5°	0,972	0,233	4,165
1,344	77,0°	0,974	0,225	4,331
1,353	77,5°	0,976	0,216	4,511
1,361	78,0°	0,978	0,208	4,705
1,370	78,5°	0,980	0,199	4,915
1,379	79,0°	0,982	0,191	5,145
1,388	79,5°	0,983	0,182	5,396
1,396	80,0°	0,985	0,174	5,671
1,405	80,5°	0,986	0,165	5,976
1,414	81,0°	0,988	0,156	6,314
1,422	81,5°	0,989	0,148	6,691
1,431	82,0°	0,990	0,139	7,115
1,440	82,5°	0,991	0,131	7,596
1,449	83,0°	0,993	0,122	8,144
1,457	83,5°	0,994	0,113	8,777
1,466	84,0°	0,994	0,105	9,514
1,475	84,5°	0,995	0,096	10,39
1,484	85,0°	0,996	0,088	11,43
1,492	85,5°	0,997	0,079	12,71
1,501	86,0°	0,998	0,070	14,30
1,510	86,5°	0,998	0,061	16,35
1,518	87,0°	0,999	0,052	19,08
1,527	87,5°	0,999	0,044	22,90
1,536	88,0°	0,999	0,035	28,64
1,545	88,5°	0,999	0,026	38,19
1,553	89,0°	0,999	0,018	57,29
1,562	89,5°	1,000	0,009	114,6
$\frac{1}{2}\pi \approx 1{,}571$	90°	1	0	n. def.
$\frac{3}{4}\pi \approx 2{,}356$	135°	0,707	−0,707	−1
$\pi \approx 3{,}142$	180°	0	−1	0
$\frac{5}{4}\pi \approx 3{,}927$	225°	−0,707	−0,707	1
$\frac{3}{2}\pi \approx 4{,}712$	270°	−1	0	n. def.
$\frac{7}{4}\pi \approx 5{,}498$	315°	−0,707	0,707	−1
$2\pi \approx 6{,}283$	360°	0	1	0
$\frac{5}{2}\pi \approx 7{,}854$	450°	1	0	n. def.
$3\pi \approx 9{,}425$	540°	0	−1	0
$\frac{7}{2}\pi \approx 11{,}00$	630°	−1	0	n. def.
$4\pi \approx 12{,}57$	720°	0	1	0

Sachwortverzeichnis